아이의 손을
놓지 마라

아이의 손을 놓지 마라

소셜 미디어와 게임
문화의 영향을 다룬
개정판

고든 뉴펠드 · 가보 마테 지음 | **김현아** 옮김

부모가 된다는 것은 관계를 맺는 일이다

고든 뉴펠드를 처음 만난 건, 여러 해 전에 첫 아이 문제를 상담하고자 아내 레이와 함께 그를 방문했을 때였다. 아들은 당시 여덟 살이었다. 그때 우리 부부는 우리가 문제아를 키운다고 생각했다. 고든은 곧바로 아이와 관계를 맺는 방식에 문제가 있을 뿐, 아이나 우리 부부에게는 문제가 없다고 말했다. 몇 년 후에 우리는 사춘기를 맞은 둘째 아들이 부모의 권위를 더는 받아들이지 않고 부모와 함께 있는 것조차 싫어하는 태도를 보이자 걱정이 되었다. 다시 한 번 고든과 상담을 했을 때, 그는 우리가 아들을 또래들에게서 떼어내 부모의 품으로 다시 데려와야 한다고 했다. 나는 그때 뉴펠드 박사의 또래지향성이라는 개념을 처음 들었다. 또래지향성이란 또래 집단이 부모를 대신해 아이에게 주된 영향을 끼침으로써 부정적인 결과를 양산하는, 현대 사회의 한 특성을 말한다. 그후 나는 여러 가지 이유로 그때 우리 부부가 얻은 통찰에 감사했다.

나와 고든은 인간의 타고난 양육 본능을 다시 일깨우고 싶은 근본적 의도에서 이 책을 집필했다. 우리가 이 목적을 성공적으로 달성했다면, 아이의 양육에 관한 여러분의 통념이 송두리째 바뀔 것이다. 우리는 부모가 어떻게 해야 하느냐가 아니라, 부모가 아이에게 어떤 존재여야 하느냐에 초점을 맞춘다. 이 책에서 우리는 아이들의 특징과 이들의 발달에 관한 지식, 오늘날 이들의 건강한 발달을 가로막는 요인들을 설명한다. 부모가 이런 지식을 갖추고 정성과 헌신으로 아이를 기른다면, 성공적인 양육의 원천인 연민 어린 지혜로움이 자연스럽게 샘솟을 것이다.

현대의 부모들이 대부분 그렇듯 전문가가 권하는 양육 기술에 몰두한다면, 우리는 직관력과 함께 이전 세대에는 당연하게 여겼던 아이들과의 관계를 상실한다. 부모가 된다는 것은 관계를 맺는 일이다. 우리는 출산이나 결혼·입양을 통해 부모-자녀 관계를 맺을 수 있지만, 우리와 아이의 관계가 쌍방향이어야만 이를 안전하게 지킬 수 있다. 이 관계가 안전해지면, 타고난 본능이 깨어나 어떤 전문가보다 훨씬 더 예리한 통찰력으로 아이를 우리 품 안에서 보살피고 가르칠 수 있다. 비결은 아이를 대할 때 언제든 아이와의 관계를 존중하는 것이다.

오늘날에는 몇 가지 분명한 이유로 부모의 역할이 무너지고 있다. 우리는 아이를 서서히 부모로부터 떼어낼 많은 경쟁 상대와 대면하는 동시에, 부모 자리에서 멀찌감치 밀려나 있다. 우리 문화에는 더는 부모 역할을 지원하고 그 임무를 신성시하는 사회적·경제적 기반이 없다. 이전 문화에서는 부모와 아이의 유대가 굳건하고 오래 지속되는 게 당연한 일이었다면, 이제 우리는 그런

호사를 누리지 못한다. 현대의 부모로서 우리는 어린이와 청소년의 양육과 교육에서 무엇이 빠져 있고, 왜 이 일이 잘 풀리지 않는지 깨달아야 한다. 이런 인식이 있을 때 이를 기반으로 보호자로서 우리 어른들이 다시 주도권을 잡고, 아이들의 협력과 순응·존중을 얻기 위해 강압과 인위적인 방법에 의존하지 않는 새로운 관계를 형성할 수 있다. 우리 아이가 자신의 가치를 존중하며, 타인의 감정과 권리, 인간의 존엄성을 잊지 않는 독립적이고 자율적이고 성숙한 존재로 성장할 수 있는 길은 우리와의 관계 안에 있다.

이 책은 6부로 나뉜다. 1부에서는 또래지향성이 무엇이고, 이것이 우리 문화에 널리 확산된 원인을 설명한다. 2부와 3부에서는 또래지향성이 부모의 양육 능력과 아이의 발달에 끼치는 여러 가지 부정적인 영향을 상세히 설명한다. 또한 1부에서 3부까지는 또래 문화가 양산한 왜곡된 발달과 대조되는, 아이의 자연적인 성장과 발달에 대해 설명한다. 4부에서는 성숙을 위한 안전한 누에고치 역할을 하는, 아이와의 지속적인 유대감을 형성하기 위한 프로그램을 제공한다. 5부와 6부에서는 또래 집단의 유혹으로부터 아이를 보호하는 방법을 설명한다. 특히 6부에서는 디지털 기기와 소셜 미디어의 등장으로 인한 디지털 시대의 양육 문제를 다루었다.

우리는 아동심리학자로서의 뉴펠드 박사의 경력과 경험, 그의 명석하고 독창적인 연구 작업을 기초로 이 책의 중심 주제를 제안하고 조언을 제공했다. 그런 의미에서 이 책의 진정한 저자는 뉴펠드 박사다. 지난 수십 년간 고든 세미나에 참석한 수천 명의 부모와 교육자 중 많은 사람이 조바심을 내비치며 "박사님 책은 언제 나오나요?"라고 묻곤 했다. 나는 이 책의 준비와 출간이 더는 미루어지지 않도록 힘썼고, 책의 기획과 집필은 뉴펠드 박사와 공동으로 진행했다.

고든 뉴펠드의 혁신적인 생각을 더 널리 알리는 일에 한몫을 하게 되어 자긍심을 느낀다. 이 책은 진즉에 나왔어야 했기에, 우정을 쌓고 함께 이 책을 세상에 내놓게 된 것을 우리 둘 다 감사하게 생각한다. 여러분도 우리의 협동 작업이 행운이었음을 알게 되기를 바란다, 아니, 사실 우리는 그것을 확신하고 있다.

두 명의 편집자, 토론토의 다이앤 마틴과 뉴욕의 수잔나에게도 감사한다. 다이앤은 처음부터 이 책의 가능성을 보았고, 항상 우리를 자상하게 지원했다. 수잔나는 다소 어렵고 거친 원고를 참을성 있게, 그리고 전문적으로 끝까지 검토하며 더 읽기 쉽고 짜임새 있는 원고로 만들어 우리의 메시지가 보다 명확하게 전달되도록 도왔다. 그 결과, 여러분에게 더 매력적이고 우리 두 사람에게는 더 만족스러운 책이 되었다.

가보 마테, 의사

　　　　　　　　　　　독자에게 전하는 메시지

차 례

Part 1

또래들이
부모의 자리를
차지하다

또래지향성은 부모의 양육 본능을 죽이고, 천부적인 권위를 갉아먹으며, 전문가의 조언이라는
매뉴얼에 따라 가슴이 아닌 머리로 부모 노릇을 하게 만들었다.

01
어느 때보다 부모가
중요한 이유

　열두 살 제레미는 키보드 위로 등을 구부린 채 모니터에 시선을 고정하고 있다. 저녁 8시인데 해야 할 숙제는 아직 손도 안 대고, "어서 해라"라는 아버지의 재촉도 들은 체 만 체한다. 제레미는 메신저로 친구들과 오늘 학교에서 있었던 일들에 대해 문자를 주고받는다. 숙제하라고 다시 재촉하는 아버지에게 제레미는 "잔소리 좀 그만해요"라고 날카롭게 쏘아붙인다. 아버지는 못마땅한 말투로 "네 할 일만 제대로 하면 나도 잔소리하지 않는다"라고 받아친다. 목소리가 날카로워지면서 말다툼이 시작되자, 이내 제레미는 "아빠는 아무것도 몰라요"라고 소리치고는 방문을 꽝 닫는다.

　아버지는 기분이 언짢다. 아들에게도 화가 나지만, 무엇보다 자신에게 화가 난다. "내가 또 일을 망쳐 버렸어. 도대체 저 녀석에게 어떻게 말을 해야 할지 모르겠어." 그와 아내는 아들이 걱정스럽다. 전에는 고분고분한 아이였는데, 이제는 충고도 통제도 할 수 없게 되었다. 아들의 관심은 오로지 친구들에게만 집중되어 있다. 부모로서 자신이 무기력하고 무능함을 느낀다. 전과 달리 지금은 갈수록 체벌에 의존하는 부모가 되고 있다. 그럴 때마다 아들은 더 열을 내며 반항적으로 나온다.

아이를 키우는 일이 이렇게 어려운 것일까? 늘 그랬던 것일까? 과거에도 기성 세대는 젊은 세대에 대한 불만을 토로했지만, 지금은 많은 부모가 상황이 더 심각함을 직감하고 있다. 요즘 아이들은 우리가 기억하는 그 아이들이 아니다. 아이들은 어른들을 잘 따르지도 않고, 야단을 맞는 것도 덜 무서워한다. 아이들은 순진하지도 않고, 순수하지도 않다. 아이들은 세상에 대한 흥미도, 자연이나 인간의 독창성에 대한 경이로움을 탐구하는 열의도 부족해 보인다. 많은 아이가 아이답지 않게 약고 닳아빠진 데가 있으며, 겉모습만 성숙하다. 아이들은 서로 떨어져 있거나 디지털 기기가 없으면 쉽게 따분해한다. 혼자 하는 창의적인 놀이는 좀처럼 찾아보기 힘들다.

아이를 키우는 일도 변한 듯하다. 이전의 부모들은 지금보다 자신감 있고, 스스로를 확신했으며, 좋든 나쁘든 우리에게 더 강한 영향을 미쳤다. 하지만 지금은 많은 사람이 육아를 부담스러워한다. 지금의 부모도 이전 부모만큼이나 아이를 사랑하지만, 그 사랑만으로는 충분치 않다. 아이에게 가르칠 것은 더 많아진 데 비해, 정보를 전달하는 능력은 줄어든 것 같다. 우리에게는 아이가

또래들이 부모의 자리를 차지하다

잠재력을 충분히 발휘하도록 인도하는 능력도 없는 것 같다. 아이는 때때로 우리 귀에는 들리지 않는 세이렌의 노래 같은 것에 홀려 우리 곁을 떠난 것처럼 행동하고 생활한다. 이 세상은 아이에게 안전하지 못한 곳이 되어가고, 우리는 그런 아이를 보호할 힘이 없음을 막연하게 느낀다. 아이와 우리 사이에 벌어진 이 틈이 좁혀지지 않을 것 같은 때도 있다.

우리는 바람직한 부모의 상에 부응하기 위해 애를 쓴다. 우리가 원하는 결과를 얻지 못하면 아이에게 간청하거나, 구슬리거나, 매수하거나, 보상하거나, 벌을 준다. 부모로서 우리는 상처도 입고, 거절도 당한다. 우리는 부모 역할에 실패한 자신을, 혹은 고집불통인 아이를, 아이를 산만하게 만드는 텔레비전을, 엄격하지 못한 학교 규율을 탓한다. 그러다 무력함이 참을 수 없는 지경에 이르면, 스스로 알아서 하라는 매우 단순하고 권위적인 처방을 내리는 것이 이 시대의 풍조다.

어린 인간의 성장과 성숙을 위한 부모 역할의 귀중함에 대해 의문을 제기하기도 한다. 1998년 《뉴스위크Newsweek》 표지 기사의 제목은 "부모는 중요한가"였고, 그 해에 세계적 주목을 받은 한 책은 "부모 역할이 과대평가되어 왔다"고 주장하기도 했다. 즉 "부모가 실제로 아이의 인성에 미치는 영향보다 더 많은 영향을 미친다고 믿고 있다"는 것이다.[주1]

아이가 잘 자라기만 하면, 부모 영향의 문제는 그리 중요하지 않을 수도 있다. 아이가 부모의 말을 듣지 않거나 부모의 가치를 받아들이지 않는 것 같아도, 아이가 진실로 주체적이고 독립적이라면, 자신의 대한 긍정적인 상을 갖고 있다면, 그리고 삶의 분명한 방향과 목표를 가지고 있다면 말이다. 우리는 많은 어린이와 청소년에게 이런 자질이 부족함을 알고 있다. 많은 아이가 자제력이 부족하거나, 점점 소외감이나 약물 · 폭력에 쉽게 빠지거나, 전반적인 목표가 없다. 요즘 아이들은 수십 년 전 아이들보다 가르치기도, 다루기도 쉽지 않다. 요즘 아이들은 순응 능력도, 실수를 통해 배우고 성장하는 능력도 떨어진다. 전례없이 많은 수의 어린이와 청소년이 불안이나 우울증, 혹은 다른 약품들을 처방받고 있다. 아이들이 위기에 처했음은 늘어나는 학교의 폭력 문제, 극단적으로는 청소년 살인 사건에서 분명히 알 수 있다.

헌신적이고 책임감 있는 부모들은 좌절을 느끼고, 부모의 정성스러운 보살핌에도 불구하고 아이들은 심한 스트레스를 받는다. 인류가 그랬고 자연의 다른 종들이 여전히 그런 것과 달리, 부모와 다른 어른들은 이제 아이들의 자연적인 멘토로 보이지 않는다. 이전 부모 세대는 우리의 이런 모습을 이해하지 못한다. 그들은 "우리 때는 육아법 같은 게 필요 없었어. 우리는 그냥 했어"라고 말하는데, 이는 진실과 오해가 뒤섞인 것이다.

이전 부모 세대보다 아동 발달에 대한 지식도 더 풍부하고, 육아 관련 책이나 강좌도 더 흔한 환경을 생각할 때 우리의 이런 상황은 역설적이다.

부모의 자리를 잃어버리다

그러면 무엇이 바뀌었을까? 문제는 한마디로 '맥락context'이다. 아무리 의도가 좋고 능숙하고 정이 넘쳐도, 우리 뜻대로 되지 않는 것이 육아다. 부모 역할을 제대로 하기 위해서는 배경이 필요하다. 아이를 성공적으로 양육하고 위로하고 인도하고 지도하려면, 아이가 부모를 받아들여야 한다. 아이는 우리가 어른이라거나, 자신을 사랑한다거나, 자신에게 좋은 것을 알고 있다거나, 자신의 이익을 우선시한다고 해서 자동적으로 우리에게 부모의 권위를 부여하지 않는다. 양부모들은 이런 사실에 자주 직면하는데, 위탁부모나 보모, 보육교사, 교사처럼 자기 자식이 아닌 아이들을 돌봐야 하는 사람들도 마찬가지다. 자기가 낳은 아이라도 그 맥락이 무너지면 천부적인 부모의 권위를 잃어버릴 수 있다.

육아 기술이나 아이에 대한 사랑만으로는 부족하다면, 무엇이 필요할까? 이것 없이는 육아의 확고한 토대가 흔들리는 필수불가결한 특별한 관계, 발달심리학자들은 이것을 '애착attachment' 관계라고 부른다. 한 아이가 한 어른의 부모 역할을 받아들이려면, 아이가 그 어른에게 강한 집착을 가지고 그와 접촉하며 가까이 지내고 싶어해야 한다. 인생 초반에는 이런 욕구가 상당히 신체적이어서, 아기는 말 그대로 부모에게 찰싹 달라붙어있어야 한다. 모든 게 순리대로라면, 이런 애착은 정서적 친밀감으로 진화하다, 마침내 심리적 친밀감으로 발전한다. 책임감 있는 어른과 이런 관계가 부족한 아이는 키우기도 매우 힘들지만, 가르치는 일조차 어려워진다. 애착 관계만이 양육의 적절한 맥락을 제공한다.

육아의 비결은, 부모가 아이에게 '무엇을 하는가'가 아니라 부모가 '어떤 존재인가'에 있다. 아이가 부모와의 접촉과 친밀감을 원하면 부모는 양육자로서, 위안자로서, 인도자로서, 모범으로서,

멘토로서, 혹은 코치로서의 권한을 갖게 된다. 부모와 애착 관계가 잘 형성된 아이에게 부모는 세상으로 모험을 떠나는 홈 베이스이고, 실패했을 때 돌아갈 수 있는 피난처이며, 영감의 원천이기도 하다. 세상의 어떤 육아 기술도 이 애착 관계를 대신할 수 없다.

부모와 아이의 애착 관계는, 적어도 아이에게 부모가 필요할 때까지는 지속되어야 한다. 요즘 세상에서는 이 일이 점점 힘들어지고 있다. 부모가 변한 것도, 아이의 본성이 변한 것도 아니다. 변한 것은 아이를 키우는 문화다. 부모에 대한 아이의 애착을 더는 문화적·사회적으로 지지하지 못하고 있다. 초반에는 강력하고 충분했던 부모와 아이의 관계조차 그 애착의 끈을 이미 인정하거나 강조하지 않는 세상으로 아이가 나가면서 훼손될 수 있다. 아이들은 점점 더 부모와 경쟁하는 애착 관계를 맺고 있고, 이는 육아에 적합한 애착 맥락을 갉아먹고 있다.

또래들이 부모의 자리를 차지하다

　　부모의 사랑과 권위를 훼손하는 가장 주요하고 치명적인 경쟁 애착은 점점 더 확대되는 또래들과의 결합이다. 이 책에서 주장하는 바는, 양육자에 대한 아이들의 애착이 사라지면서 성장기의 어린이와 청소년 세대에 장애가 발생한다는 것이다. 역사상 처음으로 아이들은 엄마와 아버지, 교사, 그리고 다른 책임감 있는 어른들이 아닌, 결코 부모 역할을 대신할 수 없는 자기 또래들의 지시와 방식, 지도를 따르고 있다. 아이들은 더는 어른들로부터 자극을 받지 않기 때문에 이들을 통제할 수도, 가르칠 수도, 성장을 도울 수도 없다. 대신, 아이들은 자신을 성숙한 단계로 인도할 수 없는 미성숙한 인간들에 의해 자라고 있다. 그들은 서로를 양육하고 있다.

이런 현상을 가장 적절하게 설명하는 단어가 '또래지향성peer orientation'이다. 또래지향성은 부모의 양육 본능을 죽이고, 천부적인 권위를 갉아먹으며, '전문가'의 조언이라는 매뉴얼에 따라 가슴이 아닌 머리로 부모 노릇을 하게 만들었다.

또래지향성이란 무엇인가?

지향성은 자신의 위치를 확인하고 자신의 환경에 익숙해지려는 충동으로, 기본적인 인간의 본능이며 욕구다. 방향성의 상실은 가장 견디기 힘든 심리적 경험 중 하나다. 애착과 지향성은 불가분의 관계로 얽혀 있다. 인간을 비롯한 생명체는 애착을 느끼는 대상을 따름으로써 자동적으로 지향점을 정한다.

다른 온혈동물의 새끼들처럼 아이들은 지향 본능을 타고났고, 누군가로부터 방향 감각을 익혀야 한다. 자력이 자동적으로 북극을 향하듯, 아이들은 권위와 접촉 · 친밀감의 근원을 지향하는 욕구를 타고난다. 아이들은 삶에서 그런 대상이 없다는 사실을 견디지 못한다. 아이들은 혼란에 빠진다. 내(이 책에서 '나'는 고든 뉴펠드를 가리킨다)가 '지향성 결핍orientation void'이라고 부르는 그런 상태를 견디지 못한다. 동물의 세계에서도 어른 동물이 삶의 방향을 잡아 주듯이, 부모나 부모 역할을 대신하는 어른이 아이들의 지향점이 된다.

인간의 이런 지향 본능은 새끼오리의 각인 본능과 매우 유사하다. 새끼오리는 알에서 깨어나는 순간 어미오리를 각인하고, 성숙한 개체로 자랄 때까지 어미를 따라다니며 어미가 하는 행동과 명령을 따른다. 하지만 어미오리가 없는 경우, 새끼오리는 가장 가까이에서 움직이는 물체(사람, 개, 심지어 기계 장난감조차)를 따른다. 말할 필요도 없이, 사람이나 개나 장난감이나 어미오리처럼 새끼오리를 성숙한 오리로 키우는 데에는 적합지 않다. 마찬가지로 부모 역할을 하는 어른이 없는 경우, 사람의 아이도 가까이에 있는 누군가를 따르게 된다. 지난 50~60년 동안 당연히 아이에게 영향력을 발휘했던 부모를 대신해 지금은 또래 집단이 그 빈자리를 차지하고 있다.

앞으로 설명하겠지만, 아이들은 어른과 또래들을 동시에 지향할 수 없다. 한 사람이 동시에 상반된 두 개의 방향을 따라갈 수 없는 것이다. 아이의 뇌는 부모의 가치와 또래의 가치가, 부모의 인도와 또래의 인도가, 부모의 문화와 또래의 문화가 상충하는 것처럼 보일 때마다 자연히 둘 중 하나를 선택해야 한다.

우리는 아이들이 또래 친구들을 만나거나 사귀어서는 안 된다고 말하는 것이 아니다. 오히려 그런 관계는 자연스럽고 건강한 일이다. 보다 성숙한 세대의 원칙과 가치가 지배하는 어른 지향의 문화에서는, 아이들이 부모의 지도를 거부하거나 방향을 잃는 일 없이 서로 잘 어울렸다. 그러나 우리 사회는 이미 그렇지 못하다. 또래 관계가 어른과의 관계를 대신하면서 아이의 방향성을 결정하는 주요 근거가 되었다. 비정상적인 것은 또래 아이들의 교류가 아니라, 아이들이 서로의 발전에 주요한 영향을 미치고 있다는 점이다.

또래들이 부모의 자리를 차지하다

정상적인 것이 곧 자연스럽고 건강한 것은 아니다

' 오늘날에는 이처럼 또래지향성이 만연하면서 표준이 되어 버렸다. 대중은 물론 많은 심리학자와 교육학자들조차 또래지향성을 자연적인 것과 구분해야 할 특이한 현상으로 인식하지 못하고 있다. 또래지향성은 당연한 것이 되었다. '정상적'인 것(표준에 부합한다는 의미에서의)이 반드시 '자연적'이거나 '건강한' 것은 아니다. 또래지향성에서 자연적이거나 건강한 것은 없다. 이것은 최근에야 가장 산업화된 나라에서 승리한, 자연의 질서에 반하는 반혁명이다. 또래지향성은 아직도 토착 사회나 서방 세계의 '세계화'되지 않은 도시에서는 낯선 현상이다. 인류 진화사를 통틀어 제2차 세계대전까지는 어른지향성이 인간 발달의 표준이었다.

최근까지도 문화는 한 세대에서 한 세대로 수직으로 전해졌다. 조셉 캠벨Joseph Campbell은 전통 문화 양식에 대한 연구와 경험, 이해를 바탕으로 지난 1천 년 동안 "청년들은 교육을 받고, 노인들은 지혜를 주었다"고 썼다. 어른들은 부모들로부터 받은 것을 아이들에게 전함으로써 중요한 문화전달자 역할을 했다. 그러나 '우리' 아이들이 경험하는 문화는 부모들이 아닌 또래들의 문화일 가능성이 훨씬 높다. 아이들은 부모들의 문화와는 확연히 구분되는, 어떤 면에서는 매우 이질적인 자신들만의 문화를 생성하고 있다. 수직으로 내려오던 문화가 젊은 세대 안에서 수평으로 전달되고 있는 것이다.

한 문화의 본질은 관습과 음악, 의복, 의식, 이야기에 있다. 요즘 아이들이 듣는 음악은 그의 조부모들이 듣던 것과는 전혀 다르다.

옷차림도 부모들의 문화유산보다는 다른 아이들의 시선을 의식한 것이다. 생일잔치나 통과의례도 부모들이 해온 관례가 아닌 주변 아이들이 하는 방식을 따른다. 이 모든 게 정상으로 보인다면, 그것은 우리 자신조차 또래지향성에 치우쳐 있기 때문이다. 어른 문화와 구분되고 차별화된 청소년 문화의 출현은 겨우 50여 년 전으로 거슬러 올라간다. 인류의 역사에 비하면 반세기는 상대적으로 짧은 시간이지만, 한 개인의 인생에서는 전 시기를 차지한다. 여러분도 이미 문화가 수직보다는 수평으로 전달되는 사회에서 자랐을 것이다. 잠재적으로 문명사회를 침식하는, 이런 과정은 신세대로 갈수록 새로운 동력으로 빠르게 진행된다. 내가 첫째에 이어 다섯째 아이를 낳기까지 22년의 세월이 흐르는 동안 부모들이 설 자리는 없어진 것 같다.

영국의 아동심리학자인 마이클 루터Michael Rutter 경과 범죄심리학자인 데이비드 스미스David Smith가 주도한 대규모 국제 연구에 따르면, 아이들의 문화는 제2차 세계대전 후에 처음으로 나타난, 20세기의 가장 극적이고 불길한 사회 현상 중의 하나다.[주2] 16개국의 대표 학자들이 참여한 이 연구에 따르면, 주류 문화의 수직적 전달이 붕괴하면서 반사회적 행동이 증가했다. 주류 문화와 구분되고 차별화된 아이들의 문화가 부상하면서 청소년 범죄와 폭력, 왕따, 비행도 증가했다.

개별적인 아이들의 발달도 이런 문화 현상과 유사한 형태로 진행되고 있다. 지금의 심리학 문헌은 아이의 정체성을 만들어 내는 또래들의 역할을 강조하고 있다.[주3] 자신에 대해 말해 보라는 질문에, 아이들은 자기 부모에 대해서는 언급조차 하지 않을 때가 많은 반면, 다른 아이들이나 자신이 속한 또래 집단의 가치나 기대에 대해서는 말한다. 무언가가 현저히 바뀌었다. 오늘날 너무 많은 아이의 인격 형성 과정에서 또래들이 부모를 대신하고 있다.

몇 세대 전만 해도 부모를 가장 중요한 존재로 여겼다. 칼 융Carl Jung은 부모와 아이 사이에서 일어나는 무엇이 아이에게 지대한 영향을 미치는 것은 아니라고 했다. 그 관계에서 결핍된 것이 아이의 인성에 크나큰 상처를 남긴다는 것이다. 이보다 더 두려운 것은, 또래들이 가장 중요한 사람인 어른들을 대신할 경우 또래들과의 관계에서 결핍되는 부분이 아이에게 가장 막대한 영향을 미칠 거라는 점이다. 무조건적인 사랑과 수용, 양육의 욕구, 상대를 위해 분발하는 능력, 상대의 성장과 발달을 위해 희생하려는 마음은 또래들이 결코 채워 줄 수 없는 것들이다. 이런 부분의 결핍은 많은 아이에게 재앙을 불러온다.

우리 사회에서 또래지향성의 확대와 함께 아동자살률이 놀랄 만큼 늘어났는데, 지난 50년 동안 북미에서만 10~14세의 아동 자살률이 네 배나 증가했다. 그 연령대의 자살률은 1980년에서 1992년 사이만 보더라도 120퍼센트의 가장 빠른 증가세다. 또래들이 부모를 대신할 가능성이 가장 높은 도심부에서 아동자살률은 훨씬 큰 폭으로 증가했다.[주4] 이 자살률은 많은 것을 의미한다. 실제로 유년기의 자살이 부모가 아닌 또래들의 거부나 왕따 때문에 일어난다는 연구 보고가 점점 늘고 있다. 또래들의 존재가 중요해지는 만큼, 더 많은 아이가 또래들이 무심코 내뱉는 말에, 또래들의 거부나 왕따로 인해 황폐화되고 있다.

여기에는 어떤 사회도, 문화도 예외가 없다. 일본의 경우에도 연장자들의 전통적 가치가 서구화와 청년 문화의 부상으로 밀려나고 있다. 이 나라는 아주 최근까지도 아이들 사이의 비행이나 학내 문제가 거의 없었지만, 지금은 청소년 범죄와 유년기 자살, 중퇴율의 증가라는 가장 부정적인 또래지향성의 산물을 겪고 있다. 《하퍼스 매거진Harper's Magzine》은 최근 자살한 일본 아이들이 남긴 유서를 모아 책을 펴냈는데, 대부분은 자신의 삶의 이유였던 또래들의 극심한 왕따에 시달리던 아이들이었다.

또래지향성의 영향은 10대에 가장 뚜렷하지만, 초기 징후는 초등학교 2, 3학년 때 나타난다. 그 발단은 유치원 이전까지 거슬러 올라가는데, 그 전에 문제를 방지하거나 초기에 문제를 해결하고 싶은, 특히 어린 아이를 둔 부모들은 누구나 이런 사실을 알아야 한다.

제임스 콜맨, 첫 경고등을 울리다

，첫 경고등은 40년 전에 울렸다. 1960년대 초, 한 미국 연구원은 아이의 행동과 가치의 주요 원천인 부모의 자리를 또래들이 대신하고 있다고 경고했다. 제임스 콜맨James Coleman 박사는 7천 명의 아이들을 대상으로 한 연구에서, 부모와의 관계보다 또래들과의 관계가 우선이라는 사실을 발견했다. 그는 미국 사회에 근본적인 변화가 일어나고 있다고 우려했다.[5] 그러자 학자들은 그것은 시카고에 국한된 일이지 주류 사회의 일은 아니라고 지적하며 미심쩍어했다. 그들은 이런 현상은 제2차 세계대전으로 인해 사

또래들이 부모의 자리를 차지하다

회가 와해된 데에서 기인하며, 사태가 정상화되면 사라질 거라고 낙관했다. 제임스 콜맨의 우려는 군걱정이라며 일축했다.

나 역시 내 아이들이 어느 날 내 거절을 무시하기 전까지는 그의 주장을 외면했다. 내 아이들을 또래들에게 빼앗기리라고는 생각지도 못했다. 당황스럽게도 두 딸은 사춘기에 접어들자 친구들 주변을 맴돌고, 그들의 말과 행동을 따라하며, 그들의 가치를 받아들이기 시작했다. 내 아이들은 폭력 집단이나 청소년 비행 따위에는 관심도 없어 보였고, 자신들을 끔찍이 사랑하는 대가족의 비교적 안정적인 환경에서 자란 데다, 어린 시절 세계대전으로 인한 혼란을 겪은 것도 아니었다. 콜맨의 연구는 우리 가족의 삶과는 무관해 보였다. 하지만 그 조각들을 모아 보니, 내 아이들에게 생긴 일은 매우 전형적인 경우였다.

많은 부모가 "아이를 놔줘야 하지 않나요? 우리 품에서 독립해야 하지 않나요?"라고 묻는다. 물론이지만, 그것은 우리의 역할을 다했을 때, 아이가 혼자 설 수 있을 때여야 한다. 또래 집단의 미성숙한 기대에 맞추는 것이, 아이가 독립적이고 자존감 있는 어른으로 성장하는 길은 아니다.

아이가 자신이 원하는 것이 무엇인지 안다고 해서, 자신에게 필요한 것이 무엇인지도 알고 있으리라는 생각은 위험하다. 또래지향적인 아이에게는 가족보다는 친구들과 접촉하고, 친구들과 가능한 한 더 많이 붙어 있으며, 가능한 한 더 많이 비슷해지는 것이 당연한 일로 보인다. 아이는 무엇이 최선인지 모른다. 아이가 좋아하는 대로 아이를 키우다 보면, 부모 역할을 다하기도 전에 그 자리에서 밀려날 수도 있다. 아이를 키우는 부모라면 아이를 바로

잡고, 아이의 애착 욕구를 채워주어야 한다.

　우리 두 사람에게도 아이들의 높아가는 또래지향성이 개인적 경고로 다가왔다. 우리는 이 책이 각지의 부모들과 사회 전반에 경고등 역할을 할 수 있기를 바란다.

희소식, 본능은 부모 편이다

　우리가 또래지향성으로 내닫는 사회적·문화적·경제적 흐름을 뒤집을 수는 없지만, 너무 빨리 부모 자리를 내주지 않도록 집에서, 교실에서 할 수 있는 일이 많다. 문화가 이미 진정한 성숙과 독립을 위한 방향으로 아이들을 인도하지 않기 때문에, 부모와 아이를 돌보는 어른들의 역할이 어느 때보다 중요하다.

　무엇보다 부모와 아이(어른과 아이)의 관계를 본래의 자리로 되돌려놓아야 한다. 육아와 교육의 중심에 관계가 있듯이, 해결책의 핵심도 관계에 있다. 아이와의 견고한 관계에 뿌리를 둔 부모들은 직관적으로 아이를 키운다. 이들은 기술이나 안내서에 의존하지 않고 이해와 공감을 바탕으로 행동한다. 아이와 함께하려면 어떻게 해야 하는지, 아이를 위해 어떤 어른이 되어야 하는지 안다면, 부모가 할 일에 대한 조언 따위는 크게 필요하지 않다. 관계가 회복되면, 실제적인 방법은 자신의 경험을 통해 저절로 찾게 된다.

　다행히도 본능은 우리 부모 편이다. 아이들은 그렇게 느끼지 않을지 몰라도, 아이들의 말과 행동은 반대로 보일지 몰라도, 아이들은 우리와 함께하고 싶어한다. 우리는 아이의 양육자이자 멘토로서 본연의 역할을 되찾을 수 있다. 이 책의 4부에서 아이가 성숙할 때까지 그와 친밀감을 유지하고, 약화되었거나 잃어버린 관계를 회복할 수 있는 구체적인 방법을 설명할 것이다. 늘 그렇듯이 치료는 진단에 따라 달라진다. 우리는 먼저 무엇이 결핍되어 있고, 어떻게 잘못되었는지를 살펴볼 것이다.

02
빗나간 애착,
일그러진 본능

열네 살의 신시아의 부모는 당황하고 혼란스러웠다. 무슨 이유인지 지난 1년간 딸의 행동이 변했기 때문이다. 아이는 거칠어지면서 말수도 줄고, 때로는 반항적이기까지 했다. 아이가 친구들과 어울릴 때는 유쾌하고 행복해 보였다. 아이는 사생활에 집착하며, 자기 인생에 더는 상관하지 말라고 주장했다. 이전의 사랑스럽던 딸은 점점 더 부모와 함께 있는 것을 불편해했다. 신시아는 이미 가족과의 식사도 즐거워하지 않았고, 가장 먼저 식탁에서 일어나곤 했다. 아이와 대화를 유지하기란 불가능했다. 엄마가 딸과 보낼 수 있는 유일한 시간은, 아이가 옷을 사러 가자고 할 때뿐이었다. 잘 알고 있다고 생각했던 딸이 지금은 수수께끼 같은 존재가

또래들이 부모의 자리를 차지하다

되었다.

이는 일반적인 10대의 반항일까? 사춘기 호르몬 탓일까? 부모는 걱정만 해야 할까? 부모로서 어떻게 대처해야 할까?

신시아의 알 수 없는 행동의 원인은, 어른의 세계에 대입해 보면 분명해진다. 당신의 연인이나 배우자의 행동이 갑자기 이상해졌다고 생각해 보라. 당신과 눈을 맞추지 않고, 스킨십을 거부하며, 퉁명스럽게 짧게 말하고, 당신의 접근을 피하며, 당신을 멀리한다고 말이다. 당신이 친구들에게 조언을 구한다면, 그들은 뭐라고 할까? 아마 가장 먼저 드는 생각은 당신의 배우자가 바람을 피우는 것은 아닐까 하는 의심일 것이다. 신시아의 경우에도 '행동' 문제가 아닌 '관계' 문제로 다루어야 한다.

어른의 세계에서는 너무 분명한 일이, 부모와 아이 사이에서 일어나면 혼란스러워진다. 신시아는 또래들에게 완전히 빠진 것이다. 또래들에 대한 일편단심과 가족에 대한 애착이 경쟁하는 것이다. 이는 마치 신시아가 바람을 피우는 것과 같다.

불륜의 비유는 여러 면에서 적절한데, 신시아의 부모가 느낀 좌절과 상처, 부정, 배신감이 그렇다. 인간은 일이나 가족, 친구, 스포츠팀, 문화 아이콘, 종교와 같은 여러 대상에 애착을 느끼면서도, 애착 간의 경쟁은 참지 못한다. 결혼의 경우 어떤 애착이 배우자와의 유대감이나 친밀감을 방해하고 위협한다면, 배우자는 그것을 정서적 의미에서의 불륜으로 느끼게 될 것이다. 어떤 남자가 아내를 피하고 병적으로 인터넷에만 매달린다면, 그 아내는 버림받은 느낌과 질투심에 휩싸일 것이다. 우리 문화에서 아이들의 또래에 대한 애착과 어른에 대한 애착은 경쟁 관계에 놓여 있다. 아이들은 아주 순진하게도 파괴적인 결과를 낳는 애착 불륜 attachment affair에 서로가 빠져 있는 것이다.

우리는 왜 애착에 주목해야 하나

●

’ 애착이란 무엇인가? 간단하게 말하면, 이것은 두 개체가 서로 끌어당기는 힘이다. 물리적 형태이든, 전기적 혹은 화학적 형태이든 이것은 우주에서 가장 강력한 힘이다. 우리가 땅위에 서 있을 수 있는 것도, 우리 몸이 한 개체로 붙어 있는 것도 모두 이 힘 덕분이다.

심리학의 영역에서 애착은 관계와 사회적 기능의 핵심이다. 인간에게 애착은 신체적 · 행동적 · 정서적 · 심리적 접근과 친밀감, 관계를 추구하고 보존하는 것이다. 가족은 애착 없이는 가족이 될 수 없다.

애착이란 의식하지 않는 것이 이상적이다. 굳이 의식하지 않아도 중력은 발을 땅에 딛고 서게 하고, 행성은 궤도에 머물며, 나침반은 자기장의 북극을 가리키는 것처럼, 우리는 애착의 힘을 당연하게 받아들여야 한다. 컴퓨터를 사용하기 위해 컴퓨터의 구조를 꼭 알아야 할 필요가 없고, 자동차를 운전하기 위해 엔진에 대해 꼭 알아야 할 필요가 없듯이, 애착의 작용이나 힘을 활용하기 위해 애착에 대해 분석하거나 깊이 이해하려고 할 필요가 없다. 그런 지식은 고장이 났을 때나 필요하다. 애착은 본래 부모와 아이의 본능을 조율한다. 애착이 제 기능을 할 때는 아무 생각 없이 자

또래들이 부모의 자리를 차지하다

연히 본능을 따라갈 수 있다. 애착이 고장날 때 본능도 따라서 고장이 난다. 다행히 인간은 무엇이 부족한지 분명히 인식함으로써 일그러진 본능을 보완할 수 있다.

우리는 왜 애착에 주목해야 할까? 그것은 우리가 더는 애착을 당연하게 받아들일 수 없는 세상에 살고 있기 때문이다. 오늘날의 경제와 문화는 더는 아이가 자신의 양육자에게 자연적 애착을 느낄 수 있는 맥락을 제공하지 않는다. 애착의 관점에서 볼 때 우리는 참으로 역사상 전례가 없는 사회에 살고 있다. 다음 장에서는 건강한 부모와 아이의 애착을 위한 사회적·경제적·문화적 기반이 어떻게 무너졌는지에 대해 설명할 것이다. 아이의 건강한 발달에 가장 중요한 자연 본래의 부모 역할을 되찾기 위해서는, 애착의 역학에 대한 온전한 인식이 필요하다. 갈수록 문화적 혼돈이 심화되는 세상에서 애착에 대한 인식은 부모가 갖추어야 할 가장 중요한 지식이다. 우리는 뼛속까지 애착을 느껴야 한다.

애착은 우리 존재의 핵심이지만, 의식과는 매우 거리가 멀다. 그런 의미에서 애착은 두뇌 그 자체다. 우리는 인류를 호모 사피엔스 즉 '지혜로운 사람'이라고 부르며, 스스로를 지성을 가진 피조물로 여기고 싶어한다. 그러나 우리 뇌에서 사고를 담당하는 영역은 얇은 한 층에 불과한 반면, 애착의 심리적 역학을 위해 작동하는 영역은 이보다 훨씬 광대하다. '애착뇌attachment brain'라는 이 기관에 우리의 무의식적인 감정과 본능이 살고 있다. 다른 많은 생명체의 뇌에도 이런 영역이 있지만, 인간만이 애착 과정을 의식할 수 있는 능력을 가지고 있다.

어른들도 그렇지만, 특히 성장하는 아이의 정서에 애착은 절대적으로 필요한 것이다. 혼자서는 아무것도 할 수 없는 아이는 어른에게 붙어 있어야 한다. 태아는 세상에 나올 수 있을 만큼 자랄 때까지는 자궁 안에 붙어 있어야 한다. 마찬가지로, 아이는 자신의 두 발로 설 수 있을 때까지, 스스로 생각할 수 있을 때까지, 그리고 스스로 방향을 정할 수 있을 때까지는 정서적으로 부모와 붙어 있어야 한다.

애착은 지향 본능이다

　앞 장에서 소개한 지향 본능과 밀접하게 연관되어 있는 애착은 양육과 교육, 문화 전파에 결정적이다. 애착과 마찬가지로 지향 본능은 우리 본성의 토대다. 가장 구체적이고 물리적인 지향의 형태는, 자신이 존재하는 시간과 공간을 파악하는 일이다. 그렇지 못할 때 우리는 초조해진다. 잠에서 깨는 순간 자신이 어디에 있는지, 여전히 꿈을 꾸고 있는 것인지 알 수 없을 때는, 가장 먼저 시간과 공간을 확인해야 한다. 하이킹 중에 길을 잃고도 동식물을 감상하거나, 삶의 목표를 점검하거나, 혹은 저녁식사 따위를 생각하는 사람은 없을 것이다. 위치를 파악하는 데 온 정신을 집중하고 에너지의 대부분을 소비할 것이다.

　인간의 지향 욕구는 신체적인 것만이 아니다. 심리적 지향성도 인간의 발달에 그만큼 중요하다. 아이들은 자라면서 자신이 누구인지, 무엇이 진짜인지, 세상일이 어떻게 돌아가는지, 무엇이 좋은 것인지, 진정한 의미는 무엇인지 알고 싶어한다. 이런 지향에 실패하게 되면 심리적으로 방향을 잃고 고통스러워하게 된다. 아이들은 스스로 지향할 수 있는 능력이 전혀 없다. 그들에게는 도움이 필요하다.

애착이 그런 도움을 준다. 애착의 첫 임무는 아이가 붙어 있던 사람한테서 떨어져 '나침반compass point'을 형성하는 것이다. 아이가 이 나침반을 이용해 자기 위치를 확인할 수 있다면 방향을 잃지는 않을 것이다. 그 내면의 활발한 본능이 아이로 하여금 나침반 가까이 머물게 할 것이다. 애착은, 아이가 좀더 능력이 있다고 여기는 어른들에게 기댈 수 있게 해준다.

아이들이 무엇보다 두려워하는 것은 길을 잃는 것이다. 이들에게 길을 잃는다는 것은 자신의 나침반과의 접촉이 끊기는 일이다. 아무것도 찾지 못하거나 지향할 대상이 없는 '지향성 결핍'을 인간의 뇌는 결코 견디지 못한다. 어른들도 인생에서 자신의 나침반이 되는 사람과의 접촉이 끊기면, 길을 잃은 듯한 느낌이 들게 된다. 어른인 우리도 애착 대상과 떨어지면 방향성을 잃을 수 있는데, 아이들은 오죽할까.

부모는 물론 그 역할을 하는 어른들은 아이에게 최고의 나침반이지만, 누가 아이의 나침반이 되는지는 애착이 결정한다. 그리고 우리 모두 알다시피, 애착은 변덕스러울 수 있다. 방향을 정하는 지극히 중요한 역할에 적합하지 못한 사람, 예를 들면 아이의 또래들에게 맡겨질 수도 있다. 아이가 또래들에게 애착을 느끼게 되면, 또래들이 아이의 나침반이 되고 친밀감을 추구하는 대상이 된다. 아이는 또래들을 보며 어떻게 행동할지, 무엇을 입을지, 어떻게 생각할지, 무슨 말을 할지, 무엇을 할지를 정한다. 또래들이 무엇이 좋은지, 무슨 일이 일어나는지, 무엇이 중요한지, 심지어 자신을 어떻게 생각하는지를 결정하는 사람이 될 것이다. 이것이 바로 신시아에게 일어난 일이다. 신시아의 감정 세계에서는 부모 대신 또래들이 중심이 되었다. 사물의 자연 질서가 완전히 뒤바뀐 것이다.

최근에야 아이들의 심리적 애착 형태를 제대로 이해하게 되었다. 행성들이 태양을 중심으로 돌듯이, 분명 아이들은 부모와 자신을 돌보는 어른들을 중심으로 돌았다. 그러나 지금은 점점 더 많은 아이가 서로를 중심으로 돌고 있다.

아이들은 누군가의 방향을 정할 자격이 있기는커녕, 현실 세계에서 자신의 방향을 찾을 능력조차 없다. 아이의 또래들은 의지할 만한 존재들이 아니다. 또래들은 우리 아이들에게 자신이 누구인지 알려 주거나, 옳고 그름을 가려 주거나, 사실과 환상을 구분해 주거나, 효과가 있는 것과 없는 것을 확인해 주거나, 어디로 어떻게 가야 하는지 이끌어주지 못한다.

아이들이 서로를 지향함으로써 무엇을 얻을 수 있을까? 아이들은 서로를 나침반으로 삼음으로써, 지향성 결핍에서 오는 극심한 불안으로부터 자신을 지킨다. 역설적이게도, 아이들은 시각장애인이 시각장애인을 인도하는 것처럼 보이는데도 문제를 느끼지 못한다. 아이들의 나침반이 부적합하고, 일관성이 없으며, 신뢰할 수 없다는 점은 중요하지 않다.

어른들을 또래들로 대체한 아이들은, 설령 지도에서 완전히 벗어난다 하더라도 함께 있는 것만으로도 충분하다. 이 아이들은 어른들의 안내를 받거나 지도를 구하지 않는다. 우리 눈에는 분명

또래들이 부모의 자리를 차지하다

잘못된 방향으로 가고 있거나 전혀 방향성이 없음에도, 자신은 괜찮다고 확신하는 그들을 보면 절망스럽다. 많은 부모가 10대 자녀에게 현실을 지적해도, 아이는 아무것도 잘못된 게 없다고 완강하게 우겨대는 통에 속을 태운 경험이 있을 것이다.

피상적으로, 누군가는 또래들과의 애착이 길을 잃고 혼란스러워하는 아이들을 잘 지켜주고 있다고 말할 수 있다. 사실은 길을 잃은 그들을 구해 주는 게 아니라, 길을 잃은 느낌만 없어지는 것이다.

애착을 형성하는 여섯 가지 방식

아이를 성공적으로 키우려면, 아이를 우리 품으로 돌아오게 하려면, 아이가 또래 문화에 빠져 있다면 애착을 형성하는 방식을 배워야 한다. 이 책을 준비하면서 만난 한 엄마는 이렇게 말했다. "아이를 이해하지 못한다면, 그 아이에 대해 참을 수도 없을 거예요." 애착에 대한 이해만이 아이를 속속들이 이해할 수 있게 해준다. 이는 또한 아이가 또래지향성을 띠기 시작할 때 그 징후를 식별하게 해준다.

애착을 형성하는 데에는 여섯 가지가 방식이 있으며, 이들 방식은 아이의 행동과 함께 부모의 행동에 대한 단서를 제공해 준다. 이 여섯 가지 방식은 단순한 단계에서 좀더 복잡한 단계로 올라간다. 또래지향적인 아이들은 서로 애착을 형성할 때 가장 기본적인 단계에만 머문다는 점에 주목해야 한다.

감 각

애착의 첫 번째 방식은 신체적 접촉이다. 아이는 감각senses 즉 후각이나 시각, 청각, 촉각을 통해서 애착을 형성하는 상대를 느낀다. 아이는 그 애착 상대와의 접촉을 유지하기 위해 자신이 할 수 있는 일은 무엇이든 할 것이다. 친밀한 관계가 흔들리거나 깨지면 아이는 불안해하며 심하게 저항한다.

신체적 접촉에 대한 갈망은 유아기에 시작되어 절대 사라지지 않는다. 미성숙한 사람일수록 이런 기초적인 애착 방식에 더 의존한다. 원초적인 애착 단계에서는 주절주절 잡담만 늘어놓게 된다. 열다섯 살의 피터는 "저와 친구는 별 의미도 없는 말들을 몇 시간씩 주고받아요"라고 말한다. "우리가 하는 말이라곤 '무슨 일이야,' '잘 지냈어,' '어디 갈까,' '어디가 좋다더라'가 다죠." 이런 말들은 의사소통을 위한 대화가 아니다. 이것은 청각을 통한 접촉이라는 단순한 목적의 애착 의식일 뿐이다. 또래지향적인 아이들은 자신들이 무엇 때문에 그러는지 모른다. 아이들에게는 그것이 아주 자연스러운 일이고, 항상 서로 가까이 붙어 있으려는 마음이 절박하기 때문이다. 그들은 일그러진 본능을 따르는 것뿐이다.

동질성

애착의 두 번째 방식은 보통 유아기에 잘 드러난다. 아이는 가장 가깝게 느끼는 사람을 닮고 싶어한다. 아이는 흉내와 모방을 통해 그 사람과 똑같이 행동하거나 표현하려고 한다. 이런 형태의 애착은 언어를 습득하고 문화를 전달할 때 두드러지게 나타난다. 제2차 세계대전 이후 아이들의 평균 어휘량이 크게 감소했다는

또래들이 부모의 자리를 차지하다

것은 이미 알려진 사실이다. 왜 그럴까? 아이들은 이제 서로에게서 언어를 습득하기 때문이다. 또래지향적인 아이들은 서로의 걸음걸이와 말투, 기호와 몸짓, 외모와 태도를 모범으로 삼는다.

동질성sameness을 통한 애착 형성의 또 다른 방식은 '동일시identificaion'다. 누군가 혹은 무언가와 동일시한다는 것은 그 사람이나 그 사물과 하나가 되는 것이다. 그 실체는 부모나 어떤 영웅, 단체, 역할, 국가, 스포츠팀, 대중가수, 이념, 심지어 누군가의 작품이 될 수도 있다. 극단적인 애국심이나 인종주의는 국가나 인종을 자아와 동일시하는 데 기초한다.

보다 의존적인 아이나 사람일수록 이와 같은 동일시는 더욱 강렬해진다. 우리 사회에서 또래들(혹은 또래 세계의 대중 아이콘)은 부모나 역사와 문화의 뛰어난 인물을 대신해 동일시의 대상이 되고 있다.

소유권과 충성심

애착의 세 번째 방식도 유아기에 나타난다. 누군가와 가까워진다는 것은, 그 사람을 자기 것으로 생각하는 것이다. 애착을 형성하는 아이는 자신이 애착을 느끼는 사람이나 사물 즉 엄마나 아버지, 여동생. 혹은 곰돌이 인형에 대한 소유권을 주장한다. 마찬가지로 또래지향적인 아이들은 누군가를 소유하고 잃지 않으려고 조바심을 낸다. 많은 사춘기 아이에게 누가 최고의 친구인가는 생사가 걸린 중대한 문제다. 이런 미성숙한 애착 형성 방식은 또래지향적인 아이들 특히 또래지향적인 여자아이들의 관계에서 두드러진다.

소유belonging의 뒤를 따르는 것은 충성loyalty으로, 이것은 자신이 택한 애착 대상에게 충실하고 순종하는 것이다. 또래지향적인 아이들은 서로 비밀을 지켜 주고, 편을 들어 주며, 요구를 들어줄 때 자신의 애착 본능을 따른다. 이는 아주 강한 충성심이지만, 그저 애착을 따라가는 것이다. 아이의 애착 대상이 바뀌면, 소속감과 충성심도 변한다.

중요성

접촉과 친밀감을 추구하는 네 번째 방식은 '중요성significance' 즉 자신이 누군가에게 소중한 사람임을 느끼는 것이다. 애착을 중시하는 미취학 아동은 상대를 기쁘게 하고 그의 인정을 얻는 데 몰두한다. 아이는 불쾌해하거나 못마땅해하는 표정에 극도로 민감하다. 이런 아이들은 자신이 애착을 느끼는 사람들의 행복한 얼굴을 보기 위해 산다. 이는 또래지향적인 아이들도 마찬가지다.

이런 애착 형성 방식의 문제는, 아이가 쉽게 상처받는다는 것이다. 누군가에게 중요한 사람이 되고 싶은 탓에, 그 사람에게 중요하지 않다고 느껴질 때는 상처를 입는다. 누군가의 애정을 갈구하다 보면, 그 사람의 냉대에 상처를 입게 된다. 예민한 아이는 자신을 바라보는 시선이 따뜻하게 느껴지지 않을 때는 쉽게 좌절한다. 아이에게 이런 식의 상처를 주는 것은 아무리 불완전한 부모도 또래들을 따라가지 못한다.

느 낌

친밀감을 추구하는 다섯 번째 방식은 '느낌feeling' 즉 따뜻한 느낌, 사랑하는 느낌, 다정한 느낌을 통해서다. 감정은 늘 애착을 수반하지만, 예민하고 상처받기 쉬운 미취학 아동은 '정서적 친밀감'을 더욱 강렬하게 추구한다. 이런 방식의 접촉을 추구하는 아이들은 종종 애착을 느끼는 대상과 사랑에 빠진다. 부모와의 정서적 친밀감을 경험한 아이는 훨씬 더 잦은 신체적 분리를 견딜 수 있으며, 그러면서도 부모와의 친밀감을 유지한다. 첫 번째이자 가장 원초적 방식인 감각을 통한 애착 형성이 애착의 짧은 팔이라면, 사랑은 긴 팔이다. 이런 아이는 마음속에 상냥하고 사랑이 가득한 부모의 모습을 담고 있고, 그 안에서 지지와 위안을 얻는다.

하지만 여기서부터 위험한 영역으로 들어서게 된다. 자신의 마음을 주는 것은 늘 상처받을 위험을 감수하는 일이다. 마음을 열려고 하지 않는 사람들은 일찍이 거부당하거나 버림받는 것에 대해 알게 된 경우가 많다. 사랑의 상처를 겪은 사람들은 애착을 형성하는 방식에서도 상처를 덜 받는 쪽으로 물러설 수 있다. 앞으로 설명하겠지만, 취약성은 또래지향적인 아이들이 피하고 싶어하는 것이다. 보다 깊은 형태의 애착이 너무 위험해 보이면, 상처가 덜한 방식들에 의지하게 된다. 또래지향적인 아이들은 부모지향적인 아이들보다 정서적 친밀감이 훨씬 떨어진다.

속마음 드러내기

애착의 여섯 번째 방식은 '속마음 드러내기being known'다. 이런 애착 방식의 첫 징후는 보통 아이가 학교에 들어갈 무렵에 나타난다. 친밀감을 추구할 때 아이는 자신의 비밀을 공유하려고 한다. 사실, 친밀감은 곧 비밀을 나누는 것을 의미하곤 한다. 부모지향적인 아이들은 친밀감을 잃을까 봐 부모에게 비밀을 갖지 않으려고 한다. 또래지향적인 아이들에게 가장 친한 친구는 비밀을 털어놓는 상대다. 사람들은 대부분 다른 사람에게 자신을 드러냄으로써 오해를 사거나 거절을 당할지도 모른다는 위험을 감수하려고 하지 않는다. 이것이 많은 사람이 사랑하는 사람들에게도 마음속의 고민과 불안감을 쉽게 털어놓지 못하는 이유다. 하지만 마음을 드러낸 후에도 여전히 자신을 좋아하고, 수용하고, 환영하고, 존재를 인정할 때 형성되는 친밀감을 능가하는 것은 없다.

아이들이 부지런히 서로의 비밀을 나누는 모습을 보면, 자칫 긴밀하게 교류하는 것으로 생각하기가 쉽다. 사실, 아이들이 나누는 비밀은 다른 사람들에 대한 쑥덕공론일 경우가 많다. 진정한 정서적 친밀감은 너무 큰 위험을 무릅써야 하기 때문에 또래지향적인 아이들 사이에서는 드문 일이다.

여섯 가지 애착 형성 방식의 한 가지 공통점은 관계를 목표로 한다는 것이다. 발달이 건강하다면, 이 여섯 가닥은 어떤 불리한 환경에서도 친밀감을 유지할 수 있는 튼튼한 관계의 밧줄로 짜인다. 애착이 잘 형성된 아이들은 신체적으로 떨어져 있을 때도 친밀감을 유지하는 여러 가지 방법을 알고 있다. 하지만 모든 아이가 자신의 애착 능력을 깨닫지는 못하는데, 특히 또래지향적인 아이들이 그렇다. 또래지향적인 아이들은 미성숙한 상태에 머물기 쉽고, 정서적 관계에서도 자신의 취약성을 어떻게든 의식하지 않으려고 피한다(이 문제는 8장과 9장에서 좀더 구체적으로 설명할 것이다). 또래지향적인 아이들은 지극히 제한적이고 피상적인 애착의 세계에 살고 있다. 동질성의 추구는 가장 상처받지 않는 애착 방식이고, 또래들과의 관계를 모색하는 아이들이 흔히 취하는 방법이다. 그러므로 아이들은 최대한 서로의 외모와 태도, 생각, 취향, 가치를 닮으려고 한다.

부모와의 애착 관계가 건강한 아이들과 비교할 때, 또래지향적인 아이들이 관계를 맺고 유지하는 방식은 겨우 두세 가지에 한정되어 있다. 애착 방식이 제한되어 있는 아이들은 마치 시각장애자가 다른 감각들에 더 의존하듯이 그런 방식에 지나치게 의존한다. 방법이 하나밖에 없을 때는 필사적으로 매달리기 마련이다. 또래지향적인 아이들은 이렇게 죽기 살기로 서로에게 집착한다.

주요 애착이 경쟁할 때

아이의 정신 세계에서 애착의 중요성을 생각할 때, 그가 누구든 아이가 가장 애착을 느끼는 사람이 아이의 삶에 가장 큰 영향을 미칠 것이다.

아이들이 부모와 교사들과 관계를 맺는 동시에 또래들과도 관계를 맺을 수 있을까? 하나의 애착과 또 다른 애착이 경쟁 관계에 놓이지만 않는다면, 이는 가능할 뿐만 아니라 바람직하다. 그러나 상반된 가치와 상반된 의도로 인해 경쟁할 수밖에 없는 주요 애착이 공존한다는 것은 있지도, 가능하지도 않은 일이다. 주요 애착이 경쟁할 때 한 쪽은 질 수밖에 없다. 아이는 또래 세계의 가치를 따르든 어른들의 가치를 따르든 둘 중 하나를 택할 것이다. 미성숙한 존재의 애착뇌는 서로 다른 방향으로 갈려 팽팽하게 맞서는 두 힘을 견디지 못한다. 하나를 선택하고 다른 하나를 버리지 않으면 정서적 혼란에 빠지고, 욕구가 마비되며, 행동이 악화된다. 아이는 갈피를 잡지 못하게 된다. 이와 마찬가지로 아기의 두 눈이 갈라져 사물이 이중으로 보인다면, 뇌는 자동적으로 두 눈 중 한 눈에 잡힌 시각 정보를 억제하고 그 눈은 멀게 된다.

　성숙한 어른들과 비교할 때 아이들은 훨씬 더 심하게 애착 욕구에 휘둘린다. 어른들도 강한 애착 욕구를 느낄 수 있지만, 많은 사람이 경험하듯이 진정한 성숙은 그런 욕구를 올바르게 다룰 수 있는 능력을 더해 준다. 아이들에게는 그런 능력이 없다. 아이가 부모의 애착과 경쟁하는 관계에 몰두하게 되면, 아이의 인격과 행동에 극적인 영향을 미치게 된다. 신시아의 부모가 딸의 모습에서 목격한 것은, 유감스럽게도 이와 같이 강력한 또래 관계의 인력이었다.

　많은 부모의 분노와 좌절감의 밑바닥에는 배신감 같은 상처가 깔려 있다. 그러나 우리는 보통 이런 내부 경고를 무시하거나 축소한다. 우리는 이런 문제를 행동 장애라거나, 호르몬 때문이라거나, '일반적인 10대의 반항'이라고 축소함으로써 불안감을 달래려고 한다. 이런 유사생물학적 설명이나 심리학적 가정들 때문에 공존하기 힘든 경쟁 관계의 애착이라는 진짜 문제를 보지 못하게 된다. 호르몬은 언제나 인간의 정상적인 생리적 구성물이었지만, 지금처럼 부모와의 불화를 키우지는 않았다. 화를 부르는 무례한 행동은 늘 보다 깊은 문제의 표면적인 징후일 뿐이다. 근본적인 문제를 해결하지 않고 행동을 통제하거나 처벌에 의존하는 것은, 아

　또래들이 부모의 자리를 차지하다

이들이 왜 그러는지 원인은 무시하고 증상에 대한 처방만 내리는 의사와 다를 바 없다. 아이들을 좀더 깊이 이해하면, 부모로서 정말 효과적인 방법으로 '나쁜 행동'을 다룰 수 있게 된다. '일반적인' 10대의 반항에 관한 한, 자신의 진정한 개성을 희생하면서까지 또래들과 어울리며 위안을 받으려는 아이들의 강박적 충동은 건강한 성숙이나 발달과는 아무 관계가 없다.

부모인 우리가 기본적으로 주목해야 하는 것은, 우리가 사랑으로 보살피는 아이들을 유혹하는 경쟁 관계의 애착 문제다.

애착은 양극적이다

이제 우리는 어떻게 신시아의 친구들이 부모를 대신하게 되었는지 이해했지만, 여전히 골치 아픈 질문이 남아 있다. 즉 부모에 대한 신시아의 적대적인 행동을 어떻게 설명할 것인가다. 왜 또래 관계가 최우선이 되면 아이가 부모를 거부하게 되는 것일까?

그 답은 애착의 양극적인 본성에서 찾을 수 있다. 인간의 애착은 자력과 비슷하다. 자력은 양극화되어 있다. 한 극은 나침반의 바늘을 끌어당기고, 다른 한 극은 바늘을 밀어낸다.

인간의 속성, 특히 아이들과 미성숙한 사람들도 이와 비슷하다. 한 사람과의 친밀감을 추구하는 아이는, 새로운 사람과 사랑에 빠지면 갑자기 이전 애인이 견디기 힘들어지는 것처럼, 그 사람과 경쟁 관계에 있는 사람은 누구든 배척할 수 있다. 옛 애인이 변한게 아니라, 애착 대상이 바뀐 것이다. 애착의 나침반이 어느 쪽을 가리키느냐에 따라 똑같은 사람을 원할 수도, 거부할 수도 있다. 주요 애착 대상이 바뀌면, 지금까지 아주 친했던 사람도 느닷없이 경멸의 대상이 되어 싫어하게 된다. 이런 일은 어느 날 갑자기 일어날 수도 있다. 당신도 '가장 친한 친구'의 예기치 못한 변심에 낙심한 얼굴로 눈물을 글썽이며 집으로 들어오는 아이의 모습을 본 적이 있을 것이다.

사람들은 대부분 애착의 양극성을 직감하고 있다. 우리는 추종이 거리두기로, 호감이 반감으로, 애정이 경멸로, 사랑이 미움으로 얼마나 순식간에 바뀌는지 알고 있다. 하지만 그런 강렬한 감정과 충동이 실은 동전의 양면이라는 사실을 아는 사람은 많지 않다.

애착의 양극성은 오늘날의 부모들이 알아야 하는 중요한 문제다. 애착에 중립은 없다. 애착이 아이를 지배하는 정도에 따라 관계는 좋거나 나쁘거나 둘 중 하나다. 오늘날에는 너무 흔하게 부모와 또래가 마치 연적처럼 경쟁 관계의 애착 대상이 되곤 한다. 많은 부모가 비탄 속에 경험하듯이, 아이들은 또래지향적인 동시에 부모지향적일 수가 없다.

정상적인 환경에서 애착의 양극성은 아이를 키우는 어른 가까이에 머물게 하는 순기능을 한다. 이것은 흔히 '낯가림'이라는 것을 통해 유아기에 처음 나타난다. 아기가 특정 어른과 강한 유대감을 느낄수록, 애착이 없는 다른 사람들과의 접촉은 더 강하게 거부한다. 당신과의 친밀감을 원하는 아이에게 낯선 사람이 다가온다면, 아이는 그 침입자를 피해 당신에게 기댈 것이다. 이는 순수한 본능이다. 낯선 사람을 멀리하는 것은 너무나 자연스러운 일이다. 하지만 부모는 아기의 이런 태도를 호되게 꾸짖으며, 다른

또래들이 부모의 자리를 차지하다

어른들에게 아이의 '무례함'에 대해 사과하곤 한다.

　어른들은 아기의 이런 반응을 달가워하지 않을 뿐만 아니라, 나이 든 아이가 이런 반응을 보이면 절대 용납하지 않는다. 또래지향성은 아이들로 하여금 자기 부모를 향해 이런 낯가림을 하게 한다. 멀찌감치서 우리를 바라보는 눈과 무표정한 얼굴, 웃음을 거부하는 입, 눈동자 굴리기, 눈 맞추지 않기, 접촉하지 않기, 관계에 저항하기가 그것이다.

　당신이 초등학교 3학년 소녀인 레이첼의 엄마라고 상상해 보라. 당신은 유치원 때부터 아이의 손을 잡고 학교까지 걸어가며 즐거운 시간을 보냈다. 헤어지기 전에는 늘 안아 주고 뽀뽀하며 애정 어린 말을 속삭이곤 했다. 그러나 요즘 레이첼은 또래들에게 빠져서 시도 때도 없이 그들과 함께 있고 싶어한다. 아이가 집에 돌아올 때면 그들의 몸짓과 말투, 옷에 대한 취향, 심지어 웃음까지 가져왔다. 하루는 여느 때처럼 서로 다정하게 손을 잡고 집을 나섰다. 가는 도중 아이의 반 친구들이 지나간다. 그 순간 잡고 있는 아이의 손이 느슨해진다. 아이는 나란히 걷지 않고 반걸음 정도 앞서거나 뒤선다. 아이들이 더 많아지자, 그 간격은 더 넓어진다. 갑자기 아이가 당신의 손을 놓고 뛰어간다. 학교에 도착했을 때 평소처럼 안아주려 하지만, 아이는 창피하다는 듯 당신을 밀쳐낸다. 당신은 한 발자국쯤 떨어진 거리에 서 있고, 아이는 눈길도 주지 않은 채 잘 가라고 손을 흔든다. 마치 당신이 무언가 잘못한 것 같다. 방금 당신이 경험한 것은 애착의 어두운 이면이다. 즉 보다 가치 있는 새로운 관계가 나타나자마자 이전의 친밀했던 대상을 거부하는 것이다. 쉽게 말하면, 아이는 또래들 때문에 당신을 가차 없이 차버린 것이다.

이 애착의 음극은 여러 가지 형태로 나타난다. 동질성을 거부하는 것이 그 중 하나다. 적어도 청소년기에 이르기 전까지 아이는 그것이 유머 감각이든, 음식에 대한 기호이든, 한 가지 주제에 대한 생각이든, 영화에 대한 반응이든, 음악에 대한 취향이든 부모와 비슷하다거나 닮았다는 말을 들으면 좋아한다(일부 독자는 이런 주장에 대해 지극히 이상적이고 시대에 뒤떨어진 이야기라고 반응할지도 모른다. 그런 반응은 어른 세대조차 지난 수십 년 동안 얼마나 또래지향적으로 변했는가를 보여 주는 신호일 뿐이다).

또래지향적인 아이들은 부모와 닮는 것을 거부하고 가능한 부모와 달라지고 싶어한다. 동질성은 친밀감을 의미하므로, 달라지려고 하는 것은 거리를 두기 위한 방법이다. 이런 아이들은 정반대되는 생각과 정반대되는 기호를 가지려고 온갖 노력을 다한다. 이들은 반대 의견과 판단으로 가득 차 있다.

우리는 부모와 달라지려는 이런 강박적인 욕구와 아이의 개성의 추구를 혼동할 수 있다. 참된 개성은 어른들과의 관계뿐만 아니라 아이의 모든 관계에서 나타나야 한다. 진정으로 자기 개성을 추구하는 아이는 순응을 요구하는 온갖 압력에 맞서 자기만의 개성을 주장한다. 이와는 전혀 다른, 대부분의 '아주 이기적인' 아이는 또래들과 섞이는 데 완전히 빠져서 그들과 다르게 보이는 일은 무엇이든 질색한다. 어른의 눈에 아이의 개성으로 보이는 것은 또래들과 같아지려는 강렬한 충동을 덮고 있는 가면이다.

거리를 두려는 행동 중 하나는 그 사람을 조롱하고 놀리는 것이다. 조롱의 본능은 흉내와 모방을 통해 친밀해지려는 시도와 정반대되는 것이다. 모방의 대상이 되는 것은 최고의 찬사이지만, 조롱과 놀림의 대상이 되는 것은 최악의 모욕이다.

동질성을 통해 또래들과의 친밀감을 추구할수록 아이는 어른들을 향한 조롱을 일삼는다. 제자에게 혹은 자녀에게 조롱을 당하는 일은 깊은 상처를 남긴다. 이는 참을 수 없는 지경에 이르게 한다. 아이를 책임지는 어른들을 향해 이런 거리두기를 한다는 것은 또래지향성의 강력한 징후다. 마찬가지로 좋아하고 애정을 받고 싶은 마음과 정반대되는 것은 경멸과 멸시다. 아이가 또래지향성을 띠게 되면, 그 부모는 경멸과 조롱, 모욕과 비방의 대상이 되곤 한다. 처음에는 또래들에게 점수를 따기 위해 뒤에서 부모를 헐뜯기 시작하지만, 또래지향성이 강해지면 드러내놓고 공격할 수도 있다. 이처럼 아이들이 우리를 적으로 취급하게 내버려두는 것은 우리를 위해서나 아이들을 위해, 혹은 서로의 관계를 위해 있어서는 안 되는 일이다.

예수는 경쟁 관계의 애착이 양립할 수 없음과 애착의 양극성을 간파하고 다음과 같이 말했다. "아무도 두 주인을 섬길 수 없다. 한 편을 미워하고 다른 편을 사랑하든지, 한 편을 존중하고 다른 편을 업신여기게 된다"(마태복음 6장 24절). 또래들에게 충실할 때 아이는 우리 편에 서거나 우리 말을 듣는 것이 옳지 않다고 느낀다. 아이들은 일부러 우리를 배신하는 것이 아니다. 그저 자기 본능, 스스로 통제할 수 없는 이유 때문에 파괴된 본능을 따르는 것뿐이다.

03

부모가 또래들에게
밀려난 이유

　어째서 오늘날에는 아이들이 양육하는 어른들에게서 또래들에게로 그렇게 빨리 애착을 옮겨가는 것일까? 그 원인은 각 부모의 실패에 있는 게 아니라, 본능으로도 어찌할 수 없는 전례 없는 문화적 붕괴에 있다.

　우리 사회는 아이들의 발달에 필요한 것들을 채워주지 못하고 있다. 20세기의 연구자들이 건강한 정신적 성장에 애착이 핵심 역할을 한다는 사실을 발견할 무렵, 사회의 미묘한 변화로 인해 아이들의 어른지향성이 무방비 상태로 방치되었다. 지난 수십 년 동안 지배적인 경제 세력과 문화 추세에 의해, 어른들의 양육 본능과 아이들의 애착 욕구가 자연스럽게 제 기능을 하게 해주던 사회적 맥락이 해체되었다.

아이는 애착을 형성하려는 강한 유전적 충동에 의해 움직이지만, 아이의 뇌 어딘가에 부모나 교사의 원형이 새겨져 있는 것은 아니다. 아이의 뇌는 방향을 정하고, 애착을 형성하고, 마침내 나침반이 되어 주는 사람과 관계를 유지하도록 프로그램되어 있을 뿐이다.

역사적으로 이런 프로그래밍이 필요한 것은 아니었다. 모든 포유동물과 다른 동물들도 고유의 애착 충동이 있어서 새끼가 충분히 자랄 때까지 양육자 즉 같은 종의 어른에게 묶여 있는 것은 자연의 순리였다. 그것은 새끼가 건강한 어른으로 자랄 때까지 생존을 보장하는 자연의 방식이다. 이런 맥락에서 새끼는 자신의 유전적 잠재력을 깨달을 수 있고, 자신의 본능을 왕성하게 표출할 수 있다.

우리 사회에서는 이런 자연의 순리가 파괴되었다. 우리는 어릴 때부터 또래지향성을 장려하는 환경과 관계들 속으로 아이들을 밀어넣는다. 장기적으로는 건강한 발달의 유일하고도 탄탄한 토대인, 자신을 양육할 책임이 있는 어른들에 대한 아이들의 애착을 좀먹는 현상을 은연중에 조장하고 있는 것이다.

영국의 정신과 의사이자 애착 연구의 위대한 선구자였던 존 보울비John Bowlby는 "한 종의 행동 방식은 하나의 환경 안에서만 조화롭게 들어맞을 수 있다. 다른 환경에서는 불모와 죽음에 이를 뿐이다"라고 썼다. 각 종에게는 보울비의 말대로 자신에게 '적합한 환경'이 있고, 이는 자신의 해부 구조와 생리 기능, 정신 능력에 가장 적합한 환경이다. 그 외의 다른 환경에서는 잘 살아갈 수 없으며, '잘해도 비정상적인 행동을 보이거나, 최악의 경우에는 전적으로 생존에 불리한' 행동을 보일 수 있다.[*1] 탈산업사회의 환경은 더는 우리 아이들이 자연스럽게 애착 관계를 발전시키도록 도와주지 못한다.

애착이 실종되다

●
, 제2차 세계대전 이후 경제적 변화로 인한 현상 중 하나는, 아이들이 일찍부터, 때로는 태어나는 순간부터 또래들과 하루 대부분의 시간을 보낸다는 것이다. 아이들은 자신의 삶에 중요한 어른들보다 다른 아이들과 훨씬 더 많은 시간을 접촉하며 보낸다. 아이들이 나이를 먹을수록 이런 현상은 가속화된다.

사회는 아이들이 아주 어릴 때부터 부모 모두 집 밖에 나가 일을 하도록 경제적 압박을 가하면서도, 아이들의 정서적 욕구를 채워 줄 대비는 하지 않았다. 놀랍게도 유아교육자와 교사, 심리학자들조차─의사와 정신과 의사들은 말할 것도 없고─애착에 관해서는 거의 배우지 못했다. 아동 보호 및 교육 기관에도 애착 관계의 중추적 중요성에 대한 집단적 의식이 없다.

우리 사회에서는 아이를 돌보는 일이 과소평가되고 있고, 보육시설에 대한 지원도 부족하다. 아이와 무관한 사람이 아이의 애착과 지향 욕구를 충분히 충족시켜 주기는 힘들며, 특히 여러 영아와 유아가 경쟁적으로 한 보육자의 관심을 구할 때는 더욱 그렇다. 예를 들어 뉴욕 주는 보육 교사 한 사람이 일곱 명 이하의 아

또래들이 부모의 자리를 차지하다

이를 돌보도록 규정하고 있는데, 이는 터무니없는 비율이다. 어른과의 관계의 중요성을 충분히 인식하지 못한 조치다. 이런 환경의 아이들은 자기들끼리 애착 관계를 형성할 수밖에 없다.

부모가 모두 일을 한다는 점이 위험한 게 아니다. 문제는 아이를 보육시설에 맡기는 부모가 애착에 대한 고려를 전혀 못하고 있다는 점이다. 우리 주류 사회에는 보육 교사나 유치원 교사가 부모와 먼저 관계를 형성한 다음, 부모의 소개를 통해 아이와 살아 있는 애착을 키워 가는 문화 관습이 없다. 집단적 의식의 부족으로 인해 대부분의 어른은 애착을 고려하지 않은 지금의 관행을 단순히 따르고 있다.

이 문제의 핵심은 사회적 변화 자체가 아니라, 그 변화에 대한 대책이 부족하다는 것이다. 다른 사람들과 아이의 양육에 대한 책임을 공유하기 위해서는 내가 애착 마을이라고 부르는 환경, 즉 어른들의 양육 공동체를 구축해야 한다. 이를 위한 구체적인 방법은 18장에서 설명할 것이다.

아이들은 보육시설과 유치원을 거쳐 학교에 들어간다. 아이들은 하루 대부분을 또래들 속에서, 어른들의 중요성은 사라진 환경속에서 보낸다. 또래지향성을 의도적으로 형성하려고 한다면, 지금처럼 학교를 운영하는 것이 가장 확실한 방법일 것이다. 교사들이 과밀 학급을 배정받아 과중한 업무에 허덕이는 동안 아이들은 자기들끼리 관계를 맺는다. 아이들은 쉬는 시간과 점심시간에도 자기들끼리 시간을 보낸다. 교사 연수 과정에서도 애착은 완전히 묵살된다. 이렇게 교육자들은 '교과 과목'에 관해서만 배울 뿐, 아이들의 학습 과정과 결합된 '관계'의 본질적 중요성에 대해서는 배우지 못한다. 수십 년 전과 달리 요즘 교사들은 복도나 운동장에서 학생들과 어울리지 않으며, 학생들과의 개별적인 소통에도 회의적이다.

또한 우리는 아이들과의 관계를 유지하는 식사 의식보다 아이들을 배불리 먹이는 데 더 집중한다. 미국의 시인인 로버트 블라이Rovert Bly는 그의 혁신적인 책《동기 사회The Sibling Society》에서 또래지향성의 수많은 징후와 그 원인에 대한 단서를 묘사하고 있다. 블라이의 분석이 완벽하지는 못하지만, 그의 통찰은 충분히 주목할 만하다. 블라이는 "가족이 함께하는 식사와 대화, 독서는 더는 없다. 동기 사회는 정확히 아이들이 필요로 하는 것—안정과 함께 있기, 관심, 조언, 훌륭한 마음의 양식, 유익한 이야기들—을 주지 않는다."주2

현대 사회는 애착 결핍attachment void이 넘쳐난다. 애착 결핍의 구멍은 확대가족이 사라지면서 생겨났다. 아이들은 대개 노년 세대—인류 역사상 정서적 안정의 기반이 되어 주고, 무조건적인 사랑으로 아이들을 수용하는 데 부모들보다 뛰어난 사람들—와의 친밀한 관계가 부족하다. 든든한 조부모와 삼촌, 고모들의 존재, 다세대 가족의 울타리는 이제는 극소수의 아이들만이 누릴 수 있는 특혜다.

이동성의 증가도 또래지향성의 촉진에 강한 영향을 미쳤는데, 이는 문화적 연속성을 방해하기 때문이다. 문화는 한 지역에서 여러 세대에 걸쳐 발달한다. 우리는 이미 작은 마을에 살지 않으며, 이웃들과 연결되어 있지도 않다. 부단한 이동으로 인해 우리는 익명의 사람들이 되었고, 애착 마을과는 정반대의 것을 만들어 냈

또래들이 부모의 자리를 차지하다

다. 우리 아이들을 이름도 제대로 모르는 사람들과 함께 키우는 것은 불가능하다.

지리적 변화와 잦은 이동, 어른들 자신의 또래지향성의 증가로 인해 요즘 아이들은 그들의 행복과 발전을 위해 헌신하는 노인들과 즐거운 시간을 보내지 못하고 있다. 이런 결핍은 가족을 넘어 사실상 모든 사회적 관계의 특성이 되었다. 전반적으로 아이들을 책임지는 어른들과의 애착이 실종되고 있다.

사회의 세속화도 애착 결핍을 불러왔다. 세속화는 신앙이나 영적 뿌리의 상실 이상의 의미를 지니는 것으로, 이로 인해 교회나 사찰·사원과 같은 애착공동체를 잃게 되었다. 교회에서조차 또래 간의 상호작용이 우선순위가 되었다. 그 예로, 대부분의 교회가 문을 들어서는 순간 가족보다는 연령별로 신도들을 그룹화한다. 유아부와 청소년부, 장년부에 노년부까지 나누기도 한다. 애착의 중요성과 또래지향성의 위험성을 모르는 사람들에게는 연령별로 그룹화하는 것이 당연하기만 하다. 많은 종교 단체가 본의 아니게 다세대간 결합을 해체하는 방향으로 변화해 왔다.

가족이 갈기갈기 찢어지다

●

❜ 부모의 이혼은 아이에게는 이중의 불운이다. 그것은 애착 결핍뿐만 아니라 애착 간의 경쟁을 부르기 때문이다. 아이들은 당연히 자신의 모든 애착이 한 지붕 아래에 있는 것을 좋아한다. 부모가 함께 있음으로써 양 부모와 동시에 접촉하며 친밀감의 욕구

를 충족할 수 있다. 부모가 이혼을 하면, 적어도 신체적으로는 동시에 두 사람과 가까이 있을 수 없게 된다. 보다 성숙하고 보다 충분하게 부모와 애착을 형성한 아이들은 부모가 따로 떨어져 있어도 양 부모와 친밀감을 유지하며 좀더 잘 지낼 수 있다. 하지만 대부분의 아이가, 심지어 나이 든 아이들도 부모의 이혼을 감당하기 힘들어한다. 양 부모가 아이를 사이를 두고 배우자와 경쟁을 하거나, 그를 바람직하지 못한 사람으로 몰아가는 경우 아이(좀더 정확하게는 아이의 애착뇌)는 견딜 수 없는 상황, 즉 신체적으로도 정신적으로도 한 쪽과 가까워지려면 다른 쪽과는 헤어져야 하는 상황에 처한다.

애착 간의 경쟁 문제는 부모가 새로운 배우자를 만나면 더 심해질 수 있다. 또 아이들은 친부모와의 친밀감을 보존하기 위해 새부모와의 접촉을 본능적으로 꺼린다. 기존의 애착과 경쟁하지 않고 이를 존중하면서 새로운 애착을 형성하는 일은, 친부모와 새부모 모두에게 어려운 과제가 아닐 수 없다. 서로 보완하는 관계를 맺을 때만 아이의 애착뇌가 경계를 풀고 양쪽의 결합 제안을 받아들일 수 있다.

이혼 전 부부의 갈등 때문에 이혼하기 훨씬 전부터 애착 결핍이 생길 수도 있다. 부부가 서로 정서적으로 지지하지 않거나 자신들의 관계에만 몰두하게 되면, 아이들이 쉽게 다가갈 수 없게 된다. 어른들과의 정서적 접촉을 박탈당한 아이들은 또래들에게 향한다. 스트레스를 받는 상황에서 부모 역시 부양의 책임을 조금이나마 덜고 싶은 유혹을 느낀다. 그 중 가장 쉬운 방법 중 하나가 또래들과의 상호작용을 장려하는 것이다.

또래들이 부모의 자리를 차지하다

이혼 가정 아동에 관한 연구에 따르면, 이런 아이들은 학교에서 문제를 일으키거나 공격성을 드러낼 가능성이 더 높다고 한다.[주3] 그러나 왜 그런 현상이 일어나는지에 대해서는 정확히 지적하지 못했다. 애착에 대한 이해를 바탕으로, 우리는 그런 증상들이 부모와의 정서적 관계가 단절되면서 또래들에게 지나치게 의존한 결과라는 것을 알 수 있다.

아이를 위해서는 갈등이 잦은 결혼 생활이라도 유지하는 편이 더 낫다고 말하려는 것이 아니다.[주4] 그러나 다시 한 번 부부 간의 불화가 아이의 애착에 미치는 영향에 대해 곰곰이 생각해 볼 필요가 있다. 긴장된 결혼 생활이나 이혼으로 인해 아이에게 다가가기가 어려워지면, 다른 어른들로 하여금 아이를 돌보게 하는 것이 현명하다. 아이의 또래들을 동원해 부모의 의무를 일부 덜기보다는, 친척과 친구들에게 도움을 청해 그 빈 공간에 애착 안전망을 쳐야 한다.

아직은 온전한 핵가족도 애착 결핍에 취약하다. 요즘은 부모가 모두 전업으로 일하는 경우가 많다. 상대적으로 풍요로운 중에도 사회적 스트레스와 경제적 불안감이 커지면서 평온하고 일관된 육아가 점점 어려워지고 있다. 부모와 다른 어른들은 아이들과 과거 어느 때보다 더 강한 애착 관계를 형성해야 하지만, 이들에게는 시간과 에너지가 부족하다.

경제적 이유 때문에 부모에 대한 아이들의 애착 형성이 좌절되고 있다. 공동집필자인 가보는 가족주치의로서 출산 후 모유 수유—젖먹이에게는 절대적인 생리적 욕구일 뿐만 아니라, 모든 포유류 특히 인간에게는 강력하고 자연적인 애착 기능인—를 위해

몇 달 더 집에서 아기를 돌보기로 한 여성들의 '건강상' 이유를 증명하는 진단서를 고용주에게 써주어야 하는 웃지 못할 상황에 처하곤 한다. 육아가 이렇게 받아 마땅한 존중을 받지 못하는 것도 경제적 이유 때문이다. 친밀한 관계를 맺기가 어려울 정도로 큰 규모의 학교를 짓는 것도, 아이들을 개별적으로 보살피기 힘들 정도로 과밀한 교실을 운영하는 것도 다 경제적 이유 때문이다.

3부에서 설명하겠지만, 또래지향성은 공격성과 비행을 부채질하고, 학생들을 다루기 힘들게 만들며, 건강하지 못한 생활방식을 택하도록 선동함으로써 사회에 엄청난 비용을 부과한다. 또래지향성으로 인한 이런 경제적 손실을 제대로 평가한다면, 그것은 너무 근시안적인 판단이다. 일부 국가에서는 이런 사실을 인정했다. 이들 나라는 아이의 출산이나 입양 후 직장으로 복귀하기 전까지 부모가 집에서 좀더 오랫동안 아이를 보살필 수 있도록 직접적인 지원을 하고 있다.

급속한 변화, 기술은 왜곡되다

무엇보다 우리는 대가족을 하나로 모으고 어른과 아이들을 양육 관계로 묶어 주는 문화적 관습과 전통을 잃어버렸다. 의존하는 사람과 의존할 수 있는 사람의 결합을 촉진하고, 애착 결핍을 방지하는 것이 문화의 역할이다. 그런 문화가 무너지게 된 많은 이유 중 두 가지를 들어보려고 한다.

첫 번째는 20세기 산업사회의 급격한 변화의 속도로, 우리 사회는 애착 욕구를 채워 주는 관습과 전통을 개발하기에는 너무나 빠른 속도로 변화해 왔다. 심리학자인 에릭 에릭슨Erik H. Erikson은 그의 퓰리처 수상작인《아동기와 사회Childhood and Society》의 한 장을 할애해 미국의 정체성에 대해 이렇게 성찰했다. "이 역동적인 나라는, 다른 선진국들의 일반적인 경우와 달리, 한 세대 만에 국민에게 극명한 차이와 갑작스러운 변화를 가져다 주었다."[주5] 이런 추세는 1950년 에릭슨이 관찰한 이후 줄곧 가속화되어 왔다. 지금은 이전의 한 세기보다 더 많은 변화가 10년 안에 이루어진다. 환경이 문화의 적응 속도보다 더 빠르게 바뀌면 관습과 전통은 붕괴된다. 오늘날의 문화가 어른과 아이의 애착을 지원하는 전통적 기능을 수행하지 못하는 것은 당연한 일이다.

디지털 기기를 통한 문화의 전달도 급속한 변화의 일부로, 이로 인해 상업적으로 포장된 문화가 우리 가정과 아이들의 마음속으로 파고들게 되었다. 지금의 인스턴트 문화는 이전 부모들의 문화와는 다른 경우가 많을 뿐만 아니라, 전승의 고리에서 조부모들이 빠지게 되었다. 놀이도 디지털 기기로 하게 되었다. 놀이는 언제나 사람과 사람, 특히 어른과 아이들을 연결해 주는 문화의 도구였다. 이제 놀이는 나란히 텔레비전 앞에 앉아 스포츠 경기를 보거나 혼자서 컴퓨터 앞에 앉아 하는 개별적인 활동이 되었다.

최근의 가장 큰 변화는 통신 기술로, 처음에는 전화가, 그 다음에는 이메일과 메신저가 등장했다. 우리는 의사소통의 주요 기능 중 하나가 애착을 촉진하는 것이라는 사실을 의식하지 못한 채 통신 기술에 사로잡혀 있다. 우리는 무심코 아이들의 손에 이것을 쥐어 주고, 그들은 당연히 이것을 또래들과 접촉하는 데 사용한다. 아이들의 강한 애착 욕구 때문에 그들은 이런 접촉에 중독되기 쉽고, 종종 이에 몰두하게 된다. 이 놀라운 신기술을 어른과 아이의 관계를 촉진하는 데 사용한다면 매우 긍정적인 도구가 될 수 있다. 예를 들면, 집에서 멀리 떨어져 지내는 부모와 학생들 사이의 의사소통을 용이하게 할 때 그렇다. 그러나 통제하지 않고 내버려두면, 이 기술은 또래지향성을 조장하게 된다.

프로방스의 살아 있는 애착 문화

여전히 전통적인 애착을 존중하는 사회를 관찰해 보면, 현대 문화의 이런 결함을 쉽게 알 수 있다. 최근에 나는 아내와 아이들과 함께 프로방스의 로뉴라는 마을에서 시간을 보내면서 그런 경험을 하게 되었다.

프로방스는 시간을 초월한 문화의 이미지를 떠올리게 한다. 처음 프로방스에 도착했을 때만 해도 나는 단순히 색다른 문화를 보게 되리라고 기대했다. 하지만 애착을 중심으로 생각하면, 그곳은 내게 색다른 문화 그 이상이었다. 나는 그곳에서 살아 있는 문화, 그리고 영향력 있는 문화를 직접 목격했다. 아이들은 어른들을 반기고, 어른들도 아이들을 반겼다. 어른은 어른들끼리 아이는 아이들끼리가 아니라, 온 가족이 사회화 과정에 참여했다. 마을 행사는 한 번에 하나만 열려서 가족들이 뿔뿔이 흩어지지 않았다. 일요일 오후면 교외에서 가족 산책을 했다. 마을 분수에서도 10대와 노인들이 함께 어울려 놀았다. 다양한 축제나 의식은 모두 가

또래들이 부모의 자리를 차지하다

족 행사였다. 춤과 음악은 세대를 가르지 않고 하나로 묶어 주었다. 물질보다 문화가 우선이었다. 적절한 인사 예절을 모르면 바게트 한 덩어리 살 수 없었다. 정오가 되면 아이들은 학교에서 집으로 돌아가 가족이 다시 모이고, 가게들은 세 시간 동안 문을 닫았다. 점심식사는 여러 세대가 식탁에 둘러앉아 대화를 나누며 즐겁게 먹었다.

마을 초등학교 주변의 애착 관습은 특히 인상적이었다. 부모나 조부모들이 아이들을 직접 학교까지 데려다주고 데리러왔다. 학교의 출입문은 단 하나였다. 부모들은 문 앞에서 학생들을 기다리는 교사들에게 아이들을 인도했다. 이때도 교사와 학생은 물론 아이를 데려온 어른과 교사 사이에 적절한 인사를 주고받는 문화가 정착되어 있었다. 학급 아이들이 모두 모이면, 새끼오리들을 이끄는 어미오리처럼 교사는 아이들을 운동장을 가로질러 교실로 인솔했다. 우리 눈에는 이런 모습이 유치원 때나 하는 의식으로 황당할 수도 있지만, 프로방스에서는 지극히 자연스러운 일이었다. 수업이 끝나면 한 반씩 차례로 교사가 아이들을 인솔했다. 교사는 문 앞에서 아이들과 함께 어른들이 올 때까지 기다렸다. 프로방스의 문화는 애착 결핍을 최소화하고 있었다.

나는 무모하게 왜 그렇게 하느냐고 물었지만, 한 번도 답을 듣지는 못했다. 문화는 따르는 것이지, 의문의 대상이 아닌 것이다. 애착의 지혜는 문화 그 자체에 녹아 있는 것이지, 사람들이 의식하는 게 아니었다. 프로방스 사회는 아이들에게 자신들의 문화와 가치를 전하는 구세대의 전통적 권위를 어떻게 지켰을까? 프랑스 시골의 아이들은 어른들에 대한 애착과 경쟁하지 않는 또래 애착을 어떻게 형성할 수 있었을까? 그 답은 또래 애착이 어떻게 형성되는가에 있다.

자연적인 애착은 경쟁하지 않는다

，　애착은 다음의 두 가지 방식에 의해 생겨난다. 즉 기존 애착의 자연적 산물로 생겨나거나, 애착 결핍을 견딜 수 없는 지경에 이를 때 생겨난다. 첫 번째 방식은 유아기에 이미 나타난다. 6개월쯤 되면 대부분의 아이가 애착을 느끼지 않는 사람들과의 접촉이나 친밀감에 저항감을 드러낸다. 이를 극복하기 위해서는 아이가 애착을 느끼고 있는 사람과 '낯선' 사람 사이에 일종의 상호작용이 필요하다. 예를 들면, 엄마가 낯선 사람과 친근하게 접촉하는 모습을 아이가 지켜보게 해주면, 저항감이 잦아들면서 아이가 새로운 사람과의 관계를 받아들이게 된다. 거기에는 반드시 친절한 소개가 따라야 한다. 일단 아이의 애착 본능이 작동하고 가까이에서 즐거운 시간을 보내면, 아이는 대개 새로운 사람과의 접촉에 관심을 보이고 그 사람이 자신을 돌보는 것도 허락하게 된다. 이전의 '낯선' 어른—가족의 친구나 육아 도우미—이 이제는 돌보는 사람으로서 아이의 '승인'을 받게 되는 것이다.

새로운 애착이 아이의 기존 관계에서 생겨나면, 그 사람이 경쟁자가 될 가능성은 훨씬 줄어들고 부모와의 애착도 더욱 존중받게 된다. 부모는 궁극적인 나침반으로서의 역할을 유지하고, 부모와의 관계가 계속해서 우위를 차지한다. 형제자매와 조부모, 확대가족, 가족 친구들과의 접촉은 또래들이 개입되어도 아이를 부모로부터 떼어놓을 가능성이 훨씬 적다.

부모의 애착은 궁극적으로는 아이의 애착이 되고, 아이가 성장할 수 있는 맥락을 제공한다. 이것이 프로방스에 사는 아이들의 또래 애착이 부모와의 애착과 경쟁하지 않는 이유이고, 그 아이들이 마을 어른들의 보살핌을 잘 받아들이는 이유다.

또래 애착은 결핍에서 생겨난다

또래에 대한 애착은 저절로 생겨나지 않는다. 그것은 애착 결핍을 견디지 못하는 아이의 무력감에서 생겨난다. 그 결핍은 전통적 유대가 무너지고 아이가 자연적 나침반을 잃었을 때 발생한다. 그런 상황에서 뇌는 대체물, 즉 살아 있는 애착 대상이 되어 줄 누군가를 찾도록 프로그램되어 있다.

로마 건국 신화의 시조인 로물루스와 레무스 쌍둥이 형제는 인간의 애착과 단절된 채 어미 늑대의 젖을 먹고 자랐다. 같은 운명을 겪은 타잔은 몇몇 유인원이 데려다 키웠다. 마저리 키난 롤링즈Majorie Kinnan Rawlings의 아동고전문학인《아기사슴 플랙The Yearling》에서는 어린 소년이 고아가 된 아기사슴을 키운다. 가젤이 사자에게, 고양이가 개에게 애착을 형성하기도 한다. 내 애완동물인 숫밴텀닭에게는 동생의 할리데이비슨이 각인되어 있다.

아이가 자연적 애착을 상실한 상태인 애착 결핍은, 그 결과가 너무나 무분별하기 때문에 위험하다. 앞에서 말했듯이, 오리가 부화할 때 어미오리가 옆에 없으면, 그 어린 생명체는 가장 가까이에서 움직이는 물체와 애착을 형성한다. 아이의 각인 과정은 훨씬 더 복잡하지만, 대개는 애착 결핍을 채워 주는 첫 번째 사람이 나침반이 된다. 그러나 아이는 다음과 같은 중요한 애착 문제들을 결코 인식하지 못한다. 즉 나침반이 부모에게 맞추어져 있는가? 양쪽 다 친밀하게 지낼 수 있는가? 이 사람에게 의지할 수 있는가? 이 사람은 무조건적인 애정으로 나를 받아 줄 수 있는가? 이 사람의 안내와 지도를 신뢰할 수 있는가? 이 사람에게 내 자신을 솔직하게 표현할 수 있는가?

새로운 애착이 부모에 대한 애착과 경쟁하는 '불륜'이 될 가능성은, 기존의 관계에서 생겨나는 대신 애착 결핍 상태에서 생겨날 때 훨씬 커진다. 또래 관계는 부모와의 애착에서 자연적으로 형성될 때 가장 안전하다. 안타깝게도 그것은 결합에서 비롯되기보다는 대부분 단절에서 생겨난다.

현재 북미의 이민 가정에서 겪고 있는 일은, 또래지향성에 의해 오랜 문화적 결합이 허물어지는 것을 보여 주는 단적인 사례다. 이민 가정의 아이들이 겪는 애착 결핍은 심각하다. 열심히 일하는 부모들은 가족을 경제적으로 부양하는 일에 몰두할 뿐, 새로운 사회의 언어와 관습에 익숙하지 않은 이들은 권위나 확신을 가지고 아이들을 지도할 수가 없다. 그런 아이들이 붙잡을 수 있는 유일한 사람은 또래들인 경우가 많다. 또래지향적인 문화에 떠밀리면 이민 가정은 급속히 해체된다. 부모와 아이 사이의 간격은 회복하기 힘들 정도로 벌어질 수 있다. 이 아이의 부모는 위엄과 권위, 지도력을 잃는다. 또래들이 결국 부모의 자리를 대신하고, 갱단이

또래들이 부모의 자리를 차지하다

점차 가족의 자리를 차지하게 된다. 이 모든 일은 부모와 아이의 관계를 지키지 못한 우리 사회의 실패에서 연유한다.

또래지향성 문제는 영국과 호주, 일본과 같이 미국식 모델과 가장 근접한 나라들에서 광범위하게 나타난다. 하지만 경제적 변화와 대규모 인구 이동으로 인해 다른 지역에서도 이와 유사한 형태가 나타날 것이다. 스트레스 관련 질환이 러시아 어린이들 사이에서 확산되고 있는 것이 한 예다.《뉴욕 타임스New York Times》보도에 따르면, 10여 년 전 소련의 붕괴 이후 1억 4,300만 명의 러시아 국민 중 약 3분의 1에 해당하는 4,500만 명의 거주지가 바뀌었다. 또래지향성은 미국 문화 수출품 가운데 가장 환영받지 못하는 것 중 하나가 될 것이다.

Part 2

부모의 힘은
어떻게
약해지나

또래지향성의 씨앗은 초등학교 때 뿌리를 내리지만, 부모의 힘이 파괴되는 것은 중고등학교 때다.
다른 어느 때보다 부모의 단속이 필요한 이 시기에 부모의 힘은 우리 손에서 슬며시 빠져나간다.

04
힘을 잃은
부모들

내가 커스틴의 부모를 처음 만난 것은 아이가 일곱 살 때였고, 두 사람은 딸의 갑작스러운 변화에 놀라 있었다. 아이는 부모의 바람과는 정반대로 행동했고, 특히 친구들 앞에서는 부모에게 아주 거칠게 굴었다. 세 자매 중 맏이인 커스틴은 2학년이 되기 전까지는 사랑스럽고 다정하고 부모를 기쁘게 해주는 아이였다. 그런데 지금은 반항적이고 아주 다루기 힘든 아이가 되었다. 아이는 아무 해가 없는 요구에도 눈을 부라렸고, 모든 일이 싸움으로 끝났다. 엄마는 전에 없이 화를 내고 격분하기까지 했다. 그녀는 자신이 고함을 지르며 자기 입으로 자신도 놀랄 말한 말들을 쏟아내는 데 충격을 받았다. 아버지는 너무나 긴장된 집안 공기와 지나치게 소모적인 불화를 피해 더욱 더 일에 몰두했다. 같은 상황에 처한 다른 부모들처럼 이들도 점점 더 꾸지람과 위협과 처벌에 의존했지만, 모두 허사였다.

육아는 상대적으로 쉬운 일이 될 수 있다고 말하면 놀랄 수도 있다. 아이들이 부모의 본을 따르거나, 부모의 지시를 따르거나, 부모의 가치를 존중하게 하기 위해 압력과 싸움 · 강요는 물론 여분의 보상을 동원해야 한다면 무언가 잘못된 것이다. 커스틴의 엄마와 아버지는 '부모의 힘power to parent'을 잃었다는 점을 깨닫지 못했고, 그로 인해 무력force에 의존한 것이다.

육아에는 힘이 뒷받침되어야 한다. 이는 파워 스티어링과 브레이크, 윈도를 갖춘 오늘날의 고급 차량과 같다. 파워 장치가 말을 듣지 않으면 차를 제대로 운행하기 힘들다. 마찬가지로 아이를 보살필 힘이 없는 상태에서 아이를 다룬다는 것은 불가능하다. 그런데 좋은 기술자를 찾아 차를 고치는 일은 비교적 쉬운 반면, 부모가 양육의 어려움 때문에 찾는 전문가들은 좀처럼 문제를 올바로 파악하지 못한다. 부모도 전문가들도 문제의 근원이 부모로서 부적합한 데 있는 게 아니라 부모로서 무력한 데 있다는 점을 인식하지 못하고 있다. 결여된 것은 힘이지, 사랑이나 지식이나 헌신이나 기술이 아니다.

부모에게는 자연이 준 권위가 있다

많은 사람이 힘power과 무력force을 혼동한다. 여기에서 말

부모의 힘은 어떻게 약해지나

하는 힘은 그런 의미가 아니다. 육아와 애착에 대해 말할 때의 힘은 '부모에게 자연적으로 주어진 권위'를 뜻한다. 자연적인 권위는 강압이나 무력이 아니라 적절하게 조율된 아이와의 관계에서 나오는 것이다. 부모의 힘은 매사 순리에 따랐을 때 어떤 노력이나 말이나 행동이나 압력을 행사하지 않아도 나오게 되어 있다. 부모의 힘이 부족할수록 목소리가 높아지고, 태도가 거칠어지며, 위협을 하게 되고, 부모의 요구를 관철할 수 있는 다른 수단을 찾게 된다. 힘을 잃어버린 오늘날의 부모들은 육아서에서 말하는 육아 기술에 의존하게 되었는데, 이런 기술들은 다른 상황에서라면 매수나 위협으로 간주될 만한 것들이다. 우리는 그런 무력함의 징후를 보상과 '자연적 귀결'이라는 완곡한 표현으로 위장해 왔다.

육아의 과제를 이행하기 위해서는 힘이 절대적으로 필요하다. 육아에 따른 책임을 이행할 힘이 없이는 아이를 기를 수 없다. 힘에 대한 문제를 제기하지 않고는 육아의 역학을 이해할 수 없다.

부모의 힘은 아이의 주의를 집중시키고, 바람직한 태도를 이끌어 내며, 부모에 대한 존경을 불러일으키고, 아이의 협력을 보장한다. 이런 네 가지 능력이 빠지면, 우리에게 남는 것은 강압이나 매수뿐이다. 이것이 나와 상담할 당시 커스틴의 부모가 직면한 문제였다. 커스틴과 부모의 관계는 부모의 자연적인 권위가 상실되었을 때의 한 예라고 할 수 있다.

아홉 살 된 숀의 부모는 이혼했다. 두 사람 다 재혼하지 않았고, 둘의 관계는 필요할 때 서로 도움을 주고받을 정도로 좋았다. 그들은 숀을 양육하면서 어려움을 겪었고, 그것이 이별의 원인이 되었다. 숀은 부모에게 말을 함부로 해댔고, 여동생에게는 손찌검까지 했다. 숀은 매우 영리한 아이였지만, 아무리 이성적으로 설명해도 말을 들으려 하지 않았다. 숀의 부모는 여러 전문가를 찾아다녔고, 다양한 접근법과 기술을 권하는 책들을 숱하게 읽었다. 숀에게는 어느 것도 소용이 없었다. 숀의 엄마는 체벌을 좋아하지 않았지만, 절박한 마음에 신체적 처벌까지 하게 되었다. 숀의 부모는 아이에게 가족과 한 식탁에서 저녁 식사를 하게 하는 것과 같은 간단한 일조차 포기했다. 숙제를 하게 하는 일도 실패했다. 이혼 전, 숀의 부루퉁한 태도는 집안 분위기를 망쳐 놓았다. 정서적으로 메마른 두 부모는 아들에 대한 따뜻한 감정이나 애정을 더는 느낄 수 없게 되었다.

멜라니는 열세 살이었다. 아이의 아버지는 가까스로 화를 누르며 딸에 대해 이야기했다. 멜라니는 6학년 때 할머니가 돌아가신 이후로 완전히 달라졌다고 한다. 그전까지 멜라니는 집에서는 고분고분한 딸이자 학교에서는 착한 학생이었고, 세 살 위의 오빠에게는 사랑스러운 여동생이었다. 그러던 아이가 이제는 수업을 빼먹고, 숙제 따위는 신경도 쓰지 않았다. 아이는 주기적으로 집에서 몰래 빠져나가곤 했다. 아이는 부모가 싫다고 선언하고, 자신을 내버려두라며 부모와의 대화를 거부했다. 이 아이도 부모와의 식사를 거부하고 자기 방에서 혼자 밥을 먹었다. 아이의 엄마는 정신적 충격을 받았다. 엄마는 오랫동안 아이를 좋은 말로 타일렀다. 하지만 아버지는 아이의 불손한 태도를 참을 수 없었다. 그는 호되게 야단을 치며 사춘기 아이에게는 '평생 잊지 못할 교훈'을 가르치는 것이 해결책이라고 믿었다. 그 생각은 사태를 더욱 악화시켰다. 이런 갑작스러운 변화가 있기 전까지만 해도 멜라니는 다정하고 고분고분한 '아빠의 딸'이었기 때문에, 그는 더욱 더 화가 치밀었다.

　이 세 가지 경우 각기 다른 환경의 전혀 다른 아이들이지만, 이들 중 어느 누구도 다르지 않다. 이들의 부모가 느끼는 좌절감도 많은 엄마와 아버지가 겪는 것이다. 아이에 따라 어려움의 양상이 다를 뿐, 이들이 이구동성으로 외치는 소리는 하나다. 아이를 키우는 일이 생각보다 훨씬 힘들다는 것이다. 이들의 한탄도 한가지다. "요즘 애들은 우리 때와 달리 부모의 권위를 존중하지 않는 것 같아요." "우리 애는 숙제를 하라고 해도, 침대 정리를 하라고 해도, 자기 방 청소를 하라고 해도 듣는 체 만 체해요." 그러다 비아냥거리는 듯한 불평을 쏟아놓는다. "아이를 키우는 일이 그렇게 중요하다면서, 아이들에 대한 매뉴얼은 왜 없는지 모르겠어요!"

부모의 힘은 아이의 의존성에 달려 있다

●

' 요즘은 온갖 종류의 육아 교육 과정이 있고, 심지어 유아에게 동요 읽어 주는 법을 가르쳐 주는 강좌까지 있다. 하지만 전문가라 해도 효과적인 육아의 원리까지 가르쳐주지는 못한다. 부모의 힘은 기술이 아닌 애착 관계에서 나온다. 앞의 세 사례에서는 그런 힘이 상실되었다.

　부모의 힘의 비밀은 아이의 의존성에 달려 있다. 아이는 철저히 의존적인 존재로 태어나 이 세상에서 스스로 살아갈 능력이 없다. 독립적인 존재로서의 생존 능력의 결핍은 아이로 하여금 다른 사람에게 전적으로 의지해 보살핌을 받고 지도와 지시, 지지와 허락을 구하며 안식과 소속감을 느끼게 한다. 최초에 부모가 필요한 이유도 아이의 이런 의존성 때문이다. 아이가 우리를 필요로 하지 않는다면, 우리한테도 부모의 힘이 필요하지 않을 것이다.

부모의 책임을 이행하게 하는 힘은 아이가 얼마나 의존적인가가 아니라, 아이가 특별히 부모에게 얼마나 의존적인가에 달려 있다. 우리는 보살펴 주는 부모에게 의지하지 않고 음식과 의복, 주거, 그 외 물질적인 것만 의존하는 아이를 진심으로 보살필 수가 없다. 우리는 자신의 심리적 욕구를 위해 부모에게 의지하지 않는 아이를 정서적으로 지지해 줄 수도 없다. 우리의 지도를 달가워하지 않는 아이를 이끄는 것은 좌절감을 가져오며, 우리의 도움을 구하지 않는 아이를 도와주는 것은 괴롭고 자멸적인 일이다.

이것이 커스틴과 숀, 멜라니의 부모들이 직면한 상황이다. 커스틴은 더는 자신의 부모를 애착 대상으로 의존하지 않았다. 연약한 일곱 살이었지만, 커스틴은 더는 부모한테서 양육과 위안을 구하지 않았다. 더욱이 숀은 엄마와 아버지에게 의존하는 데 뿌리 깊은 저항감마저 갖고 있었다. 숀과 멜라니의 저항은 가족의 식탁에서 이루어지는 식사 의식으로까지 번졌다. 멜라니는 사춘기에 접어들면서 더는 결합이나 안식처의 의미를 부모한테서 찾지 않았다. 아이는 부모에게 이해를 바라는 마음도, 자신의 속마음을 털어놓고 싶은 생각도 없었다. 이 세 아이들은 누구도 부모에 대한 의존성이 없었는데, 이것이 아이의 부모들이 겪은 좌절감과 어려움·실패의 근원이었다.

물론, 처음에는 모든 아이가 부모에게 의존하여 삶을 시작한다.

부모의 힘은 어떻게 약해지나

오늘날 대부분의 아이가 그렇듯, 이 세 아이들도 성장과 함께 변화를 겪었다. 이들은 여전히 의존적이다. 이들은 더는 자신의 부모에게 의존하지 않을 뿐이다. 이들의 의존 욕구는 사라지지 않았다. 이들이 의존하는 대상이 바뀐 것뿐이다. 부모의 힘은 그가 진정 의존할 만한지, 적합한지, 책임감이 있는지, 혹은 배려심이 있는지에—사실 그가 어른이든 아니든—상관없이 아이가 의존하는 대상에게로 옮겨간다.

이 세 아이들의 삶에서 또래들이 부모들을 대신해 정서적 의존의 대상이 되었다. 커스틴에게는 나침반과 홈 베이스의 역할을 하는 친밀한 세 친구가 있었다. 숀에게도 부모를 대신해 또래 집단이 살아 있는 애착 대상이 되었다. 숀은 자신의 가치와 관심, 열의를 또래들과 그 문화에 쏟아 부었다. 멜라니의 경우는 할머니의 죽음으로 인해 생긴 애착 결핍이 여자 친구에 의해 채워졌다. 이 세 경우 모두 또래 관계가 부모와의 애착과 경쟁을 했고, 결국 또래와의 결합이 우위를 차지한 것이다.

이런 힘의 이동은 부모인 우리에게 두 가지 문제를 일으킨다. 즉 우리한테서 아이를 통제할 수 있는 힘이 빠져나갈 뿐만 아니라, 무고하고 무능한 강탈자들이 아이를 잘못 이끌게 된다. 또래 의존성의 씨앗은 대개 초등학교 때 뿌리를 내리지만, 또래와 부모에 대한 애착의 양립이 점점 불가능해지면서 부모의 힘이 파괴되는 것은 중고등학교 때다. 정확히 청소년기에, 다른 어느 때보다 부모의 단속이 필요한 시기에, 부모가 신체적으로 아이에게 밀리기 시작하는 시기에 부모의 힘은 우리 손에서 슬며시 빠져나간다.

우리 눈에 독립처럼 보이는 것은 사실 의존이 이동하는 것뿐이다. 우리는 아이가 실제로 얼마나 의존적인 존재인지를 모르고, 아이 스스로 자기 일을 해나가도록 너무 서두른다. 의존은 금기어가 되었다. 우리는 아이가 스스로 결정하고, 스스로 동기 부여를 하며, 스스로 통제하고, 스스로 방향을 정하며, 스스로 확신을 갖기를 바란다. 우리가 독립심에 이 같은 프리미엄을 붙이는 바람에 어린 시절이 무엇인지를 놓치고 있다. 부모들은 아이의 불편하고 불쾌한 행동에 대해 불평하겠지만, 아이가 지지와 사랑, 결합, 소속감을 찾아 또래들에게로 돌아섰다는 것을 눈치 채지 못하고 있다. 애착 대상이 바뀌면, 의존 대상도 바뀐다. 그와 함께 부모의 힘도 그들에게 넘어간다.

커스틴과 숀, 멜라니의 부모들이 궁극적으로 해야 할 일은 규칙을 지키게 하고, 순종하게 하며, 이런저런 행동에 종지부를 찍는 것이 아니었다. 그들은 애착의 힘을 부모 편으로 재정렬하여 아이들을 되찾아야 했다. 그들은 부모의 힘의 근원인 아이의 의존성을 길러야 했다. 자연적인 권위를 되찾기 위해 그들은 아이의 친구들, 즉 멋모르는 강탈자들의 아이에 대한 변칙적인 권한을 빼앗아와야 했다. 아이와 애착을 다시 형성하는 일은 부모의 힘을 되찾는 유일한 방법이다. 내가 가족과 진행하는 상담, 그리고 여기에서 제시하는 조언도 대부분 부모들이 자신들의 자연적인 권위를 되찾도록 돕는 것이다.

무엇이 또래들로 하여금 부모들을 대신할 수 있게 하는 것일까? 언제나 그렇듯이, 자연의 질서에는 어떤 이치가 있다. 생물학적 부모가 아닌 사람들과도 애착을 형성하는 아이의 능력은 중요한 기능이다. 살면서 낳아 준 부모가 죽을 수도, 떠나갈 수도 있기 때문이다. 인간만이 애착 대상을 옮길 수 있는 것은 아니다. 어떤 동물을 그렇게 훌륭한 반려동물로 만들 수 있는 것은, 그들의 어미로부터 인간에게로 애착을 재형성할 수 있기 때문이고, 그로 인해 우리가 그들을 돌보고 관리할 수 있게 된다.

인간은 의존 기간이 길기 때문에 한 사람에게서 다른 사람에게로, 부모에게서 친척과 이웃, 같은 종족이나 마을의 연장자들에게로 애착을 옮길 수 있어야 한다. 이들은 모두, 차례대로, 아이가 완전히 성숙할 때까지 자신의 역할을 수행할 것이다. 수천 년 동안 부모와 아이에게 도움이 된 이런 뛰어난 순응성이 이제는 우리를 괴롭히고 있다. 오늘날과 같은 상황에서는 이 순응성으로 인해 또래들이 부모들을 대신할 수 있게 되는 것이다.

대부분의 부모는 그것이 무엇인지 분명히 깨닫지는 못해도, 자기 아이가 또래지향적으로 변하면서 힘을 잃게 되었음을 느낄 수 있다. 앞의 세 아이의 부모들도 올바른 질문을 받았다면, 언제부터 부모의 힘이 약해지기 시작했는지 알았을 것이다. 그 자연적인 권위의 손상은 무언가 잘못되고 있다는 아주 사소한 느낌을 통해 부모가 가장 먼저 포착하게 된다.

육아는 습득해야 할 기술이 아니다

육아를 위해서는 세 가지 요소가 필요하다. 즉 보살핌이 필요한 의존적인 존재와 그를 기꺼이 책임지는 어른, 아이와 어른 사이의 살아 있는 애착이 그것이다. 이 중 가장 중요한 요소는 가장 간과되고 있는, 어른에 대한 아이의 애착이다. 많은 부모가 여전히 부모의 자리에 들어서기만 하면 양육의 역할을 할 수 있다는 오해를 하고 있다. 보살핌을 필요로 하는 아이의 욕구와 기꺼이 부모가 되려는 의지만 있으면 충분하다고 생각하는 것이다. 그러다 아이가 자신의 양육을 거부하는 것 같을 때, 그제야 놀라며 상처를 받는다.

성공적인 육아를 위한 부모의 책임의식이 부족하다고 여길 뿐, 여전히 애착의 역할을 인식하지 못하는 전문가들은, 문제의 원인을 육아 기술에서 찾는다. 이런 생각은 부모들도 마찬가지여서, 자기 아이를 원하는 대로 다루지 못하는 경우 무언가 필요한 기술이 부족하기 때문이라고 생각한다. 모든 질문이 단순한 지식의 부족을 가정하고 있고, 있음직한 모든 문제 상황에 대한 '방법론적' 조언에 따라 개선하려고 한다. 즉 어떻게 하면 아이가 말을 듣게 할 수 있을까? 어떻게 하면 숙제를 하게 할 수 있을까? 어떻게 해야 자기 방을 치우게 할 수 있을까? 어떻게 하면 아이가 식탁에서 밥을 먹게 할 수 있을까? 오늘날의 부모들은 무력함보다 무능함을 털어놓는 일이 훨씬 쉬워 보인다. 특히 아이를 잘 다루지 못하는 것은 부모 교육을 받지 않은 탓이라거나, 어린 시절 적절한 모범이 없었던 탓이라고 쉽게 생각할 수 있을 때 그렇다.

일단 육아를 습득해야 할 일련의 기술로 받아들이게 되면, 그 과정을 다른 관점에서 바라보기가 힘들다. 문제가 생길 때마다 읽어야 할 또 다른 책이, 들어야 할 또 다른 강좌가, 익혀야 할 또 다른 기술이 있을 거라고 가정하게 된다. 한편 우리의 조력자들은 여전히 우리한테 부모로서의 힘이 있다고 가정한다. 교사들은 우리가 아직도 아이에게 숙제를 하게 할 수 있다는 듯이 행동한다. 이웃은 우리가 계속해서 아이를 잘 통제할 수 있을 거라고 기대한다. 우리 부모들은 우리에게 좀더 단호하게 하라고 잔소리한다. 전문가들은 기술만 습득하면 아이를 고분고분하게 만들 수 있다고 자신한다. 아무도 아이들에 대한 우리의 지배력이 약해지고 있다는 사실을 모르는 것 같다.

그 배후 논리는 충분해 보이지만, 이렇게 육아를 일련의 기술로 간주하는 것은 끔찍한 실수였다. 그 결과 우리는 전문가들에게 인위적으로 의존하게 되었고, 부모로서의 자연스러운 자신감을 빼앗겼으며, 종종 자신이 어리석고 부적격하다는 감정을 갖게 되었다. 우리는 적당한 요령을 배우지 못해서 아이가 고분고분하지 않는 거라고, 부모를 존중하는 법을 가르치지 않아서 아이가 우리의 권위를 충분히 존중하지 않는 거라고 성급하게 가정한다. 우리는 중요한 것은 부모의 기술이 아니라, 책임을 지고 있는 어른과 아이의 관계라는 점을 놓치고 있다.

우리가 해야 할 일에만 너무 집중하면, 아이와의 애착 관계와 그것의 부족함을 보지 못하게 된다. 부모-자녀 사이는 관계가 우선이지, 습득해야 할 기술이 우선이 아니다. 애착은 배워야 하는 행동이 아니라, 추구해야 하는 관계다.

아이에게 책임을 돌리지 마라

부모에게 책임을 묻지 않으려면, 아이가 무언가 잘못되었다거나 부족하다고 결론내리면 된다. 부모가 실패한 게 아니라 아이가 기준치에 미치지 못하는 거라고 아이에게 책임을 돌림으로써 위안을 삼는 것이다. 이런 태도는 "왜 집중하지 않니?" "그렇게 까탈스럽게 굴지 마라," "왜 네가 말한 대로 하지 않니?"와 같은 의문과 요구들 속에 나타난다.

육아의 어려움은 종종 아이의 잘못을 찾아나서게 한다. 우리는 지금의 아이의 문제를 설명하기 위한 꼬리표를 미친 듯이 찾는 모습을 목격하곤 한다. 육아에 좌절감을 더 많이 느낄수록, 아이들이 그만큼 더 까다롭다고 여기고 이를 입증하기 위한 꼬리표를 더 많이 찾게 된다. 우리 사회에서 진단에 대한 집착과 또래지향성의 부상이 동시에 진행된 것은 우연이 아니다. 점점 더 아이들의 문제 행동을 적대적반항장애나 주의력결핍장애와 같은 다양한 의학적 증후군 때문으로 여기고 있다. 이런 진단들은 아이의 죄를 면제해 주고 부모에게 쏟아지는 비난의 짐을 덜어 줄 수는 있지만, 문제를 지나치게 단순한 개념으로 축소하기 때문에 오히려 방해가 된다. 의학적 설명을 추구하는 사람들은 아이들의 복잡한 문제 행동을 유전적 현상이나 뇌 회로의 오류로 설명할 수 있다고 가정한다. 이들은, 인간의 뇌는 탄생하는 순간부터 일생 동안 환경에 의해 만들어지며, 애착 관계가 아이의 환경에서 가장 중요한 부분이라는 과학적 근거를 무시한다. 이들은 또한 아이의 또래들과의 관계와 어른 세계와의 관계는 고려하지 않고, 약물 치료와 같은 궁색한 해결책을 내놓는다. 실상은, 이런 것들로 인해 부모의 영향력이 더 줄어들 뿐이다.

우리 두 사람은, 뇌생리학은 일부 아동기 장애와는 관련이 없다거나 약물 치료는 아무 도움이 안 된다고 말하는 것이 아니다. 그 예로, 공동집필자인 가보는 주의력결핍장애가 있는 아이와 어른들을 진료하며 사유가 합당한 경우에는 실제로 약물을 처방한다. 우리가 반대하는 것은 어린 시절의 문제를 의학적 진단으로 축소하고, 이런 문제를 유발하는 다양한 심리적·정서적·사회적 요인들을 배제한 채 치료하는 것이다. 의학적 진단과 치료가 필요한 그 어떤 경우에도 부모와 아이의 애착 관계가 치유의 일차적 관심사이자 최선의 방법이 되어야 한다.

숀의 부모는 세 명의 전문가들—두 명의 심리학자와 한 명의 정신과 의사—로부터 각각 다른 진단을 받음으로써 이미 꼬리표를 찾는 길로 접어들었다. 한 사람은 숀을 강박신경증으로 진단했고, 다른 사람은 적대적반항장애로, 또 다른 사람은 주의력결핍장애로 진단했다. 숀에게 정말로 어떤 문제가 있음을 알게 된 부모는 오히려 안심했다. 숀을 키우면서 직면한 어려움이 자신들의 잘못이 아니었던 것이다. 나아가 의사들의 진단은 숀의 책임도 면해주었다. 숀도 어쩔 수 없는 일이었던 것이다. 꼬리표를 달면서 책임을 묻지 않아도 되었는데, 그것은 다행한 일이었다.

이런 꼬리표는 실제로 숀의 행동을 비교적 잘 설명해 준다. 숀은 매우 강박적이고 반항적이고 산만했다. 더욱이 이 세 증후군에서 공통적으로 나타나는 것은, 그렇게 분류된 아이들이 매우 충동적이고 순응력이 없다는 것이다. 충동적인 아이들(혹은 어른들)은 충동과 행동을 분리하지 못한다. 이들은 마음속에서 일어나는 충동이 무엇이든 행동으로 옮긴다. 순응력이 없다는 것은 일이 잘 풀리지 않을 때 순응하지 못하고, 역경으로부터 교훈을 얻지 못하며, 부정적인 결과로부터 배우는 바가 없다는 것이다. 이로 인해 아이는 부모에게 더욱 부적절한 행동을 하게 되고, 부모로서는 아이의 행동을 통제할 방법이 제한된다. 예를 들면, 훈계와 망신·제재·처벌과 같은 부정적인 방법은 이런 아이들에게는 소용이 없다. 때로는 하나의 진실이 더 큰 진실을 가리기도 한다. 이 경우 문제는 관계에 있다.

손의 부모는 의학적 꼬리표를 붙임으로써 자신들의 직관을 믿고 실수를 통해 배우며 스스로 길을 찾는 대신, 부모가 되는 방법에 대한 단서를 다른 사람들한테서 찾기 시작했다. 이들은 다른 사람들의 조언을 기계적으로 따랐고, 애착 관계를 무시하는 인위적인 행동 조절 방법들을 사용했다. 이들은 자신들이 아이가 아닌 증후군을 대하는 것 같았다고 했다.

이런 꼬리표 붙이기가 위험한 것은―'까다로운 아이'라는 일상적인 꼬리표나 '예민한 아이'라는 악의 없는 꼬리표조차―문제의 원인을 찾아냈다는 인상을 준다는 점이다. 이는 문제의 진짜 원인을 덮어 버린다. 근본적인 관계 요인을 무시하고 문제를 진단하면, 진정한 해결책을 찾는 일이 늦어진다.

손이 감당하기 힘든 아이라는 점은 의문의 여지가 없다. 손의 충동성 때문에 그를 더 통제하기 힘들어진 것은 분명하다. 그러나 대부분의 충동은 빗나간 애착에 의해 촉발된다. 손의 충동성도 어떤 의학적 장애 때문이 아니라 그 아이의 또래지향성 때문이었다. 손의 빗나간 애착 본능은 그의 적대적인 행동을 설명해 주고, 치료의 방향을 가리켜 주었다. 부모와의 건강한 애착을 회복하는 것이 그 아이의 문제를 해결하는 기초를 세우는 방법이었다. 부모가

부모의 힘은 어떻게 약해지나

인정해야 할 가장 중요한 문제는, 숀에게 무엇이 잘못되었는가가 아니라 숀과 자신들과의 관계에서 무엇이 빠져 있는가였다.

커스틴과 멜라닌의 부모들은 공식적 진단을 받는 데까지 가지는 않았지만, 이들 역시 자신들의 아이가 일반적인 것인지, 아니면 자신들의 방법에 문제가 있는 것인지 알고 싶어했다. 보다 면밀한 상담을 통해 멜라니가 나이에 비해 상당히 미숙하다는 사실을 알았지만, 이로 인해 부모가 어려움을 겪은 것은 아니었다. 중요한 것은 멜라니가 또래의존적이라는 점이고, 그로 인해 정신적으로 미성숙함으로써 부모에게 치명적인 타격을 가했던 것이다.

다행히 또래지향성은 예방할 수 있을 뿐만 아니라, 대부분의 경우 회복할 수 있다(이에 대해서는 4부와 5부에서 설명한다). 우선 문제가 무엇인지부터 철저히 이해해야 한다. 육아는 자연스럽고 직관적이어야 하지만, 이는 아이가 부모에게 애착을 형성할 때만 가능하다. 부모의 힘을 회복하기 위해서는 아이가 우리에게 전적으로 의존하게 해야 한다. 즉 자연의 순리대로 신체적으로뿐만 아니라 정신적·정서적으로도 의존해야 한다.

05

애착의
일곱 가지 역할

　마흔일곱에 아버지가 된 코미디언 제리 사인펠드는, 해맑은 얼굴로 우리 눈을 바라보며 팬티에 응가를 하는 어린 인간을 키운다는 것이 얼마나 맥빠지는 일인지에 대해 언급한 적이 있다. 사인펠드는 말했다. "상상해 보세요, 당신을 똑바로 쳐다보면서 응가를 하는 거예요!" 부모로 하여금 그 힘든 자리를 지키게 하는 것은 애착이다. 애착이 없다면, 많은 부모가 기저귀 갈아입히는 것을 참고, 잠을 방해하는 것을 용서하며, 소음과 울음소리를 견디고, 인정받지도 못하는 온갖 일을 해내지 못할 것이다. 그리고 나중에 자기 아이의 짜증나고 불쾌하기까지 한 행동을 용인하기는 힘들 것이다.

애착은 보이지 않게 작동한다는 점에 주목해야 한다. 순수한 본능으로 아이와 훌륭한 애착 관계를 형성한 사람들은 형식적인 육아 '기술'을 배우지 않아도 성공적으로 유능한 부모가 될 수 있다.

애착은 다음의 일곱 가지 중요한 방식으로 육아를 효과적으로 지원한다. 이는 아이가 부모에게 의존할 때만 가능하다. 불행하게도, 아이의 애착이 빗나갈 때도 이와 똑같은 일곱 가지 방식으로 양육권이 훼손된다. 여러분이 아이와의 관계를 재확인할 때 이 목록들을 참고하면 유용할 것이다.

애착은 부모와 아이 사이의 위계를 잡아 준다

애착의 첫 번째 임무는 어른과 아이 사이의 위계를 잡아 주는 것이다. 사람들이 관계를 맺게 되면, 그들의 애착뇌는 자동적으로 관계를 맺은 사람들의 우위를 정한다. 우리의 뇌 기관에는 태생적으로 지배하는 쪽과 의존하는 쪽, 보살피는 쪽과 보살핌을 받는 쪽, 베푸는 쪽과 베풂을 받는 쪽으로 나뉘는 원형적인 지위들이 새겨져 있다. 이는 어른들의 애착 관계에서도 마찬가지인데, 건강한 부모도 환경에 따라, 그리고 어떻게 책임을 나누었는지에 따라 보살피는 쪽과 보살핌을 받는 쪽 사이를 왔다갔다한다. 어른들에게 위탁된 아이들은 의존적이고 보살핌을 받는 쪽에 서야 한다.

의존해 본 경험이 있는 아이들은 보살핌을 받거나 지시를 받는 일을 잘 받아들인다. 애착의 위계에 자리를 잘 잡은 아이들은 본능적으로 보살핌을 받고자 한다. 그들은 자연스럽게 부모를 존경하고, 부모에게 답을 구하며, 부모를 따른다. 이런 역학은 애착의 본질이다. 이런 의미의 의존성이 없이는, 아이의 행동을 통제하기가 어렵다.

또래지향성도 이와 같은 프로그램을 따라 가동하지만, 결과는 부정적이다. 아이가 보호하는 어른과 건강한 관계를 유지하는 대신, 지배-의존의 역학이 미성숙한 또래들 사이에서 지배와 복종이라는 건강하지 못한 상황을 만드는 것이다.

아이의 애착뇌가 지배하는 쪽을 택한다면, 자기 또래들의 보호를 떠맡아 이들을 쥐고 흔들 것이다. 만일 이 아이가 연민과 책임감을 느낀다면 아이들을 가르치고 보살피겠지만, 이 아이가 욕구 불만에 공격적이고 자기중심적이라면 아이들을 괴롭힐 것이다. 그러나 또래지향성이 초래하는 가장 큰 혼란은 자연적인 부모와 아이 사이의 위계를 무너뜨린다는 것이다. 부모들은 지배하는 역할에 합당한 존경과 권위를 잃게 된다.

또래지향적인 아이는 내면에 위계에 대한 관념이 없고, 부모가 자신보다 더 훌륭하거나 더 우위에 서기를 바라는 열망이 없다. 오히려 부모가 그런 태도를 취하면, 또래지향적인 아이는 답답함과 부자연스러움을 느낀다. 마치 부모가 자기 위에 군림하거나 억누르려고 한다는 듯이 말이다.

부모와의 애착이 약화되면 육아를 용이하게 해주는 위계가 무너지는데, 이것이 멜라니의 아버지가 그토록 격렬하게 반응할 수밖에 없었던 문제다. 멜라니는 부모를 자기 삶에 관여하거나 자기를 좌지우지할 권리가 없는 사람들과 똑같이 대했다.

애착 순위가 뒤집히는 것은 또래지향성 때문만은 아니다. 우리

부모의 힘은 어떻게 약해지나

두 사람은 각자 심리학자와 의사로 일하면서 자기 아이를 가까운 친구처럼 의존하거나 아이에게 배우자와의 문제를 푸념하는 부모들을 봐 왔다. 아이는 부모의 정서적 고통을 들어 주는 창구가 된다. 부모에게 자신의 어려움을 털어놓기는커녕, 자신의 욕구를 억누르고 다른 사람의 정서적 욕구를 채워 주는 것이다. 이런 애착 위계의 전도 또한 건강한 발달을 해친다. 정신의학자인 존 보울비John Bowlby는 인성의 발달에 부모-자녀 관계가 미치는 영향을 탐구한 고전 3부작 중 첫 번째 책인 《애착Attachment》에서 이렇게 썼다. "어린이나 청소년과 부모 사이의 역할 전도는 아주 일시적인 경우가 아니라면, 대부분 부모의 병리 현상의 징후일 뿐만 아니라 아이의 병인이 된다."[주1] 부모와의 역할 전도는 아이의 세상에 대한 관계를 왜곡한다. 이는 이후의 신체적·정신적 스트레스의 주요 원인이 되기도 한다.

애착은 육아 본능을 일깨우고, 아이를 더 사랑스럽게 만들며, 부모의 인내심을 키운다

제리 사인펠드의 익살대로, 애착은 아이에게는 보살핌을 받을 수 있도록 준비시키고, 어른에게는 육아 본능을 일깨운다. 훈련이나 교육으로는 애착이 하는 일을 할 수 없다. 애착은 또한 아이들을 더 사랑스럽게 만든다. 그것은 육아에 따른 어려움과 그 과정에서 겪을 수 있는 고초를 참고 견디게 한다.

아기의 애착 행동—빨려들 것 같은 두 눈, 마음을 뒤흔드는 미소, 쭉 뻗은 두 팔, 들어올리면 몸에 착 감기는 느낌—보다 더 마음을 움직이는 것은 없다. 철저하게 무감각해지지 않는 한 애착이 발동할 수밖에 없다. 아기의 애착 행동은 우리 안의 부모 본능을 일깨운다. 이는 아기가 아니라 자연적이고 자발적인 애착 반사attachment reflex에 의해 일어난다. 애착 행동이 우리 안의 부모 본능을 건드리면 우리는 가까이 다가가고, 안고 싶어지며, 책임을 떠안을 준비가 된다.

이런 사랑스러운 행동은 아이가 자라면서 줄어들지만, 부모에 대한 아이의 애착 행동은 유년기 내내 강한 영향을 미친다. 아이가 말이나 행동으로 우리에게 애착 욕구를 표현할 때는 아이를 더 사랑스럽고 더 편하게 받아들이게 된다. 여기에는 우리를 상냥하게 만들고 가까이 다가가게 만드는, 수백 가지의 무의식적인 작은 몸짓과 표현들이 있다. 우리는 아이에게 조종당하는 게 아니라, 합당한 이유에서 애착의 힘에 의해 움직이게 된다. 육아에는 고생이 따르고, 그 부담을 좀더 쉽게 견디게 해주는 무언가가 필요한 것이다.

또래지향성은 그 모든 것을 바꿔 놓는다. 마음을 끄는 애착의 몸짓은 더는 우리를 향하지 않는다. 두 눈도 더는 빨려들 것 같지 않다. 얼굴도 사랑스럽지 않다. 마음을 따뜻하게 해주던 미소마저 얼어붙어 마음을 아프게 한다. 아이는 더는 우리의 손길에 반응하지 않는다. 포옹은 형식적이고 일방적인 것이 되었다. 아이를 좋아하기가 힘들어졌다. 우리에 대한 아이의 애착이 준비되지 않은 상태에서, 우리는 홀로 우리의 사랑과 헌신, 부모로서의 책임감에 의지하고 있다. 일부는 그것으로도 충분하지만, 그렇지 않은 사람

부모의 힘은 어떻게 약해지나

들도 많다.

멜라니 아버지의 경우가 그랬다. 멜라니와 늘 가깝게 지내다가 아이의 관심과 애정이 또래들에게로 돌아서자 아버지의 마음은 차갑게 식었다. 결국 그는 최후통첩을 하기 시작했다. 멜라니의 아버지는 아이에게 속고, 이용당하고, 혹사당하고, 노고도 인정받지 못하는 기분이었다.

사실 모든 부모가 속고, 이용당하고, 혹사당하고, 노고도 인정받지 못하며 산다. 우리가 그런 사실을 못 느끼는 이유는 애착의 작용 때문이다. 새끼고양이를 기르는 어미고양이의 경우를 보자. 새끼가 어미를 계속 올라타고, 깨물고, 할퀴고, 밀치고, 찔러대지만, 대부분의 어미는 놀랍도록 관대하다. 그러나 다른 새끼고양이가 자기 새끼들 사이에 끼어들 때는 그런 참을성이 발휘되지 않는다. 어미고양이는 그 새끼가 조금이라도 귀찮게 굴면 가차없이 물리적 공격을 가한다. 우리는 인간으로서의 성숙함과 책임감이 있어 그런 본능적 반응을 뛰어넘을 수 있지만, 우리도 애착이 약화되면 훨씬 더 쉽게 반사적으로 행동하게 된다. 아이들의 동화 속에서 계모나 계부가 그토록 악명을 떨치는 것도 자연적인 상호 애착이 부족한 때문일 것이다.

아이들은 대부분 자신으로 인해 부모가 입은 영향, 부모가 입었을 상처, 부모의 희생을 모른다. 그럼에도 우리가 부모로서의 책임을 이행하는 것은 순수하고 단순한 애착이 있기 때문이다. 반면에 그런 애착이 다른 곳을 향하게 되면, 그 짐을 견디기 힘들어질 수 있다. 또래지향적인 아이와 마주하고 있는 부모 중 많은 이가 육아 본능이 무뎌진 것을 느끼게 된다. 아이를 향한 자연스러운 온기는 식고, 아이를 충분히 '사랑하지' 않는다는 죄책감마저 느낄지도 모른다.

또래지향적인 관계에서는 이런 애착의 힘이 학대라는 엉뚱한 결과를 낳는다. 육아의 짐을 덜어 주고 육아를 지속하게 해주던 힘이 또래들 사이에서는 학대를 조장하는 것이다. 아이들은 또래들이 휘두르는 폭력을 묵인한다. 부모들은 집에서는 아주 약한 벌이나 통제에도 반항하는 아이가 또래들의 불합리한 요구를 감수하고 부당한 대우조차 받아들이는 것에 실망하곤 한다. 친구들이 자신의 감정을 고려할 만큼 충분히 자신을 배려하지 않는다는 사실을 깨닫지 못하는, 또래지향적인 아이들은 애착을 유지할 구실을 찾는다.

애착은 아이의 주의를 끈다

우리에게 주의를 기울이지 않는 아이를 다룬다는 것은 매우 난감한 일이다. 아이가 우리를 바라보고 우리에게 귀 기울이게 하는 것은 모든 육아의 기초다. 우리가 사례로 든 부모들도 하나같이 아이들의 주의를 끌지 못했지만, 사실상 어느 누구도 진정으로 다른 사람의 주의를 끌 수는 없다. 아이의 뇌는 대부분의 경우 무의식적 역학에 의해 주의를 기울일 대상의 우선순위를 정한다. 허기가 우선인 경우에는, 음식이 아이의 주의를 사로잡는다. 위치 확인이 가장 시급한 욕구인 경우에는, 아이는 낯익은 대상을 찾는다. 그러나 아이의 세계에서 가장 중요한 것은 애착이기 때문에,

이것이 아이의 주의를 조율하는 중심 역할을 한다.

다시 말하면, 주의력은 애착을 따라간다. 애착이 강할수록 아이의 주의를 끄는 일은 더 쉬워진다. 애착이 약하면 아이의 주의를 끌기가 그만큼 어렵다. 주의를 기울이지 않는 아이의 두드러진 징후 중 하나는, 부모가 계속해서 목소리를 높이거나 같은 말을 반복하게 하는 것이다. 부모의 끊임없는 잔소리 중 일부는 아이의 주의를 요구하는 것이다. 즉 "내 말 잘 들어라," "내가 말할 때는 나를 봐라," "여기 좀 봐라," "내가 방금 뭐랬니?," 아니면 단도직입적으로 "집중해라"라고 말한다.

아이들이 또래지향적으로 변하면, 이들의 주의는 본능적으로 또래들에게로 향한다. 또래지향적인 아이들의 자연적인 본능은 부모나 교사들에 대한 주의를 거부한다. 어른들한테서 나오는 소리는 아이들에게는 소음과 간섭에 불과할 뿐이다.

또래지향성으로 인해 어른들에 대한 아이들의 주의력이 떨어지는 것은, 어른들은 또래지향적인 아이들의 주의력 순위에서 최우선이 아니기 때문이다. 주의력결핍장애ADD가 초기에는 아이가 교사에게 집중하지 못하는 학교 문제로 여겨졌던 것은 우연이 아니다. ADD 진단 건수의 폭발적인 증가와 우리 사회에서의 또래지향성의 확산이 나란히 이루어졌다는 사실과, 그 현상이 도심지와 도시 빈민가의 학교들과 같이 또래지향성이 가장 두드러지는 곳에서 더 심각하다는 사실 또한 우연이 아니다. 물론 주의력과 관련한 모든 문제의 원인이 여기에 있다고 주장하는 것은 아니다. 하지만 주의력을 좌우하는 애착의 근본적인 역할을 인정하지 않는 것은, ADD 진단을 받은 많은 아이의 현실을 무시하는 일이다. 어른에 대한 애착이 결핍되면, 어른에 대한 주의력도 떨어진다. 애착에 문제가 생기면, 주의력에도 문제가 생긴다.

애착은 아이를 부모 곁에 붙어 있게 한다

애착의 가장 확실한 임무는 아이와의 친밀감을 유지하는 일이다. 아주 어린 아이들처럼 아이가 곁에 붙어 있으려고 할 때, 애착은 보이지 않는 끈이 되어 준다. 우리 아이들도 다른 애착 동물들과 마찬가지로 부모를 보고, 듣고, 냄새 맡아야 한다.

때로는 이런 친밀감의 요구가 숨 막히기도 하는데, 특히 우리가 화장실 문을 닫는 순간 아이가 질겁할 때 그렇다. 그러나 대부분의 경우 이 애착 프로그램은 우리에게 엄청난 자유를 준다. 아이를 계속 지켜봐야 하는 대신, 스스로 따르는 아이의 본능을 믿기만 하면 된다. 새끼곰과 함께 있는 어미곰처럼, 새끼고양이를 품고 있는 어미고양이처럼, 혹은 새끼오리를 데리고 있는 어미오리처럼 우리는 애착에 힘입어 아이를 가까이에서 지킬 수 있다.

부모 곁에 붙어 있으려는 아이의 본능이 우리를 방해하고 좌절하게 할 수도 있다. 일이나 학교, 성생활, 정신 건강, 잠을 위해서 우리가 잠시 떨어지고 싶을 때 애착의 작용은 달갑지 않다. 심지어 우리는 가까이 붙어 있으려는 아이의 본능보다 기꺼이 떨어지려는 아이의 의지를 더 높이 평가하기도 한다. 안타깝지만, 두 가지를 다 가질 수는 없다. 적절한 애착을 형성하지 못한 아이의 부모는 아이한테서 눈을 떼서는 안 되는 악몽 같은 상황에 처하게

부모의 힘은 어떻게 약해지나

된다. 아이가 곁에 붙어 있게 해주는 애착은 고마운 존재다. 애착의 지원이 없다면, 육아와 관련된 여러 가지 일들을 해낼 수 없을 것이다.

아이의 발달이 순조롭게 진행된다면, 부모와의 신체적 친밀감에 대한 욕구는 점차 정서적 결합과 친밀감으로 발전한다. 부모를 눈앞에 붙잡아 두려던 열망은 부모가 있는 곳을 알고 싶은 욕구로 바뀐다. 10대들도 애착이 잘 형성된 경우에는 "아버지는 어디 계세요?" "엄마는 언제 집에 오세요?"라고 물으며, 부모와 연락이 안 될 때는 불안감을 드러내곤 한다.

또래지향성은 이런 본능을 망쳐 놓는다. 또래지향적인 아이들도 결합과 친밀감에 대한 욕구가 크지만, 그 방향이 서로를 향하고 있다. 이제 아이가 불안해하며 알고 싶어하는 것은 또래들의 행방이다. 우리 사회는 인터넷에서 휴대폰의 문자 메시지까지 연락을 유지하는 강력한 기술을 개발했다. 또래들과의 접촉에 집착하는 열세 살의 멜라니는 여기에 완전히 빠져 있었다. 접촉에 대한 절박한 욕구는 가족의 시간을 침해하고, 아이의 학습과 재능의 개발을 저해하며, 성숙에 이르는 데 꼭 필요한 창조적 고독을 방해한다.

애착은 부모를 모범으로 삼게 한다

, 어른들은 자신의 보살핌을 받는 아이들이 행동과 삶의 방식에서 자신의 지도를 따르지 않을 때 놀라고 상처를 입기도 한다.

이런 실망은 부모와 교사들이 저절로 자녀와 학생들의 모범이 된다는 잘못된 믿음에서 싹튼다. 사실, 아이는 강한 애착을 형성한 사람을 자신의 모범으로 받아들인다. 모범적인 삶을 살았다고 해서 부모의 삶이 아이의 모범이 되는 것은 아니다. 아이가 어떤 사람을 닮고 싶어지는 것은 애착 때문이다. 요컨대, 모범이 된다는 것은 애착의 역학이다. 애착을 느끼는 사람을 모방함으로써, 아이는 그 사람과 심리적 친밀감을 유지한다.

주요 애착 대상을 닮고 싶은 욕구는 아이를 가장 중요하고 자발적인 학습으로 이끌어 낸다. 이런 학습은 부모가 의식적으로 가르치려는 의도나 아이가 공부한다는 생각 없이 이루어진다. 애착이 없는 경우, 가르치는 일은 억지가 되고 학습은 고역이 된다. 아이가 습득하는 모든 단어를 부모가 의도적으로 가르쳐야 하고, 모든 행동을 의식적으로 일러주어야 하며, 모든 태도를 의식적으로 심어주어야 한다면 얼마나 많은 일을 해야 할지 생각해 보라. 애착은 부모나 아이에게 비교적 적은 노력으로 이런 일들을 자동으로 수행하게 한다. 매력적인 강사를 흠모할 때 새로운 언어를 배우는 것이 얼마나 즐거운 일인지는 많은 사람이 알고 있다! 우리가 의식을 하든 안 하든, 우리는 부모와 교사로서 모범이 되기 위해 애착에 크게 의존하고 있다.

또래들이 우리를 대신해 주요 애착 대상이 되면, 당연히 결과에 대한 아무 책임 없이 그들이 아이의 모범이 된다. 아이들은 서로의 말투와 몸짓, 행동, 태도, 기호를 모방한다. 배운다는 것은 멋진 일이지만, 그 내용은 이미 우리가 통제할 수 있는 것이 아니다. 더욱이 그것이 문제아동의 행동이나 가치를 모범으로 삼은 것이

부모의 힘은 어떻게 약해지나

라면 참으로 비통한 일이다. 우리가 아이가 모방하는 모범이 아닌 경우, 아이를 키우는 일은 훨씬 더 어려워진다.

애착은 부모의 지시를 따르게 한다

육아의 기본 임무 중 하나는 아이에게 방향과 지침을 제공하는 것이다. 우리는 매일 유용한 것과 그렇지 않은 것, 좋은 것과 그렇지 않은 것, 기대하는 것과 부적절한 것, 목표로 할 것과 피해야 할 것을 지적한다. 아이는 스스로 방향을 정하고 자신의 판단을 따를 수 있을 때까지 그 길을 보여 줄 누군가를 필요로 한다. 아이는 끊임없이 무엇을 어떻게 해야 하는지를 일러주는 대상을 찾는다.

중요한 문제는 우리의 가르침이 얼마나 현명한가보다, 아이의 애착 프로그램이 누구를 따라야 할 대상으로 지정하고 있는가다. 방향을 올바로 제시하는 것도 중요하지만, 아이가 따르는 대상이 우리가 아니라면 아무리 현명하고 분명하게 일러주어도 아무 소용이 없다. 이 점이 육아서에서 잘못 짚고 있는 부분이다. 그런 책들은 아이들이 어른지향성을 갖고 있다는 점을 전제로 하고 있다. 따라서 그런 책들은 어떻게 지도와 지시를 하는가에만 초점을 맞추고 있다. 예를 들면 기대치를 분명히 하고, 명확하고 합리적인 한계를 정하며, 규칙을 정하고, 결과에 대해 일관성을 유지하며, 한 번에 한 가지 메시지만 전하라고 한다. 아이가 우리의 지시를 따르지 않을 때, 기대를 전달하는 우리의 방식이나 그것을 받아들이는 아이의 능력에 문제가 있다고 추정할 수도 있다. 그렇게 맞아떨어지는 상황도 있지만, 문제는 더 깊은 곳에 있는 경우가 훨씬 많다. 즉 애착을 상실한 결과, 아이가 더는 우리의 지도를 따르지 않는다는 것이다.

누구든 아이의 나침반 역할을 하는 사람이 아이가 따르는 대상이 된다. 이것이 바로 지향 반사orienting reflex다. 아이의 뇌는 자동으로 자신의 주요 애착 대상으로부터 나오는 신호를 꼼꼼히 살핀다. 아이의 애착뇌가 부모를 지향한다면, 그 신호는 부모의 얼굴과 부모의 반응, 부모의 가치, 부모와의 소통, 부모의 몸짓으로부터 나온다. 애착에 의존하면 쉽게 지시할 수 있다—때로는 너무 쉽게.

우리가 최선을 다하지 않거나 떳떳하지 못한 말이나 행동을 함으로써 또래들이 우리 자리를 차지하게 된다면, 아이는 또래들의 기대에 따를 것이다. 그 아이는 어른지향적인 아이가 부모의 지시에 순종하는 것처럼, 또래들의 요구에 순순히 응할 것이다.

어떤 부모는 아이에게 내면의 소리를 발달시킬 수 있는 기회를 주어야 한다는 순진한 믿음 때문에 지시하는 것을 꺼리기도 한다. 하지만 그런 일은 일어나지 않는다. 정신적으로 성숙한 사람만이 진정한 자기결정권을 가질 수 있다. 아이의 발달을 위해서는 그의 나이와 성숙도에 맞는 선택권을 주는 것도 중요하지만, 원칙적으로 지시를 꺼리는 부모는 결국 자신의 역할을 포기하는 것이다. 부모의 지시가 없는 경우, 대부분의 아이는 또래들과 같은 대체물의 지도를 구할 것이다.

우리 지시를 따르지 않는 아이를 다루는 일도 힘들지만, 누군가

부모의 힘은 어떻게 약해지나

의 명령에 따르는 아이를 통제하는 일은 거의 불가능하다. 우리를 대신할 수 있는 것은 명령을 내리는 누군가가 아니라 아이의 성숙함이다. 즉 스스로 최선의 방법을 선택하고 결정하는 성숙한 아이 자신의 능력이다.

애착은 아이가 부모에게 잘 보이고 싶게 한다

，　아이의 애착이 도움이 되는 마지막 방법은 가장 의미심장한 것이다. 그것은, 아이가 부모에게 착한 존재가 되고 싶어하는 욕망이다.

낯선 사람의 명령에는 무심하지만 주인을 위해서는 무엇이든 하려는 반려견의 열망을 보면, 주인에게 잘 보이고 싶어하는 의지를 느낄 수 있다. 우리에게 잘 보일 생각이 없는 개를 다루어 본다면, 개보다 정서적으로 훨씬 복잡하고 취약한 인간의 아이에게 이와 같은 동기가 없을 때 우리가 어떤 일에 직면하게 될지 어렴풋이나마 짐작할 수 있다.

나는 육아에 어려움을 겪고 있는 부모들을 만날 때 아이에게 이와 같은 의지가 있는지를 가장 먼저 살핀다. 아이가 착하게 굴지 않는 이유에는 여러 가지가 있지만, 지금까지 알려진 가장 중대한 이유는 이런 의지가 없다는 것이다. 슬픈 일이지만, 부모의 요구가 너무나 비현실적인 탓에 부모의 기대에 미치지 못하는 아이들도 있다. 그러나 아이의 의지 자체가 없다면, 그 기대가 현실적인지 아닌지는 애초에 중요하지 않다.

아이의 양육을 위한, 애착의 최고의 업적은 아이에게 착한 존재
가 되고 싶은 의지를 심어 주는 것이다. 우리가 어떤 아이를 '착하
다'고 말할 때, 우리는 그 아이의 본성을 표현하는 거라고 생각한
다. 우리는 어른에 대한 아이의 애착이 그 착한 심성을 키운다는
점을 보지 못하고 있다. 그만큼 우리는 애착의 힘에 대해 무지하
다. 아이의 본성이 착한 아이가 되고 싶은 의지를 부른다고 믿는
다면, 그런 의지가 부족한 아이를 '나쁜' 아이로 여기고 그 아이를
나무라며 부끄러워할 위험이 있다. 착한 아이가 되고 싶은 동기는
아이 자신의 특성보다는 아이가 맺고 있는 관계의 특성에서 비롯
되는 것이다. 아이가 '나쁘다면', 바로잡아야 할 것은 아이가 아니
라 아이와의 관계다.

애착은 여러 가지 방법으로 착한 아이가 되고 싶은 의지를 불러
낸다. 이런 의지의 원천 중의 하나는 내가 '애착 양심attachment
conscience'이라고 부르는 것이다. 이것은 아이가 타고난 일종의
경보장치 같은 것이다. 이것은 부모가 싫어할 만한 행동에 대해
아이에게 경보를 울린다. 양심conscience이라는 말은 라틴어 동
사 '알다to know'에서 유래했다. 이와 같이 여기에서는 이 말을 도
덕의 코드가 아닌 부모와의 균열을 막아 주는 내면의 인식으로 쓰
고 있다.

애착 양심의 정수는 분리불안이다. 애착은 매우 중요하기 때문
에 우리가 애착을 형성한 사람들과 떨어지게 되면, 애착뇌의 중요
신경 센터에서 경보가 울려 불안감을 느끼게 된다. 처음에는 신체
적 분리가 예상될 때 아이에게 이런 반응이 일어난다. 애착이 좀
더 심리적으로 발전하면, 정서적 분리를 더 불안해하게 된다. 부

모가 반대하거나 실망하는 일이 예상되거나 일어날 때 아이는 기분이 나빠진다. 부모를 화나게 하거나, 부모를 배제하거나 멀리하는 행동을 할 때 아이는 불안감에 빠진다. 애착 양심은 아이로 하여금 부모의 기대 범위 안에서 행동하게 한다.

애착 양심은 궁극적으로 아이의 도덕적 양심으로 발전하지만, 그 본래 기능은 주요 애착 대상과의 관계를 유지하는 것이다. 자신이 의지하는 사람을 잃을지도 모른다는 예감이 들 때 기분이 나빠지는 것은 아이로서는 이로운 일이다. 다만, 부모가 이런 양심을 부당하게 이용하는 것은 현명하지 못하다는 사실을 명심해야 한다. 아이를 고분고분하게 만들려고 의도적으로 아이를 기분 나쁘게 하거나, 죄책감이 들게 하거나, 수치심을 느끼게 해서는 안 된다. 애착 양심을 악용하면 아이가 심한 불안감을 느끼고, 상처 입을 두려움 때문에 마음의 문을 닫게 될지도 모른다.

애착 양심이 제 기능을 못하게 되는 가장 흔한 원인은 또래지향성 때문이다. 아이가 부모 대신 또래들의 호감을 사려고 하는 순간, 부모에게 착한 아이가 되려는 동기는 현저히 떨어진다. 또래들의 가치관이 부모의 가치관과 다를 때, 아이의 행동도 그에 따라 달라진다. 그런 행동의 변화는 부모의 가치관이 진정으로 내면화되지 못했다는 사실을 보여 준다. 그것은 대부분 부모의 호감을 사기 위한 수단이었을 뿐이다.

아이들은 청소년기에 이를 때까지 가치관을 내면화하지 않는다. 그러므로 또래지향적인 아이의 행동이 변했다고 그의 가치관이 변한 것은 아니며, 그의 애착 대상이 바뀐 것뿐이다. 학습과 목표를 향한 노력, 우수함의 추구, 사회에 대한 경의, 가능성의 인식,

재능의 개발, 열정의 추구, 문화의 감상과 같은 부모의 가치는 훨씬 즉흥적이고 단기적인 또래의 가치로 대체된다. 학습과 자기 잠재력의 실현보다 외모와 연예인, 또래들에 대한 충성, 함께 붙어 있기, 하위문화에 순응하기, 또래들과 잘 지내기가 더 높은 가치를 지니게 된다. 또래지향적인 아이에게 가치란 또래 집단의 인정을 받기 위해 부합해야 하는 기준에 불과하다.

따라서 아이의 삶에서 우리의 가치관을 분명히 하고 우리가 믿는 바를 내면화하기에 가장 적절하고 필요한 시기에 우리는 영향력을 잃게 된다. 가치관을 키우기 위해서는 시간과 담론이 필요하지만, 또래지향성은 우리한테서 그런 기회를 빼앗는다. 이렇게 또래지향성은 도덕적 발달을 저해한다.

나쁜 아이가 되려는 충동과 착한 아이가 되려는 의지는 동전의 양면과 같다. 아이가 어떨 때 우리가 자랑스럽고 행복한지 지적하는 것은 역효과를 부를 수 있다. 애착의 양극적인 특성상 부정적인 측면이 활성화되면, 바람과는 반대되는 행동을 자극하게 된다. 멜라니와 그 엄마가 그런 경우였다. 아이가 부모와의 접촉를 거부할 때, 아이는 본능적으로 부모를 불쾌하고 짜증나게 한다. 멜라니는 엄마를 괴롭히기 위해 전력을 다했다. 애착의 동물은 본능과 충동의 동물이다. 가까이 하고 싶지 않은 사람의 눈에 드는 행동은 하고 싶어하지 않는다. 또래들의 인정을 받고 싶은 아이가 어른들의 환심을 사는 일을 할 이유가 없는 것이다.

결론적으로, 착한 존재가 되고 싶은 아이의 의지는 육아를 훨씬 용이하게 해주는 강력한 동기가 된다. 이는 세심한 보살핌과 신뢰를 필요로 한다. 엄연히 존재하는 아이의 의지를 믿지 않는 것은 관계를 해치는 일이다. 보상이나 처벌과 같은 행동의 외부 동기는 착한 아이가 되겠다는 소중한 내부 동기를 훼손할 수 있다. 편안한 육아를 위한 최고의 투자는, 부모에게 착한 존재가 되려는 아이의 의지를 믿는 것이다.

어떤 부모들은 신뢰를 기본 동기가 아니라 최종 결과와 연관지어 생각한다. "네가 할 거라고 말만 하거나 거짓말을 하면, 내가 어떻게 너를 믿을 수 있겠니?" 비록 아이가 부모의 기대나 바람에 부응하지 못한다고 해도, 부모에게 착한 존재가 되려는 아이의 의지를 믿는 일은 여전히 중요하다. 그런 믿음을 철회하는 것은, 아이의 자신감을 빼앗고 깊은 상처를 주는 일이다. 부모에게 착한 아이가 되려는 의지를 소중히 하고 키워주지 못한다면, 아이는 계속해서 기대에 부응하려고 노력하는 동기를 잃을 것이다. 우리의 믿음의 근거는 부모에게 착한 존재가 되려는 아이의 의지이지, 부모의 기대대로 행하는 아이의 능력이 아니다.

06
아이가
저항하는 이유

"절 엄마 맘대로 하지는 못할 걸요?" 일곱 살 커스틴은 부모가 협조를 구할 때마다 갑자기 이렇게 소리쳐 부모를 당황하게 만들곤 했다. 아홉 살 숀은 점점 더 통제하기가 힘들어졌고, 급기야 자기 방문 앞에 큼지막한 출입 금지 표지판을 내걸었다. 사춘기에 접어든 멜라니도 부모와의 대화보다는 부루퉁한 표정을 짓거나, 어깨를 으쓱하거나, 히죽히죽 웃거나 하는 식의 몸짓으로 소통하는 경우가 많았다.

앞장에서 보았듯이, 아이가 또래지향적으로 변하면 애착은 우리에게 등을 돌리고 우리는 힘을 잃는다. 이 두 가지 타격으로 인해 커스틴과 숀·멜라니의 부모들은 이미 고통스러운 시간을 보

부모의 힘은 어떻게 약해지나

냈지만, 이야기는 거기서 끝나지 않았다. 또래지향성에 의해 왜곡될 때 부모-자녀 관계를 황폐화시키고 보살피는 어른들의 삶을 비참하게 만드는 또 다른 본능이 있다. 이것을 오스트리아의 심리학자인 오토 랭크Otto Rank는 '대항의지counterwill'라고 불렀다.

대항의지는 강압적인 것에 대한 본능적이고 자동적인 저항이다. 이것은 다른 사람의 명령에 의해 통제당하거나 억압당하는 감정이 들 때마다 일어난다. 이것은 이른바 미운 두 살이라고 부르는 시기에 가장 극적으로 나타난다(만약 두 살배기들도 이런 꼬리표를 붙일 수 있다면, 자기 부모들을 '미운 30대'라고 묘사할 것이다). 대항의지는 청소년기에 격렬하게 다시 나타나지만, 나이와 상관없이 활성화될 수 있다.

20세기 초반, 랭크는 이미 대항의지에 대처하는 일이 부모에게는 가장 힘든 문제라는 사실에 주목했다. 그가 글을 쓸 당시는 아이의 애착이 여전히 어른들을 향해 있던 때였다. 따라서 아이의 대항의지에 비정상적인 면이 전혀 없었지만, 지금은 또래지향성의 영향으로 대항의지가 비정상적으로 강화되었다.

대항의지는 수많은 방식으로 표출된다. 이것은 유아의 "싫어"나 어린 아이의 "절 마음대로 하지는 못할 걸요" 하는 반발로, 서둘러야 할 때 말을 안 듣는 것으로, 반항이나 무시로 나타난다. 이것은 사춘기 아이의 신체 언어에서도 보인다. 대항의지는 수동성이나 꾸물거림, 기대에 반하는 행동으로도 표현된다. 이것은 게으름이나 비자발성을 통해서도 드러날 수 있다. 어른들이 건방지다고 생각하는 부정적이거나 호전적이거나 따지기 좋아하는 태도를 통해서도 전달된다. 대항의지가 강한 많은 아이가 금기를 깨거나 반사회적 태도에 빠져들곤 한다. 어떤 형태로 나타나든 그 밑에 깔린 역학은 단순하다. 즉 이것은 강압적인 것에 대한 본능적 저항이다.

역학이 단순한 만큼 이것이 야기하는 문제들의 다양성과 복잡성은 뚜렷하게 대비된다―부모와 교사, 아이들을 다루는 사람이라면 누구에게나. 부모에게 중요한 일일수록 아이에게는 하기 싫은 일이 될 수 있다. 채소를 먹으라고, 방을 치우라고, 이를 닦으라고, 숙제를 하라고, 언행을 조심하라고, 형제자매와 잘 지내라고 강요할수록 아이는 더 말을 듣지 않는다. 자의식이 강한 열네 살짜리 아이가 아버지에게 말했다. "아버지가 채소를 먹으라고 할 때마다 더 먹기 싫어져요." 또래지향성은 아이의 자연적인 애착을 대신함으로써 엄청난 저항을 부른다. 대항의지 본능을 감당하지 못하게 만든다.

애착이 약해지는 만큼 대항의지는 커진다

●

' 강압에 대항하는 인간의 기본적 저항은 애착에 의해 누그러진다. 사랑하는 사람의 기대는 무리하게 여기지 않는 반면, 친밀감이 없는 사람의 요구에는 주저하게 된다. 부모와의 친밀감을 원하는 아이는 부모의 기대를 그에 부합할 수 있는 기회로 받아들인다. 이때 어떻게 해야 하는지, 무엇을 해야 하는지를 알려주면, 그 아이가 훨씬 쉽게 부모의 마음에 들 수 있다.

애착 역학에서 떨어져 나오면, 특히 미성숙한 사람들에게 기대

부모의 힘은 어떻게 약해지나

는 압박의 원천이 된다. 무엇을 해야 한다는 말은 들볶는 것 같다. 순종하는 것은 마치 굴복하는 것 같다. 발달 단계의 아이는 말할 것도 없고 상대적으로 성숙한 어른들조차 그런 식으로 반응할 수 있다. 아무 관계도 없는 유치원 아이에게 명령을 내리면, 저항하거나 무시할 게 뻔하다. 그 작은 아이는 친밀감을 느끼지 못하는 사람에게 순종하고 싶은 마음이 전혀 없다. 그것은 단순히 낯선 사람, 자신의 애착 범위 밖에 있는 사람이 시키는 대로 하는 것을 옳다고 느끼지 않는 것이다.

미성숙한 청소년들에게도 이런 역학은 똑같이 작용한다. 애착을 형성하지 않은 사람에게서 습관적으로 지시를 받는 상황에서는, 아이의 대항의지가 어른 세계에 대한 기본 반응으로 쉽게 뿌리내릴 수 있다. 대항의지가 강해 통제하기가 힘든, 또래지향적인 열네 살 아이를 기숙사 학교에 보냈더니 같은 이유로 학교에서 퇴학당하고 말았다. 나는 왜 그런 나쁜 행동을 했느냐고 아이에게 물었다. 아이의 대답은 어깨를 으쓱하며 있는 사실 그대로 "하지 말라고 하니까요"라는 것이었다. 이런 원칙은 그 아이의 관점에서는 너무나 자명해서 대답할 가치도 없는 것이었다.

가장 중요한 것이 무엇이냐는 물음에 또래지향적이고 대항의지가 가득한 아이들은 "아무도 우리에게 강요하지 못하게 하는 것"이라고 대답하는 경우가 많다. 이들의 대항의지는 너무나 충만하고 심각해서 어른들의 눈에는 통제 불가능한 것으로 보인다. 임상의들은 이런 아이들을 적대적반항장애로 진단한다. 그러나 탈이 난 것은 반항성 즉 대항의지가 아니라, 아이의 애착이다.

또래지향성은 아이의 부모에 대한 애착을 약화시킴으로써, 아이가 지도를 구해야 하는 사람들에게 대항의지 본능을 드러내게 만들었다. 또래지향적인 아이들은 본능적으로 부모의 가장 합리적인 기대에조차 저항한다. 이들은 원하는 바와는 정반대로 간다.

부모가 또래지향적인 아이의 대항의지를 자극하는 데에는 어떤 말도 필요하지 않다. 부모가 원하는 게 무엇인지 아이는 그 마음을 읽을 수 있다. 또래들이 부모를 대신하게 되어도, 부모의 의지에 대한 이런 지식은 없어지지 않는다. 없어지는 것은, 부모의 심중에 맞춰 행동하게 했던 부모에 대한 애착이다. 순응하려는 욕구는 정반대의 욕구로 대체된다.

커스틴과 숀, 멜라니의 부모들이 직면한 어려움의 바탕에는 또래지향성에 의해 왜곡되고 강화된 대항의지가 자리하고 있었다. 단순한 요구에도 이 아이들은 성을 냈다. 강요하면 밀어냈다. 기대는 역효과를 낳았다. 부모들에게 중요한 문제일수록 아이들은 더 기피했다. 또래지향성에 의해 아이들의 대항의지 본능이 충만해진 것이니만큼, 부모들의 잘못으로 볼 수는 없다.

대항의지는 아이를 보호하는 울타리다

反항적인 아이를 다룬다는 것은 어른들에게는 짜증나는 일이지만, 자연적인 본능과 마찬가지로 대항의지도 적절한 상황에서는 긍정적이고 필수적인 역할을 한다. 대항의지는 발달적인 측면에서 두 가지 기여를 한다. 우선, 대항의지는 아이의 애착 범위 밖에 있는 사람들, 즉 낯선 사람들의 오도나 강압으로부터 아이를 보호한다.

대항의지는 또한 아이의 내적 의지와 자율성을 키워 준다. 우리는 모두 매우 무력하고 의존적인 존재로 태어나지만, 자연적 발달에 따라 자신의 참의지를 가진, 자발적이고 자율적인 성숙한 존재가 된다. 유년기에서 성인기로의 긴 변화 과정은 부모로부터 독립하려는 어린 아이의 실험적인 행동으로 시작된다. 대항의지는 그와 같은 개별화 작업을 돕기 위해 유아기에 처음 나타난다. 본질적으로 아이는 "싫어"라는 벽을 세운다. 이 벽 뒤에서 아이는 자신이 좋아하는 것과 싫어하는 것, 불쾌한 것과 선호하는 것을 조금씩 알아갈 수 있다. 대항의지는 새로 심은 잔디를 보호하기 위해 그 둘레에 친 작은 울타리에 비유할 수 있다. 새로 나서 자라기 시작하는 생장물은 연약하기 때문에, 아이 자신의 생각과 의미, 주도권, 관점이 충분히 뿌리를 내려서 밟혀도 죽지 않을 만큼 강해질 때까지 보호 장벽을 쳐주어야 한다. 청소년기에도 대항의지는 같은 역할을 하는데, 가족에 대한 아이의 심리적 의존도를 낮춰 준다. 이는 자의식이 가족이라는 고치에서 나와야 하는, 그 시점에 이루어진다. 우리가 원하는 바를 알아내는 일은, 원하지 않을 자유를 가짐으로써 시작된다. 부모의 기대와 요구를 차단함으로써, 대항의지는 아이의 자발적인 동기 부여와 기호를 발전시키도록 도와준다. 따라서 대항의지는 모든 아이, 심지어 적절한 애착을 형성한 아이에게도 존재하는 정상적인 인간 역학이다.

애착이 잘 형성된 아이들에게 대항의지는 한때의 경험으로 남는다. 이런 아이들에게 대항의지는 애착의 힘보다 강압의 힘이 더 클 경우에만 제한적으로 나타난다. 그런 순간은 육아 과정에서 감수해야 하는 것이다. 현명하고 직관적인 부모라면 그런 순간을 최소한으로 유지할 것이다.

예를 들면, 우리는 아이가 너무 고집이 세거나 의지가 강해서 이를 제압해야 한다고 생각할 수 있다. 그러나 의지라는 것이 자신이 원하는 바를 알고, 좌절과 혼란을 딛고 그 목표를 향해 매진하는 능력을 의미하는 것이라면, 어린 아이들에게는 의지라는 것이 있다고 할 수 없다. 그럼에도 많은 부모가 이렇게 우길 것이다. "우리 아이는 의지가 강해서 자기가 하려고 결심한 일은 제가 포기할 때까지, 아니면 제가 화를 낼 때까지 고집을 꺾지 않아요." 그러나 이는 의지가 아니라 욕구에 대한 집착이다. 집착은 끈질 긴 면만 의지와 비슷할 뿐 다른 공통점은 없다. 집착은 무의식에서 나와 개인을 지배하는 반면, 진정한 의지를 가진 사람은 자신의 생각을 스스로 통제할 줄 안다. 아이의 반항은 의지의 표현이 아니라 의지의 부재다.

흔히 대항의지를 아이가 자기 마음대로 하려는, 목적이 있는 시도 즉 아이에게 책임이 있는 힘으로 잘못 생각한다. 여기서 강한 것은 방어적 대응이지, 아이가 아니다. 의지가 약할수록 대항의지는 더 강해진다. 아이가 정말로 강하면, 부모의 위협에 영향 받지 않을 것이다.

대항의지는 아이가 불러일으키는 것이 아니라, 아이에게 일어나는 것이다. 대항의지는 대항하는 힘이므로, 부모와의 결합 욕구를 넘어서는 무언가를 아이에게 강요할 때마다 우리는 이 대항의지를 부추기는 셈이다.

가장 바람직한 경우는, 아이가 독립하고자 하는 건강한 충동에

부모의 힘은 어떻게 약해지나

서 대항의지를 드러내는 때다. 아이는 자신의 길을, 자신의 마음을, 자신의 힘과 주도권을 찾기 위해 명령을 거부한다. 아이는 자신의 취향을 찾기 위해 부모의 '해야 하는 것들'을 거부한다. 그러나 진정한 독립으로의 이행은, 아이가 어른들에 대한 자신의 애착을 전적으로 확신할 수 있을 때 가능하다(9장을 참고하라).

부모와의 관계가 안정적인 다섯 살배기도 '하늘은 파랗다'와 같은 말에 그렇지 않다고 반박할 수 있다. 부모에게는 아이가 뻔한 고집을 부리는 것으로 보일 수 있지만, 이는 아이의 뇌가 자신에게서 나오지 않은 개념이나 생각들을 차단하는 것이다. 자신만의 생각을 내놓을 여지를 두기 위해 낯선 것은 모두 거부하는 것이다. 결국 내용은 같아지겠지만―하늘은 파랗다―독립적인 개인의 형성이라는 면에서, 이때 중요한 것은 독창성이다.

진정한 독립성이 발달하고 성숙함이 이루어지는 순간 대항의지는 사라진다. 성숙한 인간은 뒤섞인 감정을 견딜 수 있는 능력을 갖게 된다. 독립을 원하는 동시에 애착 관계를 유지하기 위해 노력하는, 상반된 마음의 상태를 받아들일 수 있게 된다. 결국 진정으로 성숙한 사람은 다른 사람의 의지에 반사적으로 저항할 필요가 없다. 즉 다른 사람의 말이 옳으면 귀를 기울이고, 그렇지 않으면 자신의 길을 가면 되는 것이다.

또래지향적인 아이의 독립은 거짓 독립이다

또래지향성은 변함없이 자연적 발달을 저해한다. 또래지향적인 아이들의 대항의지는 자율성을 확보하게 하기보다 아이가 가까이 하기 싫은 사람들에게 휘둘리지 않으려는 원초적 목적에만 기여한다. 또래지향적인 아이들에게 그런 사람은 바로 부모와 교사들이다. 진정한 독립을 위한 길을 준비하기보다, 대항의지는 또래들에 대한 의존을 조장한다. 본래 독립성의 기반을 마련하기 위한 역학이 또래지향성의 영향 아래 그 기반—부모와 아이의 건강한 관계—을 파괴한다는 사실은 최고의 역설이 아닐 수 없다.

우리 사회에서는 이와 같이 또래들에 의해 왜곡된 대항의지를 진짜 대항의지, 자율성을 위한 건강한 인간의 분투로 잘못 이해하곤 한다. 우리는 또래지향적인 청소년의 공격적인 반응을 자연적인 10대의 반항의 징후로 받아들인다. 이 두 가지는 혼동하기 쉽다. 일반적인 반항의 징후에는 말대꾸, 협조 거부, 끊임없는 언쟁, 불복종, 영역 싸움, 부모와 담쌓기, 반사회적인 태도, 나를-마음대로-할-수-없다는 메시지가 있다. 반면 또래지향성의 결과로 대항의지가 드러나는 경우, 부모와 가까워질 수 있는 움직임에 유독 노골적으로 완강하게 저항한다. 아이는 늘 한 방향으로, 또래들 쪽으로 기운다.

성숙하고 독립적인 아이는 또래들의 압력을 포함한 모든 강압에 저항한다. 건강한 반항에는 진정한 독립이라는 목적이 있다. 이런 아이는 다른 사람의 영향과 의지에 굴복하기 위해, 한 사람으로부터의 자유를 추구하지는 않는다. 대항의지가 빗나간 애착의 결과로 드러날 때, 아이가 얻으려는 자유는 진정한 자신이 되려는 자유가 아니라 또래들에게 자신을 맞출 수 있는 기회다. 이를 위해 아이는 자신의 감정과 생각이 또래들과 다를 경우 자신의 감정

　　　　　　　　부모의 힘은 어떻게 약해지나

을 억누르고 자신의 생각을 감춘다.

예를 들어, 10대들은 친구들과 늦게까지 어울려 놀고 싶어한다, 이는 또래지향성의 영향 때문이라기보다, 단지 그러고 싶기 때문이다. 중요한 것은, 아이가 이 문제에 대해 부모와 상의할 의향이 있는가다. 아이가 부모의 견해를 존중하는가? 아이가 다른 해야 할 일이 있거나, 가족 행사가 있거나, 그냥 혼자 있고 싶을 때 친구들에게 안 된다고 말할 수 있는가? 또래지향적인 10대는 또래들과의 접촉 욕구가 좌절될 때 강한 불만을 느낀다. 이런 아이는 또래들의 기대에 맞서서 자기주장을 하지 못하는 반면, 부모의 요구에는 분개하거나 반항한다.

이런 거칠고 왜곡된 형태의 대항의지를 건강한 10대의 자기주장으로 착각하는 어른들은 너무 일찍 부모 역할에서 손을 뗀다. 청소년에게 자신만의 공간을 내주고, 자신의 실수를 통해 배울 수 있게 해주는 것은 현명한 일이지만, 많은 부모가 그저 포기해 버린다. 분노나 좌절감으로 예고도 없이 물러나는 것이다. 하지만 너무 일찍 손을 떼는 것은, 여전히 부모를 간절히 필요로 하는 아이를 무심코 내버리는 것이다. 우리는 아직 부모의 보살핌이 필요한 아이가 또래들로부터 돌아오도록 손을 내밀어야 한다.

전능한 아이의 신화

　′　부모의 또 다른 실수는 아이의 반항을 실력 행사나 전능함의 추구로 해석하는 것이다(한 소아정신과 의사는《전능한 아이The

아이가 저항하는 이유

Omnipotent Child》라는 책을 쓰기까지 했다. 여기서 말하는 아이는 이제 막 걷기 시작한 아기다!). 아이에게 힘power이 있다고 보는 것의 문제는, 아이가 얼마나 부모를 필요로 하는지를 간과한다는 것이다. 만일 아이가 부모를 통제하려고 한다 해도, 그것은 그럴 필요성과 부모에 대한 의존성 때문이다. 아이에게 정말로 힘이 있다면, 부모를 자기 마음대로 하려고 할 필요도 없다.

어떤 부모는 아이의 요구가 지나칠 때마다 방어 태세를 취하거나 자신을 보호하는 데 급급해한다. 어른인 우리도 아이처럼 강압당한다는 감정이 들면 반발한다—주저하고, 거부하고, 저항한다. 우리 자신의 대항의지가 일어나면서 아이와 힘겨루기를 하게 되고, 이는 두 대항의지 간의 투쟁이 된다. 우리의 이런 반응은 주요 애착이 위협받고 있다는 아이의 불안감을 초래할 수 있으며, 이때는 친밀감의 보존이 아이의 최우선 목표가 된다. 겁먹은 아이는 서둘러 우리에게 화해와 관용을 구한다. 우리는 '바른 행동'이라는 목표를 달성했다고 생각하지만, 그런 항복에는 대가가 따른다. 분노와 위협에 의한 불안감 때문에 관계는 약화되고, 그럴수록 우리는 더 쉽게 대체된다—요즘은 대부분 또래들이 그 자리를 차지한다. 또래지향성은 대항의지의 주요 원인이기도 하지만, 대항의지에 대한 우리의 대응이 또래지향성을 조장하기도 한다.

무력과 눈속임은 역효과를 부른다

＇ 바위를 움직이든 아이를 움직이든 우리는 힘이 부족할 때 본

능적으로 지렛대를 찾는다. 이때 우리가 주로 사용하는 방식은 매수, 아니면 강압이다. 예를 들어 "식탁 좀 차려라"라는 간단한 지시가 통하지 않을 때, "식탁을 차리면 네가 좋아하는 디저트를 줄게"라고 보상을 덧붙인다. 혹은 숙제하라는 말이 통하지 않을 때, 주었던 특혜를 철회하겠다고 위협하기도 한다. 혹은 보다 강압적인 어조로 말하거나, 보다 권위적인 태도를 취하기도 한다. 이 외에도 용돈 삭감, 장난감이나 컴퓨터 사용 금지, 외출 금지, 텔레비전 시청 제한이나 금지 등 우리의 탐색은 끝이 없다.

애착은 자연적이고 내부에서 우러나는 것이지만, 지렛대는 인위적이고 외부에서 가해지는 것이다. 우리는 아이를 우리 뜻대로 움직이기 위해 아이가 좋아하는 것을 이용할 때마다, 혹은 아이가 싫어하고 불안해하는 것을 악용할 때마다 무력을 사용하는 셈이다. 우리는 별다른 방법—내부의 동기나 기댈 만한 애착—이 없을 때 지렛대에 의존한다. 이런 방법은 최후의 수단이 되어야 하고, 상투적인 수법으로 삼아서도 안 된다. 불행하게도 아이가 또래지향적으로 돌아서면, 부모인 우리는 필사적으로 지렛대를 찾아 나선다.

보상이나 처벌과 같은 인위적인 방법은 아이가 일시적으로 말을 듣게 할 수는 있지만, 이런 방법으로는 바람직한 행동을 고유한 인격의 일부로 만들 수는 없다. 고맙다거나 미안하다고 말하기, 다른 사람과 나누기, 선물이나 카드 쓰기, 방 청소하기, 숙제하기, 피아노 연습하기 등 모든 행동은 강압적으로 하게 할수록 자발적으로 할 가능성은 줄어든다. 그리고 자발적인 행동이 줄어들면, 부모와 교사들은 또 다른 지렛대를 고안해야 한다. 그리하여 점점 더 많은 지렛대를 필요로 하는 무력과 대항의지의 악순환이 시작된다. 육아를 위한 진정한 힘의 기반은 점차 무너진다.

정신적 폭력이나 인위적 방법에 의한 얄팍한 행동 교정 목적을 대항의지의 힘이 방해한다는 증거는 연구실은 물론 실생활에서도 넘쳐난다. 매직펜을 가지고 노는 것을 좋아하는 유치원 아이들을 대상으로 한 실험이 있다. 연구진은 아이들을 세 그룹으로 나누어, 한 그룹에게는 매직펜을 사용하면 멋진 인증서를 주겠다고 약속했고, 또 한 그룹에게는 약속을 하지는 않았지만 매직펜을 사용하면 같은 인증서를 주었다. 나머지 한 그룹에게는 약속은 물론 어떤 보상도 하지 않았다. 몇 주 후에 시행한 테스트에서는 아무 보상도 받지 않은 그룹을 제외한, 긍정적 강압을 사용한 두 그룹의 아이들이 매직펜을 가지고 노는 경향이 현저히 떨어졌다.주1 무력의 사용은 역효과를 부른다는 사실을 대항의지 본능이 보증하고 있는 것이다. 이와 유사한 실험으로, 심리학자인 에드워드 데시 Edward Deci는 두 그룹의 대학생들이 똑같이 흥미를 느낀 퍼즐 게임을 한 쌍씩 마주보고 앉아 풀게 한 뒤 이들의 행동을 관찰했다. 한 쪽 그룹에는 퍼즐을 풀 때마다 금전적 보상을 했고, 다른 한 쪽 그룹에는 아무런 외적 보상을 하지 않았다. 지불을 중단하자, 보상을 받던 그룹의 학생들은 보상을 받지 않던 상대 그룹보다 게임을 포기하는 경향이 높았다. 데시 박사는 "보상은 행동의 가능성을 높이기도 하지만, 그것은 보상이 계속 주어질 때만 그렇다. 보상을 중단하면 행동도 멈춘다"고 했다.주2

아이와 어른의 애착이 충분히 강하지 않을 때 겪는 무력감 때문에, 우리는 아이가 교활하고 지배적이고 강력하다고까지 생각한

부모의 힘은 어떻게 약해지나

다. 아이의 이런 대항의지를 힘의 행사로 잘못 생각하기 쉽지만, 그 너머의 약화된 애착을 인식해야 한다. 반항은 문제의 본질이 아니다. 근본 원인은 대항의지의 역효과를 부르고 그 자연적 목적을 빼앗는 또래지향성에 있다.

4부에서 설명하겠지만, 아이의 대항의지에 대한 최선의 대응은 부모-자녀 관계를 강화하고 무력에 대한 의존을 줄이는 것이다.

07

10대의 종족화와
문화의 퇴조

요즘 청소년들 사이에서 주고받는 문자 메시지에는 세 가지 특징이 두드러진다. 첫째, 공들여 만든 길고 무의미한 아이디에는 조롱과 불손함이 가득하다. 중요한 것은 내용이 아닌 이미지다. 둘째, 이에 반해 문장은 뜻이 분명치 않은 단음절로 축약한다. 셋째, 공허한 말들 즉 진정한 의사소통이 없는 접촉이라는 점이다. "안녕!"은 일반적인 인사다. "어때?"는 "어떻게 지내?"의 줄임말로 "별일 없어?" "잘 지내?"라는 말 대신 쓰이는데, 둘 다 진정한 의미의 정보를 공유하려는 의도가 없다. 이런 '대화'를 의미 없이 아주 오랫동안 지속한다. 이것은 어른들에게는 낯선 종족의 언어이며, 자아에 대한 가치를 전혀 드러내지 않으면서 접촉하려는 맹목적인 목적을 가지고 있다.

언론인 패트리샤 허쉬Patricia Hersch는 1999년 자신의 책에서 미국의 청소년들에 대해 "오늘의 10대는 별개의 종족이다"라고 썼다. 하나의 종족답게 10대들은 자기들만의 언어와 가치관, 의미, 음악, 복장, 피어싱이나 문신 같은 식별 표시를 가지고 있다. 예전의 부모들도 당시 10대들을 통제 불능으로 여겼겠지만, 요즘 청소년들의 종족적 행동은 전례가 없는 것이다. 예를 들어,《로미오와 줄리엣Romeo and Juliet》의 캐퓰렛가와 몬터규가 젊은이들의 결투와 언쟁은 실제로 종족 간의 전쟁이었다. 그러나 셰익스피어의 젊은 주인공들과 오늘날의 10대들 사이에는 한 가지 중대한 차이가 있다. 즉 셰익스피어의 인물들은 자기 부모의 종족―가족 집단―과 자신을 동일시했고, 혈통에 따라 결투를 벌였다. 이야기의 중심 갈등도 세대 간의 갈등이 아니었다. 즉 젊은 연인들은 자기 부모들을 거부한 게 아니라, 자신들의 사랑을 위해 부모들의 화해를 바랐을 뿐이다. 그들은 자신들의 비밀결혼식을 거행해 준 수도사와 같이 지원하는 어른들의 도움을 받았다. 오늘날의 10대 종족은 어른 사회와 단절되어 있다. 〈로미오와 줄리엣〉의 현대판인 레너드 번스타인Leonard Bernstein의 〈웨스트 사이드 스토리 West Side Story〉에서 반목하는 10대 패거리는 어른 세계와 완전히 동떨어져 있고, 그 세계에 대해 매우 적대적이다.

비록 청소년들의 종족화를 무해한 과정으로 믿으며 스스로 위안하고 있지만, 이는 사회생활에 혼란을 가져 오는 역사상 새로운 현상이다. 자신들의 전통을 아이들에게 전달할 수 없다는 부모들의 좌절감의 바탕에는 이런 종족화 현상이 자리하고 있다.

아이들이 소속된 각 종족 내에서 문화와 가치관은 무지하고 미성숙한 개인에서 개인으로 수평적으로 전달되고 있다. 문화의 퇴조flatlining of culture라고 할 수 있는 이런 과정은, 우리 눈앞에서 문명사회 활동의 기반 중 하나를 침식하고 있다. 세대 간 어느 정도의 긴장은 자연스러운 일이며, 대개는 아이들이 연장자들의 문화와 조화를 이루며 성숙해지도록 함으로써 해소된다. 청소년들은 한 세대에서 다음 세대로 수직적으로 전달되는 보편적 가치 위에서 자유롭게 자기 표현을 할 수 있었다. 이제는 그런 모습을 찾아볼 수 없다.

문화의 전달을 통해 우리는 인간으로서의 존재와 표현 양식을 이어간다. 여기에는 언어와 몸짓으로 자신을 표현하는 방법, 옷과 장식물로 자신을 돋보이게 하는 방법, 무엇을 언제 어떻게 기념할 것인지가 포함된다. 문화는 접촉과 관계, 만날 때와 헤어질 때의 인사, 소속감과 충성심, 사랑이나 친분과 관련된 의식을 특징짓기도 한다. 또한 모든 문화의 중심부에는 음식이 있다―음식을 어떻게 준비하고 먹는지, 음식에 대한 태도는 어떤지, 음식이 어떤 기능을 하는지. 사람들이 만들고 듣는 음악도 모든 문화의 필수 요소다.

육아에는 이런 문화의 전달이 자동적으로 포함된다. 아이가 책임 있는 어른과 적절한 애착을 형성하고 있는 한, 문화는 아이에게로 흘러 들어간다. 즉 애착을 잘 형성한 아이는 어른들의 문화 양식을 흡수하며 자연스럽게 견문을 넓힌다. 미국의 저명한 심리학자인 하워드 가드너Howard Gardner에 따르면, 아이가 태어나서 첫 4년 동안 부모로부터 자연스럽게 흡수하는 양이, 나머지 공교

육 전체를 통틀어 흡수하는 양보다 많다고 한다.[1]

아이가 또래지향적으로 변하면, 이런 문화의 전달망은 마비된다. 다른 아이들이나 또래 집단, 최근의 팝 아이콘이 모방할 새로운 모범이 된다. 외모와 태도, 복장, 품행 모두 그에 따라 바뀐다. 아이의 언어조차 바뀌는데 더 빈약해지고, 자신이 관찰하고 경험한 것에 대한 표현이 불분명해지며, 뜻과 어감에 대한 표현력도 떨어진다.

또래지향적인 아이들은 전통의 문화 대신 또래지향성이 만들어낸 문화에 적을 둔다. 비록 이런 문화는 어른들이 통제하는 대중매체를 통해 방송되지만, 어린이와 청소년들의 기호와 취향을 만족시켜야 한다. 광고주들은 매체를 통해 어린 소비자층을 사로잡으려면 어떻게 또래 모방의 힘을 이용해야 하는지 잘 알고 있다. 또래지향적인 아이들의 기대에 응하는 어른들이 시장을 지배하고 이윤을 얻고 있는데, 이는 문화 전달의 대리인인 이들이 건강한 어른들과의 관계가 단절된 아이들의 천박한 문화적 취향에 영합하는 것이다. 또래 문화는 아이들한테서 생겨나고 아이들이 나이 먹어가면서 발달한다. 그 결과, 청소년기 초기의 아이들이 매체를 통해 유포된, 매우 적대적이고 지나치게 성적인 청년 문화에 노출되고 있다. 오늘의 뮤직 비디오는 '성혁명'의 영향 아래 자란 어른들의 눈에도 충격적이다. 1990년대 말 배꼽을 드러내고 엉덩이를 흔들던 스파이스 걸스 열풍은, 지금 되돌아보면 오늘날 사춘기도 안 된 아이들에게 노출되는 포르노 수준의 외설적인 팝 아이콘에 비하면 향수를 불러일으킬 정도로 순수한 문화 표현이었다.

청년 문화는 1950년대에 두각을 드러내지만, 또래지향성에 의해 창출된 문화가 처음으로 분명하게 극적으로 모습을 드러낸 것은 1960년대와 1970년대의 히피 문화다. 캐나다의 매체이론가인 마셜 맥루한Marshall McLuhan은 이것을 "디지털 시대의 새로운 종족 문화"라고 불렀다. 이런 문화의 형성에는 머리와 복장·음악이 중요한 부분을 차지하지만, 무엇보다 이 문화를 규정하는 것은 이를 초래한 또래 애착에 대한 찬양이다. 친구들이 가족보다 우선하는 것이다. 또래들과의 신체적 접촉과 결합을 추구하고, 세대를 기반으로 한 '우드스탁 네이션Woodstock nation'에서처럼 팝 종족의 형제애가 공표되었다. 또래 집단은 진정한 안식처였다. "서른이 넘은 사람은 누구도 믿지 말라"는 말은, 기성세대에 대한 건전한 비판을 넘어 전통마저 철저하게 거부한 청년들의 입버릇이 되었다.

성숙한 문화의 지혜는 수백 년에 걸쳐, 때로는 수천 년에 걸쳐 축적된다. 건강한 문화에는 우리 자신으로부터 우리를 보호하고 인간의 삶에 중요한 가치를 지키는 의식과 관습, 다양한 방법들이 포함되어 있다. 발달한 문화에는 개인이 성장할 수 있는 미술과 음악이 있어야 하고, 존재의 보다 깊은 의미를 전달하는 상징이 있어야 하며, 위대함을 고취시키는 모범이 있어야 한다. 무엇보다 문화는 그 본질과 자체적인 재생산 능력—아이의 부모에 대한 애착—을 보호해야 한다. 또래지향성이 만들어 낸 문화에는 지혜가 없고, 그 구성원을 자신들로부터 보호하지 못하며, 일시적 유행만 만들어 내고, 가치나 의미가 없는 팝 아이콘을 숭배한다. 이는 풋내기의 미성숙한 자아를 상징할 뿐이며, 부모와 아이 사이의 애착을 파괴한다. 우리는 또래지향적인 신세대의 등장과 문화적 가

부모의 힘은 어떻게 약해지나

치의 하락을 목격할 수 있다. 우드스탁 '종족'은 그래도 평화와 자유, 형제애라는 보편적 가치를 받아들였다. 오늘날의 대중음악 집회에는 기껏해야 스타일과 자아, 열정, 돈이 있을 뿐이다.

또래지향성이 만들어 낸 문화는, 엄밀한 의미에서 불모의 문화다. 즉 다음 세대에 유용한 가치를 전달하지도, 자기 문화를 재생산하지도 못한다. 이것은 지구력이 없는 문화다. 또래 문화는 순간적이고 일시적이고 매일 만들어지는, 말하자면 '오늘의 문화'다. 어찌 보면 또래 문화가 미래 세대에 전달되지 않는다는 것은 다행한 일인데, 그것은 10년 주기로 새로워진다는 점이 이 문화의 유일한 장점이기 때문이다. 또래 문화는 우리나 우리 아이들을 교화하지도, 육성하지도, 잠재력을 끌어내지도 못한다.

현재의 유행에만 관심이 있는 또래 문화는 전통이나 역사에 대한 의식이 결여되어 있다. 또래지향성이 확산되면 젊은이들의 역사 인식도 줄어든다. 그들에게 현재와 미래는 과거와 무관한 진공 상태에 존재한다. 정치적·사회적 의사 결정도 그런 무지에서 나올 수 있다. 지금의 남아프리카공화국이 한 예로, 인종차별정책이 종식되면서 정치적 자유뿐만 아니라 급속하고 맹렬한 서구화와 함께 또래 문화가 등장했다. 세대 간의 긴장은 이미 팽팽한 상태다. 남아프리카공화국의 한 10대는 캐나다 신문기자와의 인터뷰에서 "부모님들은 우리에게 과거에 대해 가르치려고 하지요. 우리는 강제로 인종분리정책이나 정치에 대해 들어야 해요…"라고 말했다. 한편 이 기자에 따르면, 서른여섯 살의 역사가이자 반인종분리주의자인 스티브 모쿠나Steve Mokwena는 이런 10대들에 대해 "자신과 함께 일하는 젊은이들과는 다른 세계의" 존재들이라

말하고 있다. 모쿠나는 또 "그들에게 쓰레기 같은 미국 대중문화를 억지로 주입하고 있어요. 정말 걱정스러운 일이에요"라고 말했다. 그는 백발의 원로가 아닌, 30대 중반이다.[주2]

또래지향성을 통해 문화의 진정한 세계화, 즉 세계를 '우리와 그들'로 나누지 않는 보편적 문명화를 이룰 수 있지 않느냐고 주장할 수도 있다. 이것이 우리를 갈라놓은 문화를 초월하고, 전 세계적으로 통합과 평화의 문화를 확립하는 길, 미래를 향한 길이 될 수 있을까? 우리 두 사람은 아니라고 생각한다.

피상적인 유사성에도 불구하고, 또래지향성의 역학은 건강한 보편성보다는 분열을 조장할 가능성이 더 크다. 아이들 사이에서 가장 또래지향적인 형태인, 비행청소년 집단의 극단적인 종족화를 들여다보기만 해도 알 수 있다. 누군가와의 동질성을 추구하는 순간, 다른 사람들과는 달라지려는 욕구가 생긴다. 선택된 집단 안의 유사성이 강화됨에 따라, 집단 밖의 사람들과의 차이점에 대한 적대감도 강해진다. 종족들은 태초부터 이런 식으로 형성되어 왔다. 결정적인 차이는 전통적 종족 문화는 다음 세대로 전달되지만, 오늘날의 또래 종족 문화는 세대 간의 장벽에 의해 규정되고 제한된다는 점이다.

특히 학교에서는 정신적 지주인 어른들과의 관계가 끊긴 미성숙한 아이들이 서로 어울리며 학년과 성별, 인종이라는 좀더 분명한 구분선을 따라 자연적으로 집단을 형성하게 된다. 이런 큰 집단 안에서 특정 하위 문화도 형성된다. 그리고 이런 하위 문화의 대부분은 대중매체에 의해 강화되고 구체화되며, 컬트 복장과 상징 · 영화 · 음악 · 언어에 의해 지탱된다.

그 결과가 패트리샤 허쉬가 지적한 종족화 현상이다. 가족과 멀어지고, 교사들과 관계를 맺지 못하며, 서로 독립적인 존재로 관계를 맺기에는 아직 충분히 성숙하지 못한 아이들은, 자동적으로 애착에 대한 본능적 충동을 채우기 위해 집단을 재편성한다. 그 집단의 문화는 창안된 것도, 일반적인 또래 문화에서 빌려온 것도 아니다. 아이들은 자신이 어떤 종족에 속해 있고, 규칙은 무엇이며, 누구와 이야기를 할 수 있고, 누구와 거리를 두어야 하는지 알기까지 오랜 시간이 걸리지 않는다. 우리가 부모로서, 또 교육자로서 아이들에게 사회적 관용과 용인, 예절을 가르치기 위해 노력한 시간을 그들과의 관계를 공고히 하는 데 투자했더라면 훨씬 나았을 것이다. 전통적인 애착의 위계 안에서 자란 아이들은 종족화의 영향을 거의 받지 않는다. 우리가 주입시키고 싶어하는 사회적 가치는 살아 있는 애착망을 통해서만 전달될 수 있다.

또래지향성이 만들어 낸 문화는 다른 문화와 잘 섞이지도 않는다. 그것은 문화라기보다는 사이비 종교와 같다. 그것을 받아들인 미성숙한 아이들은 다른 문화권의 사람들과 단절된다. 수직으로 전달되는 문화권의 사람들은 서로를 존중하며 관계를 유지한다. 이들은 고유의 문화적 표현 아래에서 인간 가치의 보편성을 인정하고 풍부한 다양성을 소중히 여긴다. 그러나 또래지향적인 아이들은 배타적으로 자기들끼리만 어울리고 싶어한다. 그들은 자신들을 탐탁지 않아 하는 사람들과 담을 쌓는다. 또래지향적인 아이들이 청소년기에 접어들면, 많은 부모가 그들만의 음악과 복장·언어·의식·신체 장식 때문에 자기 아이에게조차 낯선 감정을 느끼곤 한다. 2003년 캐나다의 한 언론인은 이렇게 지적했다. "한

때는 충격적이었던 문신과 피어싱이 이제는 단순히 한 문화 안에서 세대를 구분하는 표지가 되었다. 이제는 수용할 수 있는 행동과 그럴 수 없는 행동 사이의 경계선을 끊임없이 다시 그어야 한다."주3

많은 아이가 인류의 영원한 문화유산의 기반인 보편적 문화를 잃어버린 채 자라고 있다. 즉《바가바드기타The Bhagavad Gita》, 루미와 단테와 셰익스피어와 세르반테스와 포크너의 작품들, 현존 작가들의 독창적인 작품들, 베토벤과 말러의 음악, 그리고 위대한 성서의 번역물들이 그것이다. 아이들은 최근 유행하는 것만 알고, 또래들과 공유할 수 있는 것만 인정한다.

상호 존중과 호기심, 공통된 인간의 가치를 보편적으로 받아들이는 데에는 또래지향성에 의해 세계화된 문화가 아닌 심리적인 성숙이 필요하며, 이런 성숙은 오직 건강한 발달을 통해서만 가능하다. 그리고 아이들이 이렇게 성장하도록 도울 수 있는 것은 어른들뿐이다. 아이들은 성인 멘토들―부모와 교사, 연장자, 미술적 · 음악적 · 지적 창조자들―과의 건강한 관계 안에서만 자신의 타고난 권리인, 인류의 보편적이고 유구한 문화유산을 이어받을 수 있다. 그런 관계 안에서만 아이들은 자신만의 자유롭고 개성적이고 참신한 문화 표현 능력을 온전히 개발할 수 있다.

Part 3

또래들은 어떻게
아이의 성장을
가로막나

본질적으로 불안정한 또래 관계는 아이의 성장을 저해한다. 한 가지 예외적인 경우는
어른들과의 애착이 안정적인 아이들 사이의 우정이다. 어른들과의 관계가 안정적인 아이는
또래들과의 우정에서 여분의 만족감을 얻는다.

08
감정으로부터의
위험한 도피

얼마 전 점심시간에 아들이 다니는 고등학교 복도를 걷다가, 어느 순간 예전에 일했던 소년원에 와 있는 것 같은 느낌이 강하게 들었다. 그 10대 무리에서 목격한 아이들의 태도와 몸짓, 언어, 말투에는 섬뜩한 초연함invulnerability이 있었다. 그 아이들은 상처를 모를 것 같았다. 그들의 태도는 자신감에 차 있었고, 단단해 보이지만 동시에 얄팍해 보이기도 하는 허세까지 있었다.

또래 문화에서 최고의 가치는 '쿨함cool' 즉 감정을 완벽히 차단하는 것이다. 또래 집단에서 가장 인정받는 존재는 당황스러울만큼 침착한 태도로 상대를 대하고, 두려움을 거의 혹은 전혀 드러내지 않으며, 수치심을 느끼지 않는 것 같고, 습관처럼 "별거 아냐," "상관없어," "얼마든지" 같은 말을 내뱉는 아이다.

현실은 전혀 다르다. 인간은 모든 생명체 가운데 가장 상처 입기 쉬운 존재다. 우리는 신체적으로 상처 입기 쉬울 뿐만 아니라, 심리적으로도 그렇다. 그러면 이 모순을 어떻게 설명할 수 있을까? 그렇게 상처 입기 쉬운 아이들이 어떻게 그렇게 정반대로 보일 수 있을까? 그들의 강인함, 그들의 '쿨한' 태도와 행동은 진짜일까? 안전한 곳에서는 벗어 버리는 가면일까, 아니면 또래지향성의 진짜 얼굴일까?

처음 그런 아이들의 모습을 접했을 때, 나는 그것이 연기라고 생각했다. 나는 그 아이들이 기회만 주어지면 갑옷을 벗어던지고 한층 부드럽고 진실한 인간적 측면을 드러낼 거라고 생각했다. 때때로 이런 기대는 옳았던 것으로 증명되었지만, 그보다 청소년들의 초연함은 단순한 연기나 가식이 아닐 수도 있다는 점을 알게 되었다. 그 아이들 중 상당수가 상처도, 고통도 느끼지 않았다. 그들이 상처를 입지 않는다는 게 아니라, 의식적으로 느끼는 감정에 관한 한 그들에게는 벗어 버릴 가면이 없었다.

슬픔과 두려움, 상실, 거부 같은 감정을 느낄 수 있는 아이들은 또래들의 조롱과 공격을 피하기 위해 그런 감정을 자주 숨길 것이다. 초연함은 아이들이 패거리와 어울리기 위한 위장술로, 자신의 진짜 모습을 드러내도 안전한 사람들과 있을 때는 바로 벗어 던질 것이다. 그럼에도 그런 초연한 태도로 인해 학습과 발달에 지장이 생기는 것이 염려스럽기는 하지만, 내가 정말 걱정하는 것은 그런 아이들이 아니다.

정작 심리적으로 가장 큰 상처를 입을 수 있는 아이들은 학교에서뿐만 아니라 늘상 거칠고 초연함을 잃지 않으려는 아이들이다. 이런 아이들은 필요에 따라 갑옷을 입었다 벗었다 하지 못한다. 방어는 그 아이들이 취하는 게 아니라, 그 아이들 자체다. 이런 경직된 정서는 비행청소년이나 길거리 아이들한테서 가장 뚜렷하게 나타나지만, 전형적인 현대 가정에 존재하는 다양한 또래지향성의 주요 원동력이기도 하다.

또래지향적인 아이는 더 상처 입기 쉽다

아이가 자신의 취약성을 깨닫지 못하는 유일한 이유는, 자신이 감당하기에 너무 벅차고 상처가 너무 고통스럽기 때문이다. 바꾸어 말하면, 과거에 심한 정서적 상처를 입었던 아이들은 앞으로 겪을 수 있는 같은 경험에 무뎌지는 경향이 있다.

심리적 상처와 '취약성으로부터의 도피'의 관계는, 심각한 정서적 고통을 겪은 아이들한테서 분명하게 드러난다. 고아원이나 위탁가정을 전전하며 자란 아이들, 심각한 상실이나 학대와 방임을 경험한 아이들은 극도로 방어적이고 정서적으로 경직될 가능성이 크다. 그 아이들이 감당한 정신적 외상을 고려하면, 왜 그토록 무의식적인 방어 기제가 발달했는지 쉽게 이해할 수 있다.

놀라운 점은, 그와 유사한 정신적 외상이 없어도, 얼마간 또래지향적인 아이들은 같은 수준의 방어 기제를 사용할 수 있다는 사실이다. 또래지향적인 아이들은 정신적 외상을 입은 아이들만큼이나 취약성에 대한 방어가 필요한 것으로 보인다. 왜 그래야 하는 것일까?

나약하고 정서적으로 경직된 또래지향적인 아이들이 늘어나는 이유에 대해 살펴보기 전에 '취약성에 대한 방어defended against vulnerability'와 거의 동일한 '취약성으로부터의 도피flight from vulnerability'라는 말의 의미를 명확히 할 필요가 있다. 이것은 취약성을 드러내지 않으려는 뇌의 본능적인 방어적 대응을 뜻한다. 이런 무의식적인 방어적 대응은 실제 취약성이 아닌, 취약성에 대한 의식에 대해 일어난다. 인간의 뇌는 아이가 상처 입는 것을 막을 수는 없으며, 상처 입는다는 느낌으로부터 보호할 수 있을 뿐이다. '취약성에 대한 방어'와 '취약성으로부터의 도피'라는 말은 이런 의미를 담고 있다. 즉 상처 입기 쉽다는 느낌이 들게 하는 사고와 감정을 차단하는 감각과, 정서적 상처를 느끼는 인간의 감수성에 대한 의식이 축소된 상태를 뜻한다. 누구나 때때로 그런 정서적 차단이 일어날 수 있지만, 그것이 일시적이 아닌 지속적인 상태가 되면 아이는 취약성에 저항해 자신을 방어하게 된다.

또래지향적인 아이들이 어른지향적인 아이들보다 정서적 상처에 더 민감한 데에는 다음의 네 가지 이유가 있다.

또래지향적인 아이는 스트레스에 대한 자연의 방패를 잃는다

•

, 또래지향적인 아이들이 정서적으로 경직되는 첫 번째 이유는, 힘과 자신감의 원천을 잃어버린 동시에 견디기 힘든 상처와

또래들은 어떻게 아이의 성장을 가로막나

고통에 대한 자연의 방패를 잃어버렸기 때문이다.

　도처에서 발생하는 비극과 정신적 외상을 차치하고라도, 아이의 세계는 상처가 될 수 있는 격렬한 상호작용과 사건들이 벌어지는 곳이다. 무시당하고, 홀대당하고, 거부당하고, 기대에 부응하지 못하고, 우선순위에서 밀려나고, 존중받지 못하고, 창피당하고, 조롱당한다. 이런 모든 스트레스의 맹공으로부터 아이를 보호하는 것은 부모와 형성한 애착이다. 놀림을 당할 때는 상처를 입고 눈물을 흘릴 수 있지만, 부모가 아이의 나침반이 되어 주는 한 그 영향은 오래 가지 않는다. 비극이나 정신적 외상을 겪을 때, 아이는 부모를 보며 걱정해야 할지 말지를 결정한다. 부모와의 애착이 안전하게 형성되어 있는 한, 설령 하늘이 무너지고 땅이 꺼진다 해도 아이들은 위험할 정도로 취약하다는 느낌으로부터 보호받을 수 있다. 인종차별과 집단학살이라는 참사로부터 아들을 지키려는 유대인 아버지의 부정을 그린 로베르토 베니니Roberto Benigni의 영화 〈인생은 아름다워Life is Beautiful〉는 이 사실을 감동적으로 묘사하고 있다.

　브레이든의 아버지는, 아들이 다섯 살 때 아이를 안전하게 지켜 주는 애착의 힘을 어떻게 실감했는지에 대해 들려주었다. "브레이든은 지역 리그의 축구선수로 뛰고 싶어했어요. 연습 첫날, 나이 많은 몇몇 아이가 아들을 괴롭혔죠. 아이들이 아들을 비웃고 놀리는 소리를 들은 저는, 그 녀석들이 그러지 못하게 막 훈계를 하려고 하는데, 브레이든이 몸을 쭉 뻗고 가슴을 한껏 내밀며 아이들에게 맞서는 거예요. 브레이든은 '난 멍청한 꼬맹이가 아니야, 우리 아빠는 내가 축구선수랬어'라고 말했어요. 그것으로 충분했죠." 아버지가 자신을 어떻게 바라보는지에 대한 브레이든의 생각이, 아버지가 직접 개입하는 것보다 더 효과적으로 아이를 보호한 것이다. 아이에 대한 아버지의 인식이 우위에 있었기에, 브레이든은 또래들의 조롱을 비켜갈 수 있었다. 반면 자기 평가에 대해 이미 어른들에게 의존하지 않는 또래지향적인 아이는 그런 방어를 하지 못한다.

물론, 이런 역학에는 이면이 있다. 아버지에 대한 애착으로 인해 다른 사람들의 유해한 영향으로부터 보호를 받는 만큼, 아이는 아버지의 말과 태도에 민감해진다. 만약 부모가 브레이든을 저평가하거나 창피를 주거나 멸시한다면, 아이는 망가지게 될 것이다. 부모에 대한 애착으로 인해 아이는 다른 사람들과의 관계에서는 상처를 잘 입지 않지만, 부모와의 관계에서는 쉽게 상처를 입는다. 애착에는 안과 밖이 있다. 상처 입기 쉬운 취약성이 안이고, 무엇에도 끄떡 않는 초연함이 밖이다. 애착은 방패인 동시에 검이다. 애착은 세계를 나에게 상처를 줄 수 있는 사람과 그렇지 않은 사람으로 나눈다. 애착과 취약성—인간 존재에 대한 두 개의 위대한 테마—은 밀접한 관계가 있다.

부모로서 우리가 분명 해야 할 일은, 신체적으로 상처를 입지 않도록 아이를 보호하는 것이다. 비록 눈에 보이는 멍은 없지만, 그보다는 심리적으로 상처 입을 가능성이 훨씬 더 크다. 비교적 성숙한 존재인 어른들조차 부서진 애착으로 인한 마음의 고통 때문에 정상궤도에서 벗어날 수 있다. 어른들도 이렇게 상처 입을 수 있다면, 훨씬 더 의존적이고 훨씬 더 애착이 필요한 아이들은 더더욱 그럴 것이다.

또래지향적인 아이는 아이들의 무신경한 상호작용에 민감해진다

。

' 어른지향적인 아이들이 부모와 교사들과의 관계에서 더 상처 입기 쉬운 것처럼, 또래지향적인 아이들은 또래들과의 관계에서 더 상처 입기가 쉽다. 부모와의 애착이라는 방패를 잃어버린 또래지향적인 아이들은 다른 아이들의 행동과 소통에 상당히 민감해진다. 문제는 아이들의 상호작용은 결코 세심하다거나, 사려 깊다거나, 예절바르지 않다는 사실이다. 우리가 만약 아이들이 매일같이 견뎌야 하는 사회적 상호작용—소소한 배신, 따돌림, 멸시, 불신—을 친구들 사이에서 겪어야 한다면 어떻게 행동할지 상상해보라. 취약성에 직면한 또래지향적인 아이들이 방어막을 치는 것도 당연한 일이다.

또래들의 따돌림이 아이들에게 미치는 영향에 관한, 한 연구보고서는 부정적인 결과를 내놓으며 '충격적인, 치명적인, 황폐화되는, 굴욕적인'과 같은 단어들을 채용하고 있다.[주1] 이 연구보고서는 아이들 사이에 자살이 늘어나고 있고, 그 원인이 또래들의 따돌림에 있음을 지적하고 있다. 내가 심리학 실습 때 처음 만난 환자는, 초등학교 때 또래들로부터 괴롭힘을 당한 성인 피해자였다. 그는 정상적인 생활이 어려울 정도로 심각한 강박충동과 강박관념에 시달렸다. 예를 들면 그는 숫자 57과 관련된 것은 모두 참지 못했는데, 1957년이 또래들한테 괴롭힘을 당한 최악의 해였기 때문이다. 또래들의 학대와 따돌림은 그와 같은 수많은 아동기 희생양들의 삶을 불구로 만들었다.

일부 전문가는 아이의 정서적 건강과 안녕을 위해 또래들의 인정이 절대적으로 필요하다고 말한다. 또한 많은 부모가 자기 아이가 친구들을 사귀지 못하거나 또래들에게 존중받지 못할까 봐 불안해하고 있다. 이런 식의 생각은 두 가지 근본적인 질문을 고려하지 못한 것이다. 즉 애초에 아이를 취약하게 만든 것이 무엇일까? 그리고 왜 그런 취약성이 증가하는 것일까?

아이들이 다른 아이들을 냉대하고, 무시하고, 따돌리고, 창피를 주고, 비웃고, 조롱하는 것은 엄연한 사실이다. 아이들은 책임 있는 어른들이 충분히 감독하지 않을 때는 늘 이런 일들을 자행해왔다. 그러나 취약성을 만들어 내는 것은 또래들의 무신경한 행동이나 말이 아니라 애착이다. 또래들의 거부나 수용에 초점을 맞춘 현재의 연구들은 애착의 역할을 완전히 간과하고 있다. 아이가 주로 부모와 애착을 형성하고 있는 경우, 정서적 건강과 안녕에 필수적인 것은 부모의 인정이며, 그렇지 않으면 자존감에 치명적인 타격을 입게 된다. 아이들의 잔인함은 변함이 없지만, 연구 결과에서도 알 수 있듯이 아이들의 상처는 점점 커지고 있다. 요즈음 많은 아이가 또래들의 무자비함에 상처를 입고 있다면, 그것은 과거보다 현재의 아이들이 더 잔인해졌기 때문이 아니라, 또래지향성으로 인해 아이들이 서로의 조롱과 감정적인 공격에 더 취약해졌기 때문이다. 부모와 책임 있는 다른 어른들에 대한 아이들의 애착을 지키지 못함으로써, 아이들이 방패를 놓치게 만들었을 뿐만 아니라 또래들의 손에 칼자루를 쥐어 주게 되었다. 또래들이 부모의 자리를 대신하면, 아이들은 다른 사람들의 무분별한 태도에 대항해 자신을 보호해 줄 방패를 잃어버리게 된다. 그런 상황에서 아이의 취약성은 쉽게 압도당할 수 있다. 그로 인한 고통은 대부분의 아이가 감당하기 힘든 것이다.

연구들을 통해서도 아이를 위한 최상의 보호는, 심지어 청소년기에도, 어른과의 강한 애착이라는 사실이 증명되었다. 이 중 가장 인상적인 것은 미국을 대표하는 80개 지역에서 9만 명의 청소년들을 대상으로 진행된 연구다. 가장 중요한 발견은 부모와 강한 정서적 유대를 가진 10대들은 약물이나 알코올 문제에 노출되거나, 자살을 시도하거나, 폭력적인 행동을 하거나, 성에 일찍 눈뜨게 될 가능성이 훨씬 적다는 것이다.[주2] 미국의 저명한 심리학자인 줄리어스 시걸Julius Segal도 같은 결론을 내렸다. 그는 전 세계에서 이루어진 연구들을 집약하면서, 아이들을 스트레스로부터 지켜 주는 가장 중요한 요인은 '카리스마 있는 어른—아이가 자신과 동일시하고 그로부터 힘을 얻는 사람—의 존재'라고 결론내렸다.[주3] 시걸 박사는 또 "부모와 아이 사이에 끊을 수 없는 애착의 고리가 존재하지 않는다면, 그 어떤 것도 효과가 없을 것이다"고 말했다.

부모나 교사나 다른 어른들이 아닌 또래들이 주요 애착 대상이 되어서는 안 된다. 아이들 사이의 잔인함이 갈수록 심해지자, 북미의 학교들은 서둘러 아이들에게 사회적 책임감을 심어 주는 프로그램을 만들었다. 나의 관점에서는, 이런 식으로 또래 간의 배척과 따돌림과 모욕적인 소통을 근절할 수 있다고 믿는 것은 너무나 비현실적인 생각이다. 그보다는 아이를 자신과 다른 아이들로부터 보호하는 어른들의 힘을 회복함으로써, 그런 미성숙한 표출로 인해 겪는 고통을 덜도록 노력해야 한다.

취약성은 또래들의 조롱과 공격의 빌미가 된다

●

, 또래지향적인 아이들이 받는 세 번째 타격은, 아이가 어떤 취약성의 징후를 드러내면 이미 취약성에 종지부를 찍은 아이들의 공격을 받게 된다는 것이다. 과거 내가 청소년 범죄자들을 상담하면서 주요 목표로 삼았던 것 중 하나는, 이들이 자신의 상처를 느낄 수 있도록 취약성에 대한 방어막을 조금씩 거둬내는 것이었다. 상담이 성공적으로 진행되어 이들이 방어막 너머의 고통을 바라볼 수 있게 되면, 이들의 얼굴과 목소리는 부드러워지고 눈은 촉촉해졌다. 그 순간 이들이 보이는 눈물은 대부분 몇 년 만에 처음 흘리는 것이었다. 유달리 우는 일에 익숙하지 않은 아이들에게 눈물은 얼굴과 눈에 두드러진 흔적을 남긴다. 상담 초기, 나는 너무도 순진하게 상담이 끝나면 아이들을 그대로 수용실로 돌려보냈다. 그 아이들에게 무슨 일이 일어났는지는 쉽게 짐작할 수 있다. 아이들의 얼굴에 남아 있던 취약성의 흔적은 다른 수감자들의 주목을 끌었다. 자신의 취약성을 차단한 그들은 공격의 충동을 느꼈다. 그들은 마치 적을 대하듯 취약성을 공격해 댔다. 나는 곧 내 환자가 자신의 취약성을 들키지 않도록 도와주는 방법을 배웠다. 다행히 내 사무실 옆에는 화장실이 있었다. 아이들은 때때로 폭발한 감정의 흔적을 지우기 위해 한 시간이나 차가운 물을 얼굴에 들이부어야 했다. 방어막이 조금 약화되기는 했지만, 더 큰 상처를 입지 않기 위해 아이들은 여전히 초연함의 가면을 쓰고 있어야 했다.

이와 같은 역학이 또래지향적인 아이들의 세계에서도 발생한

또래들은 어떻게 아이의 성장을 가로막나

다. 취약성은 대개 주먹이 아니라 창피를 당함으로써 공격받는다. 많은 아이가 불안과 두려움, 열망, 궁핍함, 호기심은 물론 나약함과 민감함, 허약함의 징후를 가리는 법을 재빨리 배운다. 아이들은 자신이 상처받는다는 사실을 드러내서는 안 되는 것이다.

칼 융Carl Jung은, 우리는 자기 내면에서 가장 불편해하는 부분을 다른 사람에게서 발견할 때 이를 공격하는 경향이 있다고 설명했다. 취약성이 적이 될 때, 그것이 어디에 존재하든, 심지어 절친한 친구라도 공격하게 된다. '겁쟁이' 혹은 '애송이'와 같은 비아냥은 경보 신호다. 눈물을 보이면 조롱의 대상이 된다. 호기심을 나타내면 의아한 시선으로 쳐다보거나 샌님 같다고 비웃는다. 부드러운 감수성을 드러내면 두고두고 놀림을 당한다. 자신의 취약성에 대해 불편해하는 누군가에게 상처의 원인이나 무언가를 진심으로 아낀다는 사실을 드러내는 것은 위험한 일이다. 둔감한 무리 안에서 감정을 솔직하게 드러내다 보면 표적이 될 가능성이 높다.

또래 관계는 본질적으로 불안정하다

또래지향적인 아이들이 정서적 상처에 더는 민감해지지 않게 하는 네 번째이자 보다 근본적인 원인이 남았다.

또래지향성에 의해 생겨난 취약성은 또래지향적인 관계의 매우 불안정한 특성에 내재되어 있다. 취약성은 일어나고 있는 일뿐만 아니라 일어날 수 있는 일—본질적으로 불안정한 애착—과도 관련이 있다. 우리는 가지고 있는 것을 잃을 수 있고, 우리가 가진 것의 가치가 클수록 잠재적인 상실의 가능성도 커진다. 우리는 친밀한 관계를 맺을 수 있지만, 그 관계가 보장되는 것은 아니다. 내일도 여전히 상대가 나를 원하고 사랑할지는 아무도 모른다.

상실의 가능성은 어떤 관계에서나 존재함에도 불구하고, 부모들은 아이들이 태생적으로 서로에게 줄 수 없는 것을 자녀에게 주려고 애쓴다. 바꾸어 말하면, 우리는 정확히 또래 애착에서 결핍된 것, 즉 무조건적인 수용을 아이들에게 제공한다.

또래 관계에는 상실의 두려움으로 인한 취약성이 내재되어 있다. 또래 관계에는 기댈 수 있는 성숙함도, 의지할 수 있는 헌신도, 상대에 대한 책임감도 없다. 아이는 불안정한 애착의 냉혹한 현실 속에 남겨진다. 즉 또래 친구들을 사귀지 못하면 어쩌지? 친구들과 사이가 나빠지면 어쩌지? 친구들이 하는 일을 따라하고 싶지 않거나, 엄마가 허락하지 않거나, 내 친구가 나보다 다른 아이를 더 좋아하게 되면 어쩌지? 이런 것들은 또래지향적인 아이들이 늘 안고 있는 불안감이다. 또래지향적인 아이들은 누가 누구를 좋아하는지, 누구를 더 좋아하는지, 누구와 함께 있고 싶어하는지에 병적으로 집착한다. 그러나 아이가 아무리 노력해도, 또래들이 부모를 대신하는 한, 불안감은 감당하기 힘든 지경까지 증폭될 수 있다. 대개 무너지기 시작하면 방어적 차단이 일어나고, 아이들은 더는 취약해 보이지 않게 된다. 아이들은 실제로 친구를 잃기도 전에, 상실의 고통으로부터 자신을 방어해야 하기 때문에 정서적으로 얼어붙어 버린다. 10대 후반 아이들의 성적 '사랑' 관계에서도 이와 유사한 역학이 강력하게 작용한다(12장을 참고하라).

존 보울비John Bowlby는 애착에 관한 3부작 중 두 번째 책인

《분리Separation》에서, 열 명의 아이들이 12일에서 21주까지 엄마와 떨어져 보육원에서 지내다가 다시 만났을 때의 반응을 관찰한 내용을 묘사해 놓았다. 이때의 분리는 가족의 돌발 사태와 다른 보호자의 부재로 발생한 것이었지, 어떤 경우도 부모가 자녀를 버리려는 의도에서 일어난 것은 아니었다.

엄마가 떠난 뒤 처음 며칠 동안 아이들은 불안해하며 사라진 부모를 찾아 사방을 헤매고 다녔다. 다음에 아이들은 명백한 체념, 심지어 우울한 단계를 지나 정상적인 상태로 되돌아온 듯했다. 아이들은 놀기 시작했고, 보육자에게 반응을 보였으며, 음식과 다른 보살핌을 받아들였다. 상실에 따른 정신적 외상에 대한 진정한 정서적 비용은 엄마가 돌아왔을 때 나타났다. 며칠 혹은 몇 주 후 처음으로 엄마를 만난 날 열 명의 아이들 모두 엄마를 멀리했다. 두 아이는 엄마를 못 알아보는 듯했고, 나머지 여덟 아이는 엄마를 외면하거나 피했다. 아이들은 대부분 눈물을 글썽이거나 울음을 터뜨렸다. 일부는 눈물과 무표정한 얼굴을 번갈아 보이기도 했다. 이렇게 퇴보하는 역학을 존 보울비는 '탈애착detachment'이라고 불렀다. 이런 탈애착은 방어가 목적이다. 이것은 한 가지를 의미한다. 즉 '당신의 부재가 내게는 너무 큰 상처였기 때문에, 그런 고통을 또다시 겪지 않기 위해 나를 단단한 감정의 껍질로 무장할 것이다. 나는 절대 그런 상처를 또다시 겪고 싶지 않다'는 것이다.

보울비는 또한 부모가 곁에 있어도 스트레스나 불안, 우울, 혹은 다른 일에 몰두하느라 정서적으로는 부재중일 수 있다는 사실도 지적했다. 아이에게 정말 중요한 것은, 단순한 부모의 물리적 존재가 아니라 정서적 접근성이기 때문이다. 부모와의 관계가 많이 불안정했던 아이는, 자신의 주된 존재 방식으로 방어적 탈애착의 초연함을 채택한다. 부모가 아이와 살아 있는 애착을 형성할 때, 그들의 사랑과 책임감은 아이로 하여금 그런 절망적인 수단을 채택하지 않도록 지켜 준다. 또래들에게는 그런 의식도, 양심의 가책도, 책임감도 없다. 또래들 사이에서는 언제든 버리겠다는 위협이 늘 존재하고, 아이들은 자동적으로 초연한 태도로 대응한다.

공동집필자인 가보는 의사가 되기 전 고등학교 교사로 일했다. 그는 1학년 수업 시간에 존 스타인벡John Steinbeck의 《생쥐와 인간Mice and Men》을 강독한 적이 있는데, 학생들이 소설의 두 주인공인 가난에 찌든 노동자들에 대해 전혀 공감하지 못했다고 했다. 대부분의 학생이 "그들은 너무 멍청해요. 그렇게 사는 게 당연해요"라고 말했다. 이 10대들은 비극에 대해 거의 이해하지 못했고, 고통을 감내하는 인간의 존엄성에 대한 존경심도 없었다.

아이들이 인간의 고통과 폭력, 심지어 죽음에까지도 무뎌지는 이유를 텔레비전이나 영화, 랩음악 탓으로 돌리기 쉽다. 그러나 또래지향적인 아이들의 초연함은 내부에서 촉발된다. 영화나 텔레비전 프로그램이 없어도, 그것은 또래지향적인 청소년의 행동 양식으로 자연스럽게 튀어나올 것이다.

또래지향적인 아이들은 인간으로서 느끼는 외로움과 괴로움, 고통을 피하기 위해서라면 무엇이든 할 것이다. 또래지향성은 취약성을 낮추어 주는 거라면 무엇이든 갈구하게 만든다. 우리가 또래지향성에 맞서서 그 방향을 되돌려놓지 않는 한, 우리는 아이들의 그와 같은 욕구를 창출해 내는 셈이다. 아이들의 정서적 안정은 우리만이 줄 수 있다. 그러면 아이들은 자신의 감정으로부터 쫓기듯 도망가지도, 약물 같은 것의 마취 효과에 의존하지도 않을 것이다. 흥분되고 생기 넘치는 감정에 대한 욕구가 자신의 내부에서부터, 우주와 접촉하는 그들의 타고난 무한한 능력으로부터 솟구칠 수 있고 솟구쳐야 한다.

이는 애착의 본질적인 위계적 특성을 돌아보게 한다. 아이들에게 필요한 것은 친구들이 아니라, 그들을 붙잡을 책임이 있는 부모와 조부모, 어른들이다. 돌보는 어른들과 애착을 잘 형성한 아이일수록, 취약성에 휘둘리지 않고 또래들과 제대로 소통할 수 있다. 또래들이 덜 중요할수록, 또래 관계의 취약성을 견디기가 쉬워진다. 친구들을 필요로 하지 않는 아이들이야말로, 감수성을 잃지 않고도 친구들을 더 잘 사귈 수 있다.

그런데 우리는 왜 아이들이 취약성을 드러내기를 바랄까? 자신을 보호하기 위해 초연하게 정서를 얼려 버리는 것이 잘못된 일일까? 우리는 본능적으로 느끼지 않는 것보다 느끼는 것이 낫다는 사실을 알고 있다. 정서는 사치가 아니라 우리의 본질이다. 정서는 단지 감정의 즐거움을 위한 것이 아니라, 중대한 생존 가치를 지니고 있다. 정서는 우리를 인도하고, 세상을 해석해 주며, 없어서는 안 될 중요한 정보를 제공한다. 정서는 무엇이 위험하고 무엇이 상서로운지, 무엇이 우리의 존재를 위협하고 무엇이 우리의 성장을 돕는지를 알려 준다. 만약 우리가 볼 수 없거나, 들을 수 없거나, 맛을 느끼지 못하거나, 신체적 고통을 느낄 수 없다면 얼마나 무력해질지 상상해 보라. 정서를 차단하는 것은 우리의 감각 기관에서 없어서는 안 될 부분, 더 나아가 우리의 존재에서 없어서는 안 될 부분을 잃는 것이다. 정서는 삶을 가치 있고, 흥미진진하고, 매력적이고, 의미 있는 것으로 만들어 준다. 정서는 세계를 탐구하게 하고, 발견의 동기를 부여하며, 성장을 촉진한다. 세포층까지 내려가도 인간은 방어하든가 성장하든가 둘 중 하나이지, 동시에 두 가지를 다 취하지는 못한다. 아이들이 초연해지면 인생을 무한한 가능성으로, 자신을 한없는 잠재력으로, 또 세상을 자기표현을 반기고 성장시키는 무대로 바라보지 못하게 된다. 또래지향성에 의해 강요된 초연함이 아이들을 자신의 한계와 두려움에 빠지게 하는 것이다. 오늘날 상당수의 아이가 우울증과 불안증, 다른 장애들로 인해 치료를 받고 있는 것은 당연한 일이다.

어른들만이 줄 수 있는 사랑과 관심·안전은 아이들을 초연함의 욕구에서 벗어나게 하고, 위험한 활동이나 극한의 스포츠, 약물로는 생길 수 없는 삶과 모험의 잠재력을 회복시켜 준다. 그런 안전이 없다면 아이들은 정신적으로 성숙하고, 의미 있는 관계를 맺으며, 자기표현을 위해 가장 강력한 욕구를 추구하는 능력을 잃을 수밖에 없다. 결국, 취약성으로부터의 도피는 자아로부터의 도피다. 우리가 아이의 손을 놓아 버린다면, 궁극적으로 아이는 자신의 진정한 자아를 지킬 수 있는 능력을 잃어버리는 대가를 치러야 한다.

또래들은 어떻게 아이의 성장을 가로막나

09

미성숙의 늪에
빠진 아이들

"완전히 질려 버렸어요." 사라의 엄마는 딸의 알 수 없는 행동에 화가 나 있었다. "그 애한테는 어떤 방법도 통하지 않아요." 한 가지 반복되는 일이 특히 사라의 부모를 혼란스럽게 했다. 부모는 어렵게 강습료를 마련하고 강습 시간에 맞춰 일정까지 조정했는데, 아이는 두 번째 수업을 받는 날 피겨스케이팅 강습을 그만두었다. 사라는 또한 매우 충동적이고, 성급하고, 쉽게 화를 냈다. 아이는 착하게 굴겠다는 약속도 번번이 어겼다.

피터의 부모도 걱정이 많았다. 피터는 늘 참을성이 없고 짜증을 냈으며, 부모뿐만 아니라 여동생한테도 아주 심술 맞게 굴곤 했다. 피터의 아버지는 "그 애는 자기가 하는 말이나 행동이 다른 가족에게 어떤 영향을 끼치는지 모르는 것 같아요"라고 말했다. 피터는 부모에게 따지며 대들기까지 했다. 피터는 닌텐도와 컴퓨터 게임 외에는 어떤 것에도 열의가 없었다. 학교 공부도, 가정 학습도, 집안일도, 그 외의 어떤 일도 그 아이에게는 아무 의미가 없는 듯했다. 아버지는 "가장 큰 걱정은, 피터가 아무 걱정도 없는 것처럼 보인다는 거예요"라고 말했다. 아이는 자신의 진로와 의미 있는 목표에 대해 아무 관심을 보이지 않았다.

방식은 조금 달라도 사라와 피터는 유사한 특성들을 보여주고 있다. 두 아이 다 충동적이었다. 두 아이는 자신이 어떻게 행동해야 하는지 알면서도, 실제로는 그에 맞게 행동하지 않았다. 두 아이는 경솔하고, 아무 생각 없이 행동했으며, 같은 잘못을 되풀이했다. 부모들은 이런 아이들의 행동이 걱정할 만한 것인지 알고 싶어했다. 나는 사라의 부모에게는 염려하지 말라고 했다. 사라는 겨우 네 살이었고, 그 나이는 본래 그런 때다. 발달 단계에 맞춰 잘 성장한다면, 앞으로 몇 년 후 사라의 태도와 행동에는 의미 있는 변화가 생길 것이다. 하지만 피터의 부모는 불안해할 만한 이유가 있었다. 피터는 열네 살이었고, 그 아이의 성격은 적어도 유치원 이후로 이런 상태에서 변하지 않았을 것이다.

사라와 피터는 모두 미취학 아동에게나 적합한 행동들인 '미취학아동증후군preschooler syndrome'을 보였다. 이 발달 단계는 수많은 심리적 기능이 아직 아이의 내면에 통합적으로 자리잡고 있지 못하는 상태다. 물론, 이렇게 행동할 '권리'가 있는 유일한 사람들은 미취학 아동들이다. 나이가 많은 아이나 어른들의 경우, 이와 같은 통합적 기능의 결핍은 나이에 어울리지 않는 미성숙을 의미한다.

신체 발달과 성인으로서의 생리 기능이 갖춰진다고 저절로 심리적·정서적 성숙이 수반되는 것은 아니다. 로버트 블라이Robert Bly는 그의 책《동기 사회The Sibling Society》에서 미성숙이 우리 사회 특유의 현상임을 밝혔다. 그는 "사람들은 애써 성장하려고 하지 않으며, 우리는 모두 반¥성인의 수조에서 헤엄치는 물고기들"이라고 썼다.㈜1 오늘날에는 유아기를 훌쩍 넘긴 많은 아이가 미취학아동증후군을 보이고 있고, 심지어 10대와 어른들한테서 나타나기도 한다. 많은 어른이 성숙한 경지에 이르지 못하고 있다. 즉 자신의 정서적 욕구를 가꾸고 다른 이들의 욕구를 존중할 줄 아는, 독립적이고 스스로 동기 부여를 하는 개인이 되는 법을 터득하지 못한 것이다.

오늘날 성숙도가 갈수록 낮아지는 것은, 또래지향성이 주 원인이다. 미성숙과 또래지향성은 불가분의 관계다. 아이의 삶에서 또래지향성이 일찍 시작될수록, 또래들에 대한 집착이 강할수록 영원히 철없는 어린애로 살아갈 가능성이 커진다.

피터는 매우 또래지향적인 아이였다. 미성숙과 또래지향성 중 무엇이 먼저였는지는 분명하지 않다. 어느 쪽이든 또래지향적인 아이들은 성장하지 못한다.

미성숙한 아이는 감정을 섞지 못한다

'우리가 성숙함에 따라 우리 뇌는 사고가 혼란스러워지거나 행동이 마비되는 일 없이, 다른 인식과 감각·생각·감정·충동을 동시에 수용하기 위해 이를 혼합하는 능력을 개발한다. 이것이, 내가 조금 전에 말한 '통합적 기능integrative functioning'이다. 이 발달 단계에 이르면, 충동성이나 자기중심주의와 같은 유치한 속성은 사라지고 훨씬 균형 잡힌 인격이 형성되기 시작한다. 뇌를 가르칠 수는 없으니, 통합적 기능은 성장하면서 발달되어야 하는 것이다. 고대 로마인은 이런 종류의 혼합을 가리켜 '반죽하다 temper'라는 단어를 썼다. 이 동사는 지금은 '완화하다' 또는 '조절하다'라는 뜻으로 쓰이지만, 본래 점토를 만들기 위해 서로 다른 재료들을 섞는 것을 의미했다. 사라와 피터는 경험과 표현이 '반죽되지 않은untempered' 상태였다. 이 말은—뒤섞인 감정을 동시에 수용하지 못하는—미성숙을 증명하는 것이다.

예를 들어 사라는 부모에게 매우 사랑스러운 딸이었지만, 대부분의 아이처럼 때때로 좌절감을 느꼈다. 그럴 때는 짜증을 내며 "엄마, 미워"라고 소리치기도 했다. 이와 유사하게, 피터가 폭발할 때는 모욕적인 말과 욕설이 섞여 나왔다. 꾸중을 듣게 되리라는 것을 예상할 수 있고 반복적으로 겪는 일인데도, 폭발하는 순간에 느끼는 강한 좌절감은 그런 생각을 잊게 만들었다. 감정을 섞는 데 실패하는 것이다. 두 아이 다 말 그대로 성질을 참지 못했고, 그리하여 불쾌하고, 건방지고, 조절되지 않은 태도를 보였다.

같은 맥락에서, 피터가 일이라는 것을 받아들이지 못한 이유는 일이라는 개념이 뒤섞인 감정을 필요로 하기 때문이다. 일은 즐겁지 않을 때가 많지만, 그럼에도 그 순간의 저항을 오랫동안 마음에 품어 온 계획이나 목적과 혼합할 수 있기 때문에 대개는 일을 한다. 당장의 만족감 이외의 목적을 달성하기에는 너무 미성숙한 피터는 하고 싶을 때만 일을 했는데, 그런 일은 자주 일어나지 않았다. 그는 한 번에 하나 이상의 감정을 의식하지 못했다. 피터가 의식 속의 상반된 생각과 감정·목적을 견디지 못한 것은, 그의 또래지향성의 산물이었다.

성숙은 자연적이지만 필연적이지는 않다

인간의 아이는 어떻게 성숙하는가? 발달 이론에서 가장 중요하고 획기적인 발전이 이루어진 것은, 1950년대 과학자들이 성숙의 과정에는 일관되고 예측 가능한 순서가 있다는 사실을 발견한 때였다. 첫 번째 단계에는 일종의 분리 혹은 차별화가 일어나고, 두 번째 단계에는 분리된 요소들을 끊임없이 통합한다. 이런 순서는 유기체가 식물이든 동물이든, 그 영역이 생리적이든 심리적이든, 그리고 그 존재가 단세포이든 우리가 자아라고 부르는 복합적인 실체이든 똑같이 적용된다.

우선, 성숙은 별개의 독립된 존재로 떨어져 나올 때까지 찢어지는 분열 과정을 거친다. 그런 다음 이렇게 구분되고 분리된 요소들을 통합하는 과정이 일어난다. 이는 단순하면서도 심오한 과정으로, 가장 기초적인 단계에서도 볼 수 있다. 예를 들면, 뇌의 두 반구도 이와 같은 양식을 따른다. 발달 중인 뇌의 영역은 처음에는 생리적·전기적으로 서로 독립적으로 기능하다가 점진적으로 통합된다. 이런 과정이 이루어지는 동안, 아이는 새로운 기술과 행동을 보여 준다.[주2] 이런 과정은 10대에 이르러서도 그 후반까지 계속된다.

심리적 성숙은 의식의 요소들, 즉 생각과 감정·충동·가치·의견·기호·관심·의도·열망을 구별하는 것과 관련되어 있다. 이런 의식의 요소들이 혼합되고 적절한 경험과 표현을 창출할 수 있게 되기 전에 차별화 과정이 일어나야 한다. 이는 관계의 영역에서도 마찬가지다. 즉 아이는 먼저 유일한, 다른 사람들과 분리된 존재가 되어야 성숙해질 수 있다. 차별화 과정을 잘 거치면, 그만큼 자아감을 잃지 않고 다른 사람들과 잘 섞일 수 있다.

보다 근본적으로 자아감은 내적 경험과 분리되어야 하는데, 이는 유아에게는 없는 능력이다. 피터와 사라는 아직 이런 필수적인 분리 과정을 겪지 않은 탓에 자신과의 관계가 부족했다. 그들은 자신의 내적 경험에 대해, 자신에 대해 인정하거나 인정하지 않는 일에 대해 곰곰이 생각해보지 않았다. 그들의 감정과 생각은 혼합에 견딜 만큼 차별화되지 않았기 때문에, 한 번에 하나의 감정이나 충동만을 느꼈던 것이다. 그들 중 어느 누구도 '나의 일부는 이렇게 느끼고, 나의 또 다른 일부는 저렇게 느낀다'와 같은 표현에 익숙하지 않았다. 그들 중 어느 누구도 '다른 한편'이라는 식의 경험을 해보지 않았고, 상반된 감정을 느껴보지도 않았다. 그들은 내면에서 어떤 감정이 일든 그 즉시 행동했다. 그들은 그 감정을 안으로 삭일 수도 있었지만, 그렇게 하지 못했다. 이런 무능력이 그들을 충동적이고, 자기중심적이고, 반동적이고, 신경질적으로 만든 것이다. 좌절이 보살핌과 섞이지 않은 까닭에, 그들은 참을성이 없었다. 분노가 사랑과 섞이지 않은 까닭에, 그들은 용

또래들은 어떻게 아이의 성장을 가로막나

서할 줄 몰랐다. 좌절이 애착이나 두려움과 섞이지 않은 까닭에, 그들은 쉽게 화를 냈다. 한마디로, 그들에게는 성숙함이 부족했던 것이다.

그러나 나는 자신 있게 사라의 부모를 안심시켰는데, 아이의 내면에서 성숙 과정이 매우 활발하게 일어나고 있다는 충분한 증거가 있었다. 사라는 차별화 과정을 거치고 있다는 고무적인 징후들을 보였다. 즉 사라는 무엇이든 자기 스스로 하고 싶어했고, 자기 스스로 사물을 파악하는 것을 좋아했다. 사라는 분명 주체적인 존재가 되고 싶어했고, 자기만의 생각과 사고방식, 일을 하는 이유를 찾고 싶어했다. 사라는 훌륭한 진취적 에너지도 갖고 있었다. 즉 낯선 것이나 애착이 형성되지 않은 것에 대한 호기심, 미지의 것을 탐구하려는 열의, 새롭고 기발한 것에 대한 흥미가 그것이었다. 더 나아가 사라는 상상력이 풍부하고, 창의적이고, 자기만족을 위해 혼자 하는 놀이에 푹 빠져 있었다. 사라의 인격은 성숙해가고 있었고, 때가 되면 열매가 열릴 것이었다. 인내심을 가지고 기다리면 되는 것이다.

피터에게는 이와 유사한 어떤 삶의 징후도 보이지 않았다. 창조적인 고독도, 스스로 사물을 파악하려는 열의도, 스스로 할 수 있다는 자부심도, 주체적인 존재가 되려는 시도도 없었다. 피터는 부모와의 경계에 온정신을 쏟았지만, 이는 진정한 개별화를 위한 게 아니라 부모를 자기 삶에서 몰아내고 싶었던 것뿐이다. 부모에게 의존하지 않으려는 저항은 그의 강한 또래 애착 때문이지, 진정한 독립을 향한 충동에서 비롯된 것이 아니었다.

성숙은 자연적인 것이지만, 필연적인 것은 아니다. 이것은 하드

드라이브에 내장되어 있는 컴퓨터 프로그램 같지만, 반드시 실행되는 것은 아니다. 피터가 벗어나지 않는 한, 그는 미취학아동증후군에 걸린 어른 중 한 사람으로 자랄 것이다. 어떻게 하면 피터 같은 아이들이 그 상태에서 벗어나게 할 수 있을까? 성숙의 과정으로 이끄는 것은 무엇일까?

성숙의 비밀도 애착에서 시작된다

부모와 교사들은 끊임없이 아이들에게 "철 좀 들어라" 하고 말하지만, 성숙은 그렇게 명령할 수 있는 게 아니다. 이것은 성숙, 그 자체만 할 수 있는 일이다.

미성숙한 아이들을 다룰 때 우리는 그들에게 어떻게 행동해야 하는지를 보여 주고, 허용할 수 있는 경계를 그어 주며, 그들에게 기대하는 바가 무엇인지 분명히 보여 줄 필요가 있다. 공평성을 이해하지 못하는 아이들에게는 교대로 하는 법을 가르쳐야 한다. 자기 행동의 결과를 충분히 인식할 만큼 성숙하지 않은 아이들에게는 수용할 수 있는 행동에 대한 규율과 규정을 제공해야 한다. 그러나 그런 규제에 따른 행동과 성숙한 행동을 혼동해서는 안 된다. 적절한 지시에 따라 그렇게 행동하는 것은, 진짜 성숙한 행동이 아니다. 그렇게 하는 게 옳기 때문에 교대로 하는 것은 분명 교양 있는 행동이지만, 진정한 공평 의식에서 교대로 하는 것은 성숙한 사람만이 할 수 있는 행동이다. 미안하다고 말하는 것은 상황에 따른 적절한 대응일 수 있지만, 자신의 행동에 책임을 지는 것은 개별화 과정을 겪은 사람만이 할 수 있는 일이다. 행동을 지시하고 강요할 수 있지만, 성숙은 마음과 정신에서 우러나오는 것이다. 부모로서 진정한 과제는, 아이가 단순히 어른처럼 보이는 것이 아닌, 성숙한 사람이 되도록 돕는 것이다.

규율과 규정만으로는 충분치 않다면, 어떻게 아이들의 성숙을 도울 수 있을까? 수년간 발달전문가들은 성숙을 촉진하는 조건이 무엇인지 머리를 싸맸다. 마침내 연구자들이 애착의 근본적인 중요성을 발견하게 되면서 돌파구를 찾게 되었다.

놀랍게도 성숙의 비밀도 애착에서 시작된다. 생명체에게 애착은 최우선 과제다. 이 첫 번째 과제를 해결한 후에야 성숙해질 수 있다. 식물이 성장하려면 먼저 뿌리를 내려야 하고, 그런 후에야 열매를 맺을 수 있다. 아이들은 애착에 대한 욕구를 충족한 후에야 개별적인 존재로서 살아갈 수 있는 궁극적인 과제를 실행할 수 있다. 일부 부모와 전문가들은 직관적으로 이런 비밀을 이해하고 있었다. 한 사려 깊은 아버지는 나에게 이렇게 말했다. "저는 부모가 되면서, 세상은 부모가 자식을 하나하나 다 가르치고 만들어야 한다고―단순히 아이가 발달하고 성장할 수 있는 환경을 만들어 주는 게 아니라 적극적으로 아이의 인격을 양성해야 한다고―확신한다는 것을 알았어요. 아이가 필요로 하는 애정을 듬뿍 주기만 해도 아이가 건강하게 자랄 수 있다는 사실을 아무도 이해하지 못하는 것 같았죠."

성숙을 촉진하는 열쇠는 아이의 애착 욕구를 채워 주는 것이다. 독립성을 키우려면, 먼저 의존하도록 해야 한다. 개별화를 촉진하려면, 먼저 소속감과 동질감을 주어야 한다. 우리는 아이가 요구하는 것보다 더 많이 접촉하고 친밀감을 유지함으로써 아이가 독립하도록 도와줄 수 있다. 우리는 아이가 포옹을 원할 때, 아이가 우리를 안는 것보다 더 포근하게 아이를 안아 줄 수 있다. 우리는 아이를 우리의 사랑 안에서 쉬게 함으로써 아이를 자유롭게 해줄 수 있다. 아이가 잠을 자거나 학교에 가는 일과 같은 분리 문제에 직면했을 때, 우리는 친밀감의 욕구를 충족시켜 줌으로써 아이를 도와줄 수 있다. 이렇게 성숙은 '의존과 애착을 통해 독립과 진정한 분리로 나아가는' 역설의 과정이다.

애착은 성숙의 자궁이다. 생리적 자궁이 신체적 의미의 분리된 존재를 낳듯이, 애착은 정신적 의미의 분리된 존재를 낳는다. 신체적으로 태어난 후에는 아이에게 정서적 애착의 자궁을 만들어 주어야 하며, 거기서 아이는 애착 충동에 휘둘리지 않고 자기 역할을 할 수 있는 주체적인 개인으로 다시 태어난다. 인간은 결코 타인과의 결합 욕구를 넘어설 수 없고, 그래야 하는 것도 아니지만, 성숙한 개인은 이런 욕구에 지배당하지 않는다. 그런 독립적인 존재가 되기 위해서는 아동기 전체의 시간이 필요한데, 우리 시대에는 그 시간이 적어도 10대 후반, 어쩌면 그 이후까지도 늘어난다.

아이들은 애착 욕구가 충족되어야 한다. 그래야만 아이들의 에너지가 진정한 개인이 되는 개별화로 전환될 수 있다. 그때 비로소 아이는 마음껏 앞으로 나아가고, 정서적으로 성장한다. 애착에 대한 굶주림은 신체적 굶주림과 매우 유사하다. 음식에 대한 욕구가 절대 사라지지 않듯이, 아이의 애착 욕구도 끝이 없다. 우리는 부모로서 아이를 먹여야 할 책임이 있을 뿐만 아니라, 앞으로도 계속 음식을 공급해 줄 거라는 안정감도 주어야 한다. 아이의 애착에 대한 허기를 채워 주는 문제에서도, 우리는 부모로서의 의무를 이처럼 명확히 이해하고 있어야 한다.

심리치료사인 칼 로저스Carl Rogers는 그의 책《진정한 사람되기On Becoming a Person》에서 따뜻하고 배려심 있는 태도를 '무조건적이고 긍정적인 관심'이라는 말로 묘사하고 있는데, 그의 말에 따르면 "애착을 형성할 만한 가치가 있는 조건이란 없기" 때문이다. 로저스는 양육이란 "소유욕도 아니고, 개인적인 만족을 바라는 것도 아니다. '나는 네가 이러저러하게 행동하면 너를 돌봐주겠다가 아니라, 그냥 나는 너를 돌본다'는 것이다"라고 쓰고 있다.*³ 무조건적인 부모의 사랑은 아이의 건강한 정서적 성장에 없어서는 안 될 영양분이다. 부모의 첫 번째 임무는, 아이의 마음속에 자신은 부모가 원하고 사랑하는 사람이라는 확신을 심어 주는 것이다. 아이는 그 사랑을 얻기 위해 아무것도 할 필요가 없고, 달라져야 할 필요도 없다. 사실, 그 사랑은 잃어버릴 수 있는 게 아니기 때문에 아이는 아무것도 할 수 없다. 그것은 조건이 없다. 아이가 심술을 부리거나, 마음에 안 들거나, 징징거리거나, 비협조적이거나, 버릇없이 굴 수도 있지만, 부모는 여전히 아이가 사랑받고 있음을 느끼게 한다. 아이는 자신의 불안하고 가장 밉살스러운 성격들을 부모에게 드러낼 수 있어야 하고, 그럼에도 변함없이 아주 만족스럽고, 안정감을 주는, 무조건적인 부모의 사랑을 받아야 한다.

아이의 성장에 필수적인 에너지의 전환을 위해 아이는 충분한 안정감과 무조건적인 사랑을 느껴야 한다. 마치 뇌가 "정말 고마

워요, 그것이 우리에게 필요한 거예요, 이제 우리는 발달이라는 참 과제와 개별적인 존재가 되는 일에 착수할 수 있어요. 연료 탱크를 다 채웠으니, 이제 다시 길을 떠날 수 있어요"라고 말하는 것과 같다. 뇌의 발달 체계에서 이보다 더 중요한 것은 없다.

열한 살 소년 이반의 아버지는 가족 관계를 주제로 한 주말 세미나를 마치고 돌아온 월요일 아침, 아들을 학교에 데려다주기 위해 함께 걷고 있었다. 그는 이반이 싫어하는 가라테 수업을 계속하라고 압력을 넣고 있었다. 그는 아들에게 말했다. "그래, 이반, 네가 계속 가라테 수업을 받으면 아빠는 너를 사랑할 거야. 그런데 그거 아니? 네가 가라테 수업을 그만두더라도 아빠는 똑같이 너를 사랑할 거야." 아이는 잠시 동안 아무 말도 하지 않았다. 그러다 갑자기 구름으로 뒤덮인 하늘을 올려다보더니 아버지에게 미소를 지으며 말했다. "날씨 참 좋죠, 아빠? 저 구름들 정말 아름답지 않아요?" 잠시 침묵이 흐른 뒤 이반이 말했다. "검은 띠를 따야겠어요." 그리고 이반은 계속해서 무술을 배웠다.

어른들도 적절한 조건이 주어지면, 이런 발전적인 기어 변속 효과를 경험할 수 있다. 깊은 사랑에 빠져 그 안에서 충분한 안정감을 느끼면, 에너지의 파도를 만들어 낼 수 있다. 막 사랑에 빠진 사람들은 관심과 호기심을 되찾고, 개성과 독창성이 살아나며, 영혼이 깨어나는 것을 경험한다. 이는 강요한다고 되는 게 아니라, 애착 욕구가 충분히 채워지고 만족될 때 가능한 것이다.

왜 또래지향성은 아이들이 충분히 만족할 수 있는 능력을 앗아가는지, 여기에는 부모와 교육자들이 이해해야 할 다음의 중요한 다섯 가지 이유가 있다.

또래들은 어떻게 아이의 성장을 가로막나

또래지향성이 아이의 성장을 가로막는 다섯 가지 이유

●

❜ 부모의 보살핌이 통하지 않게 된다

또래지향성의 영향 중 하나는, 아이들에 대한 부모의 사랑과 보살핌이 통하지 않게 된다는 것이다. 피터가 그런 경우였다. 피터의 부모는 아들을 사랑하고, 아들에게 최선을 다했으며, 아들을 위해 기꺼이 희생할 의지가 있었다. 그러나 아들로부터 아무 보답이 없는 사랑을 유지하기가 쉽지 않았고, 아이가 자신들의 제안을 일언지하에 거절하거나, 자신들의 애정을 거부하거나, 자신들의 관심사라면 무조건 화를 내거나 할 때는 더더욱 힘이 들었다.

나는, 아이가 진수성찬을 앞에 두고도 애착 문제 때문에 심리적 영양실조로 고통받는 경우를 수없이 봐 왔다. 식탁에 앉지 않는 아이에게는 음식을 줄 수 없다. 영양분이 전달되려면 탯줄이 있어야 한다. 자신의 애착 욕구를 기꺼이 채워 주고, 또 채워 줄 수 있는 사람과 적극적으로 애착을 형성하지 않는 아이의 욕구를 충분히 채워 주기란 불가능하다.

또래 애착은 불안정하여 아이에게 안식을 주지 못한다

앞장에서 설명했듯이, 또래들은 본질적으로 불안정하다. 또래들은 끊임없이 인정과 사랑, 의미를 찾아 헤매는 아이에게 안식을 주지 못한다. 또래지향성은 안정 대신 동요를 일으킨다. 아이의 또래지향성이 강할수록 그 밑에 깔린 불안감은 더욱 깊어지고 만성화된다. 또래들과 아무리 자주 접촉해도 친밀감이 당연하게 여겨지거나 굳게 유지되지 않는다. 또래들의 인기에 연연하는 아이는 미묘한 차이를 알아채고, 호의적이지 않은 말과 표정·몸짓에 위기를 느낀다. 매우 조건적인 특성 때문에 또래 관계는—일부 예외를 제외하고는—아이의 성장을 촉진하지 못한다. 한 가지 예외적인 경우는 어른들과의 애착이 안정적인 아이들 사이의 우정이다. 그런 경우 또래들의 수용과 우정이 아이에게 안정감을 더할 수 있다. 기본적으로 어른들과의 관계가 안정적인 아이는 또래들과의 우정에서 여분의 만족감을 얻는다.

또래지향적인 아이는 충족감을 모른다

또래지향적인 아이들이 만족할 줄 모르는 데에는 또 다른 이유가 있다. 전환점에 도달하기 위해서는 아이가 충족감을 느껴야 할 뿐만 아니라, 이 충족감이 스며들어야 한다. 애착과 친밀감에 대한 갈망이 충족되고 있다는 느낌이 어떻게든 아이의 뇌에 새겨져야 하는 것이다. 이 기록은 인식에 의한 것이거나 의식적인 것이 아니라 순전히 정서적인 것이다. 아이를 움직이는 것도, 그리고 에너지를 하나의 발달 과제에서 다음 과제로, 애착에서 개별화로 전환시키는 것도 정서다. 문제는, 충족감이 스며들려면 아이가 깊이 그리고 취약하게 느낄 수 있어야 한다는 것이다. 하지만 또래지향적인 아이들은 자신의 취약성을 느끼지 못한다.

충족감을 느끼기 위해서는 취약성을 드러내야 한다는 말이 이상하게 들릴 수도 있다. 충족감에는 상처나 고통이 없다. 오히려 그 반대다. 이런 현상의 바탕에는 정서의 논리가 깔려 있다. 아이가 충족감을 느끼기 위해서는 먼저 공허함을 느껴야 하고, 도움을 받았다고 느끼기 위해서는 먼저 도움을 필요로 해야 하며, 완전함을 느끼기 위해서는 먼저 불완전함을 느껴야 한다. 재결합의 기쁨을 경험하기 위해서는 먼저 이별의 아픔을 겪어야 하고, 위로를 받기 위해서는 먼저 상처를 입어야 한다. 충족감은 매우 기분 좋은 경험이지만, 이를 위한 전제 조건으로 취약성을 느낄 수 있는 감성이 있어야 한다. 아이가 자신의 애착 결핍을 느끼지 못하면, 보살핌과 충족감을 느끼지 못한다. 내가 아이들을 볼 때 가장 먼저 확인하는 것은, 결핍과 상실의 감정이 있는가다. 아이들이 결핍된 것을 느끼고 그 공허함이 무엇인지 안다는 것은 정서적으로 건강함을 나타낸다. 아이들이 의사 표현을 할 수 있게 되면 이런 말을 할 줄 알아야 한다. 즉 "아빠가 보고 싶어요." "엄마는 제 이야기에 관심이 없는 것 같아요." "전 그렇게 생각하지 않아요."

많은 아이가 그런 취약한 감정을 느끼는 데 너무 방어적이고, 너무 정서적으로 얼어붙어 있다. 아이들은 그것을 느끼든 느끼지 못하든 결핍된 무언가의 영향을 받지만, 무엇이 결핍되었는지 느낄 수 있고 알아야만 애착에 대한 집착으로부터 자유로워질 수 있다. 또래지향성의 결과로 취약성에 대해 방어적인 아이가 되면, 부모와의 관계에서도 만족할 줄 모르게 된다. 이것이 또래지향성의 비극이다. 즉 또래지향성은 부모의 사랑과 애정을 쓸모없고 만족할 수 없는 것으로 만들어 버린다.

만족할 줄 모르는 아이에게 충분한 것은 없다. 무슨 일을 해도, 문제를 해결하려고 아무리 애를 써도, 아무리 많은 관심과 호의를 베풀어도 달라지지 않는다. 이는 부모로서는 아주 비관적이고 심신이 지치는 일이다. 부모에게는 자신이 아이에게 충족감의 원천이 된다는 것처럼 만족스러운 일은 없다. 수많은 부모가 그런 경험을 빼앗기고 있는데, 그것은 아이가 다른 곳에서 보살핌을 구하거나, 충족감을 알게 하는 취약성에 대해 너무 방어적이기 때문이다. 만족할 줄 모르는 아이들은 발달의 첫 번째 단계에 갇히고, 미성숙에 갇히며, 기본적 욕구에서 벗어나지 못한다. 아이들은 쉼터를 찾지 못하고, 만족을 위해서 자신의 외부에 있는 누군가 혹은 무언가에 의지한다.

만족할 줄 모르는 탐욕이 인간의 정서적 기능을 지배하게 되면 어떤 일이 벌어질까? 성숙의 과정은 집착이나 중독에 의해 선점되며, 이런 경우 또래들과의 관계에 집착 혹은 중독된다. 또래들과의 접촉은 충족감을 주지 못한다. 그 결과, 대개 더 잦은 접촉에 대한 성마른 열망만 남는다. 집착이 강한 아이일수록, 접촉에 대한 갈망도 더 강하다. 여덟 살짜리 딸을 둔 한 엄마는 이렇게 말했다. "이해할 수가 없어요. 딸은 친구들과 어울릴수록 점점 더 같이 붙어 있으려고 해요." 마찬가지로 청소년을 자녀로 둔 부모들도 이렇게 푸념한다. "아들은 캠프에서 집으로 돌아오자마자 조금 전에 헤어진 그 아이들에게 전화를 걸었어요. 2주 동안이나 보지 못한 사람들은 가족들인데 말이에요." 또래들과의 접촉에 대한 집착은 학교에서 만나든, 방과후에 어울리든, 친구 집에서 자든, 수련회나 소풍 혹은 캠프를 다녀오든 항상 만난 뒤에 더 심해진다. 만일 또래들과의 접촉에서 만족감을 느낀다면, 또래들과 상호작용을 하며 보낸 시간들은 자동적으로 자발적인 놀이나 창조적인 고독, 혹은 개인적인 성찰로 이어질 것이다.

많은 부모가 그런 물릴 줄 모르는 행동과 또래들과의 만남에 대한 타당한 요구를 혼동한다. 나는 "우리 아이는 친구들이라면 죽고 못 살아요. 그런 아이들을 못 만나게 하는 건 너무 잔인한 일이에요" 하는 유의 이야기를 끊임없이 듣는다. 사실은, 그런 상황에 빠지도록 내버려두는 게 더 잔인하고 무책임한 일이다. 아이들을 보살피고, 충족감을 주며, 안식을 주는 유의 애착만이 아이에게 진정으로 필요한 애착이다. 아이의 요구가 많아진다는 것은 그만큼 고삐 풀린 집착에 사로잡혀 있음을 의미한다. 아이가 보여 주는 것은 강인함이 아니라, 또래들과 어울릴수록 쌓여가는 허기진 절망감이다.

또래지향적인 아이는 놓을 줄 모른다

그런데 어릴 때 어른들과 애착을 형성하지 못했어도 잘 성장하는 사람들이 있다. 여기에는 성숙의 과정을 밝히는 두 번째 열쇠가 있다. 이를 '성숙의 뒷문'이라고 부를 수 있는데, 여러 면에서 만족과는 상반된 것이다. 아버지의 관심을 받지 못하거나, 할머니에게 특별한 존재가 되지 못하거나, 친구를 사귀지 못하거나, 함께 놀 수 있는 사람이 없을 때와 같이 강렬한 소망이 좌절되었을 때 아이의 뇌에는 모든 것이 부질없다는 인식이 새겨진다. 이런 인식은 혼자라는 느낌에서 벗어나지 못하거나, 누군가에게 가장 중요한 사람이 되지 못하거나, 잃어버린 반려동물을 찾지 못하거나, 엄마를 집에 묶어두지 못하거나, 가족의 이사를 막지 못하는 아이의 무력감에서 비롯된다.

인간의 감정회로는 애착에 대한 허기가 충족되었을 때뿐만 아니라, 그것을 채우려는 열망이 부질없다는 것을 뼈저리게 깨달았을 때도 접촉과 친밀감에 대한 집착으로부터 자유로워질 수 있도록 프로그램화되어 있다. 모든 사람이 자신을 좋아하기를 바라든, 특정한 사람이 자신을 사랑하기를 바라든, 혹은 정치적으로 영향력 있는 사람이 되기를 바라든 애착에 대한 욕구를 내려놓는 것은 어른들에게도 힘든 일이다. 자신의 노력으로는 어쩔 수 없는 일임을 받아들이고, 그에 따른 실망과 슬픔을 충분히 느낀 후에야 우리는 남은 삶을 위해 앞으로 나아갈 수 있다. 미성숙한 애착의 존재인 아이들은 자연스럽게 붙잡고, 연락하고, 관심을 원하고, 애착을 느끼는 사람을 소유하려는 충동을 느낀다. 정서적 뇌에 그런 일들이 부질없다는 자각이 깊이 새겨지고 나서야 조급함이 풀어지고 집착이 끝이 난다. 반면 부질없음을 깨닫지 못하면, 아이는 강박적인 애착 욕구에 사로잡힌 채 계속해서 얻을 수 없는 것을 얻으려고 할 것이다.

충족감과 마찬가지로 에너지의 전환이 일어나기 위해서는 부질없음을 자각해야 하고, 이런 전환이 일어나면 받아들일 줄 알게 되며, 좌절감에서 벗어나 세상에 대한 평온한 감정을 느낄 수 있게 된다. 부질없음을 지적으로 인식하는 것만으로는 부족하며, 뇌의 감정회로의 핵심인 변연계에서 아주 민감하게 느껴야 한다. 부질없음은 자신의 한계와 변화시킬 수 없는 현실에 직면하게 하는 취약한 감정이다. 이 부질없음의 감정은 아이가 취약성에 방어적으로 대응하기 시작할 때 가장 먼저 사라진다. 결과적으로, 또래 지향적인 아이들은 이런 감정이 지극히 부족하다. 사실 또래들과의 관계가 절망과 상실로 가득 차 있음에도 불구하고, 아이들은 실망과 슬픔·상심의 감정에 대해 거의 말하지 않는다.

아이들이 부질없음을 자각하고 있다는 가장 분명한 징후 중의

또래들은 어떻게 아이의 성장을 가로막나

하나는 눈물이다. 뇌에는 이런 징후를 관장하는 작은 기관이 있다. 어른인 우리는 눈물을 감추는 법을 터득하곤 하지만, 울고 싶은 충동은 부질없음의 감정과 관련되어 있다. 물론 눈에 들어간 티끌, 양파, 신체적 고통, 좌절과 같이 우리를 울게 하는 다른 경험들도 있다. 부질없음의 눈물tears of futility은 그와는 다른 신경회로에 의해 촉발되며, 심리적으로 독특한 경험이다. 이 눈물에는 건강한 슬픔, 변화를 위한 시도에서 한 발 물러서는 것과 같은 에너지의 전환이 수반된다. 부질없음의 눈물은 실제로 무언가 끝이 났다는 해방감을 가져온다. 이는 세상에는 뜻대로 되지 않는 일도 있고 놓아야 하는 일도 있다는 사실을 뇌가 진정으로 이해한다는 신호를 보내는 것이다. 예를 들어 아이스크림을 떨어뜨린 어린 아이가 사랑하는 어른의 품에 안겨 눈물을 흘리고 슬픔을 느낄 수 있다면, 아이는 상실을 받아들이고 금세 밝아져 다음 모험을 향해 나아갈 것이다.

아이가 애착과 관련해 무언가 실패함으로써 눈물을 흘리는 것은 아주 자연스러운 일이다. 또래지향적인 아이들은 이 점에서도 자연스럽지 못하다. 그들은 부질없음을 깨닫는 순간에도 눈물을 흘리지 않는다. 사람이 울지 않는다는 것은 감정을 처리하는 뇌의 능력이 딱딱하게 굳는 것이다. 뇌는 유연성과 발달 능력을 잃어버린다. 부질없음을 깨닫지 못하면 만족을 느끼지 못할 때와 마찬가지로 절대 성숙해질 수 없다.

또래지향성은 개성을 억압한다

또래지향성은 또 다른 잔인한 방식으로 성숙을 위협한다. 즉 그것은 개성을 억압한다. 그 이유를 살펴보기 전에, 개성과 개인주의의 중요한 차이점을 간단히 짚고 넘어가야 한다. '개성individuality'은 심리적으로 분리된 존재가 되는 과정의 열매로서, 개인의 독특함이 만개할 때 절정을 이룬다. 심리학자들은 이런 과정을 차별화differentiation 혹은 개별화individuation라고 부른다. 한 개인이 된다는 것은 자신만의 의미, 자신만의 생각과 경계를 갖는 일이다. 그것은 자신만의 기호와 원칙, 의도, 관점, 목표를 중시하는 일이다. 그것은 누구도 차지하지 않은 공간에 서는 일이다. '개인주의individualism'는 개인의 권리와 이익을 공동체의 권리와 이익보다 우선시하는 철학이다. 이에 반해 개성은 진정한 공동체의 토대가 되는데, 진정으로 성숙한 개인들만이 다른 사람들의 독특함을 존중하고 환영하면서 완벽하게 협력할 수 있기 때문이다. 얄궂게도 또래지향성은 진정한 개성을 훼손하면서 개인주의를 부추긴다.

이제 막 싹 트는 개성과 독립성은 보호가 필요하다. 흥미와 호기심, 창의성, 독창성, 경이로움, 새로운 생각, 자발적으로 하기, 실험하기, 탐구하기 등 새롭게 부상하는 심리적 성장에는 매우 취약한 무언가가 있다. 그런 출현은 거북이가 껍질 밖으로 머리를 내밀 때처럼 망설이며 머뭇거리는 특징이 있다. 자신의 솔직한 본모습을 과감히 드러낸다는 것은, 다른 사람들의 반응에 완전히 노출된다는 것이다. 그 반응이 아주 비판적이거나 부정적인 경우, 그런 모습은 이내 사라진다. 매우 성숙한 사람만이 생각과 존재, 행동의 독립성을 중시하지 않거나 인정하지 않는 사람들의 반응에 용기를 낼 수 있다.

또래들은 어떻게 아이의 성장을 가로막나

아이들은 다른 아이의 그와 같은 성숙의 징후를 환영할 수 있을까. 그것은 아이들의 책임이 아니며, 어쨌든 아이들은 개성을 존중하기에는 너무 애착에 의해 좌지우지된다. 자신만의 기호를 발전시키는 일이 미래 가치의 씨앗이 된다는 사실을 그들이 어떻게 알겠는가? 세상을 '내 것'과 '내 것이 아닌 것'으로 구분하는 일이 반사회적인 게 아니라 개별화의 시작이라는 사실을 어떻게 알겠는가? 자기 작품의 창작자이자 자기 생각의 창시자가 되고 싶어하는 일이 독립적인 사람이 되는 길이라는 사실을 어떻게 알겠는가? 아이들은 서로 그런 일들에 대해서는 거의 신경 쓰지 않는다. 성숙의 씨앗을 알아채고, 개별화의 여지를 만들어 주며, 독립의 초기 징후를 중시하는 일은 어른들의 몫이다.

단지 아이들이 서로의 개성을 격려하고 환영할 줄 모르는 것만이 문제라면, 또래 관계가 그렇게 힘들지 않을 것이다. 안타깝게도, 문제는 그보다 훨씬 심각하다. 미성숙한 사람들은 대담하게 그 모습을 드러내는 개성을 짓밟는 경향이 있다. 성숙해가는 과정의 창의적인 아이―자발적이고 또래들과의 접촉 욕구에 휘둘리지 않는 아이―는 이례적이고, 비정상적이고, 조금 별나 보인다. 또래지향적인 아이들이 이런 아이에게 쓰는 단어는 괴짜나 멍청이, 지진아, 별종, 얼간이처럼 아주 비판적이다. 미성숙한 아이들은 이런 아이가 왜 그렇게 열심히 노력하는지, 왜 같이 어울리는 대신 때때로 고독을 택하는지, 왜 다른 아이들은 쳐다보지도 않는 일에 관심과 호기심을 갖는지, 왜 수업 시간에 질문을 하는지 이해하지 못한다. 이런 아이는 무언가 정상이 아닌 게 틀림없고, 따라서 창피를 당해도 싸다고 생각한다. 아이의 또래지향성이 강할수록 다른 아이의 개성에 더 강한 분노를 보이며 공격을 퍼붓는다.

개별화는 또래들의 반동만큼이나 또래지향적인 아이의 내부 역학에 의해 훼손된다. 또래 애착은 개성을 억압한다. 또래지향적인 관계에서는 독립적인 인격체로 자신의 기호를 가지고, 자신의 생각을 말하며, 자신의 의견을 표현하고, 자기 스스로 결정을 하는 아이의 무게를 견디지 못한다. 또래에 대한 애착이 일차적인 관심사인 경우, 개성을 희생해야 한다. 미성숙한 아이들에게 이런 희생은 당연한 것이다. 이 아이들은 자연스럽게 자신의 개성을 지우고, 솔직한 자기표현을 자제하며, 상반된 의견이나 가치는 감춘다. 미성숙한 존재들에게 우정—이들에게 이것은 또래 애착을 의미한다—은 항상 자신보다 우선하는 것이다.

내 딸 타마라도 또래지향적인 시기를 보낼 때는 자기 의견을 표현하지도 못하고, 친구들과 부딪힐 수 있는 생각은 품지도 못했다. 나는 그 애가 자신이 지키려는 관계의 조건에 맞춰 움츠러드는 모습까지 보았다. 나는 딸에게 섀넌—딸의 주요 지향점이 되었던 소녀—과 별개로 네 자신이 되라고 격려했지만, 딸아이는 내 말을 이해하는 것조차 몹시 힘들어했다. 타마라는 학교 성적이 우수했음에도 자기 성적을 부끄러워했고, 또래들에게 자기 점수를 숨기려고 애썼다. 조금이라도 또래지향성을 띠는 아이라면 어떤 취급을 받게 될지 잘 안다. 즉 따돌림을 당하거나 내쳐질 위험이 있다. 타마라는 또래들이 자신의 성장을 부담스러워할 거라는 사실을 직관적으로 알았기 때문에, 계속 성장해가는 대신 그들에게 맞추어 자신을 억제하려고 했다.

우리 아이들이 사는 세상은 갈수록 자연적인 성숙의 과정에 불리해져가고 있다. 또래지향적인 우주에서 성숙과 개별화는 애착의 적으로 간주된다. 개성과 독특함은 또래 문화에서는 성공에 장애가 된다.

아이와의 애착을 돈독히 함으로써 개별화의 여지를 만들어 주는 것이 부모인 우리의 임무다. 온정과 친밀감을 얻기 위해 아이가 자신의 개성을 희생하게 내버려두어서는 안 된다. 우리는 아이에게 그의 또래들은 줄 수 없는 것, 즉 사랑으로 수용하는 환경에서 자기 자신이 될 수 있는 자유를 주어야 한다.

10
공격성의
유산

　아홉 살 헬렌은 어느 날 거울 앞에 서서 자신의 머리카락을 거칠게 잘라 버렸다. 소스라치게 놀란 헬렌의 엄마는 도대체 무슨 짓이냐고 물었지만, 아이는 엄마에게 가위의 뾰족한 끝을 들이대며 욕설을 퍼부었다.

　열다섯 살 에밀리가 자해를 하자, 아이의 엄마는 딸을 내게 보내 상담을 받게 했다. 에밀리의 공격 충동은 자신만을 향한 것이 아니었다. 친구들을 제외한 그 누구도 에밀리의 심한 빈정거림과 적개심을 피할 수 없었다. 에밀리는 내 서가에 꽂혀 있는 책제목까지 비꼬았다. 나는 에밀리가 재치와 총명함을 지닌 아이임을 한눈에 알아봤지만, 그 애가 자기 부모와 남동생을 헐뜯는 것은

　　　　　　　또래들은 어떻게 아이의 성장을 가로막나

참을 수가 없었다. 에밀리의 적개심은 무자비했다.

헬렌의 부모는 내 친구였다. 딸의 예기치 않은 돌발행동이 나타나기 전 해에, 두 사람은 결혼생활에서 매우 힘든 시기를 겪고 있었다. 그들의 시간과 에너지는 온통 자신들의 관계에 집중되었고, 헬렌은 정서적 소통을 위해 또래들 주변을 서성였지만, 원하는 것을 얻지는 못했다. 에밀리의 사례에서 알 수 있듯이, 헬렌의 바람대로 또래들이 받아 주었더라도 정서적 욕구를 여전히 채울 수 없었을 것이다.

에밀리는, 엄마가 암 투병 중이던 열 살 때 또래지향적인 아이로 변했다. 엄마를 잃을지도 모른다는 불안감에 어쩔 줄 몰랐던 에밀리는 엄마를 밀어내는 식으로 반응했다. 엄마와의 애착에서 손을 떼면서 생겨난 공백은 또래들로 채워졌다. 또래들이 에밀리의 전부가 되면서 아이의 말과 행동, 태도도 공격성을 띠기 시작했다. 가족 구성원을 공격하는 것은 또래지향적인 아이들의 전형적인 특징이며, 그로 인해 부모와 형제들은 상처를 입는다. 대부분 물리적 공격까지 하지는 않지만, 아이의 언어적 공격과 정서적 적대감은 상대를 지치게 하고, 관계를 소원하게 하며, 상처를 입힌다. 공격성은 커스틴과 멜라니, 숀의 부모들에게도 가장 큰 걱정거리였다.

한 사회에서 또래지향성이 증가하면, 아이들의 공격성도 증가한다. 뉴욕시 교육위원회에 보고된 폭력 사건만 보더라도, 1961년에는 단 한 건에 불과하던 것이 1993년에는 6천 건으로 증가했다.[주1] 캐나다 청소년 사이의 심각한 폭행 사건 수도 지난 50년간 다섯 배나 증가했고, 미국에서는 일곱 배나 증가했다.[주2] 최근 캐나다 보건부Health Canada에 제출된 코트렐Cottrell 보고서의 내용은 부모에게 폭력을 휘두르는 아이들이 증가하고 있다는 것이었다.[주3] 한 조사에 의하면, 교사 다섯 중 네 명이 학생에게 공격을 당한 경험이 있는데, 신체적 공격이 아닌 경우에는 협박과 언어 폭력이었다.[주4] 공격성의 정의를 자신에 대한 공격으로까지 확대할 때, 자살률 통계치는 매우 충격적이다. 치명적인 결과를 낳은 아이들의 자살 시도는 지난 50년 동안 세 배나 증가했다. 열 살에서 열네 살 사이의 자살률이 가장 빠른 속도로 증가했다.[주5]

오늘날 많은 어른이 공격당할지도 모른다는 두려움 때문에 낯선 청소년 집단과 맞서는 것을 주저한다. 이런 걱정은 한두 세대 전에는 사실상 없었던 것이다. 아이들의 공격성에 대한 언론의 기사는 넘쳐난다. 10대들 사이의 잔혹 행위도 머리기사를 장식한다. 하지만 우울한 통계 자료와 잔혹한 폭력 행위에 관한 언론 기사에 초점을 맞추면, 우리 사회에 나타나는 아이들의 공격성의 여파를 완전히 이해할 수 없다. 공격성과 폭력성의 여파에 관한 가장 분명한 징후는 머리기사에 있는 게 아니라 언어와 음악, 게임, 미술, 오락과 같은 또래 문화 속에 있다. 문화는 구성원들의 역동성을 반영하며, 또래지향적인 아이들의 문화는 갈수록 공격성과 폭력성에 물들어가고 있다. 폭력에 대한 욕구는 음악과 영화를 통해서뿐만 아니라 학교 운동장과 복도에서도 대리만족을 즐기는 결과를 가져온다. 아이들은 또래들 사이의 적개심을 잠재우기보다는 자극하고, 폭력을 만류하기보다는 싸우라고 부추긴다. 비행청소년들은 빙산의 일각일 뿐이다. 한 학교 교정 연구에서 연구자들은 대부분의 아이가 따돌림과 공격성을 수동적으로 응원하거나 적극적으로 부추긴다는 사실을 발견했다. 폭력의 문화와 심리가 너무나 깊이 배어 있어서, 또래들은 대개 피해 아동보다는 가해 아동을 더 존중하고 좋아했다.[주6]

사랑처럼 공격성은 내재된 욕구 같은 성격을 띤다. 공격성은 공격을 하려는 충동이다. 이 공격성은 어디에서 오는 것일까? 아이들의 공격성을 새로운 고지로 몰고 가는 것은 무엇일까? 또래지향적인 아이들은 왜 그렇게 폭력적인 성향을 보일까? 그 답은 통계 자료에 있는 게 아니라, 공격성의 근원이 무엇인지, 그리고 또래지향성이 그것을 어떻게 조장하는지를 이해하는 데 있다.

또래지향성이 공격성의 근본 원인은 아니다. 또래지향성이라고는 전혀 없는 유아와 유치원 아이와 다른 아동들도 공격적일 수 있다. 공격성과 폭력은 태초부터 인류 역사의 한 부분을 차지해왔다. 공격성은 가장 오래되고 가장 해결하기 힘든 인간 문제 중 하나인 데 반해, 또래지향성은 상대적으로 새로운 문제다. 그러나 또래지향성은 공격성의 불을 지피고, 그것이 폭력으로 표출되도록 조장한다.

좌절감은 공격성의 연료다

사람을 공격하게 만드는 것은 무엇일까? 좌절감이다. 좌절감은 공격성의 연료다. 좌절감에 대한 보다 문명화된 해결책이 없을 때는 공격성으로 귀결될 가능성이 높아진다. 또래지향성은 아이에게 좌절감을 키울 뿐만 아니라 공격성에 대한 평화적인 대안을 찾을 가능성도 줄어들게 한다.

좌절감은 무언가 뜻대로 되지 않을 때 느끼는 감정이다. 장난감이나 직업·몸매·대화·욕구·관계·커피메이커 등 그것이 무엇이든, 우리에게 중요한 것일수록 '그것'은 뜻대로 되어야 하고, 뜻대로 되지 않을 때 우리는 그만큼 흔들린다.

좌절감을 유발하는 요소는 많지만, 아이들에게 가장 중요한 것은 애착이므로, 그들의 좌절감의 최대 원천은 뜻대로 되지 않는 애착이다. 즉 접촉의 부재와 단절된 관계, 너무 잦은 분리, 무시당하는 느낌, 이해의 부족 등이 그것이다.

내 아들 샤이가 세 살이 되던 때 나는 애착 좌절과 공격성의 밀접한 관계를 통감하게 되었다. 샤이는 나와 애착을 잘 형성하고 있었고, 내가 대륙 건너편에서 열리는 5일 일정의 교육 세미나 초대장을 수락하기 전까지는 장기간 떨어져 있어 본 적이 없었다. 세미나를 마치고 돌아와 보니, 샤이의 공격성은 하루에 두세 건 정도인 그 나이 평균 수준을 넘어 하루 20~30건으로 늘어나 있었다. 나는 왜 발끈하거나, 물거나, 때리거나, 물건을 던지는 건지 아들에게 물어 볼 필요가 없었다. 우연히도 내가 막 마치고 돌아온 세미나의 주제가 폭력과 공격성의 근원에 관한 것이었다. 샤이도 나에게 그 이유를 설명하지 못했다. 그것은 순전히 마음 깊은 곳에서 분출한 애착 좌절이었다.

또래들이 부모의 자리를 대신할 때 좌절감의 원인도 바뀌는데, 대부분 공격성이 줄어들기보다는 늘어난다. 서로 간의 애착이 가장 중요한 또래들은 접촉을 유지하기가 힘든 탓에 좌절감을 느낀다. 그들은 함께 살지 않기 때문에 끊임없이 분리를 겪어야 한다.

또래들이 호의를 보인다는 확신도 없고, 오늘 선택되었다고 내일도 선택되리라는 보장도 없다. 또래들에게 중요한 존재가 되는 것이 가장 중요한 일이라면, 어디를 가든 좌절감이 도사리고 있을 것이다. 즉 부재중 전화에 대한 응답을 못 받거나, 무시당하거나, 다른 누군가로 대체되거나, 얕보이거나, 창피를 당할 때마다 좌절할 것이다. 아이는 또래들 사이에서 안심하고 쉴 수가 없다. 더욱이 또래 관계는 아이의 진정한 심리적 무게를 좀처럼 버티지 못한다. 아이는 끊임없이 자신을 교정해야 하고, 차이를 드러내거나 너무 세게 반대하지 않도록 조심해야 한다. 친밀감을 유지하려면 화나 분노도 삼켜야 한다. 또래 관계에는 안전한 홈 베이스도, 스트레스에 대한 방패도, 관대한 사랑도, 기댈 수 있는 헌신도, 속 깊은 이해도 없다. 이런 환경에서 거절이나 배척이라도 당하는 순간에는 좌절감이 극에 달하게 된다. 또래지향적인 아이들의 언어가 거칠어지고, 음악과 오락의 내용이 공격적으로 변하는 것은 당연한 일이다. 이런 아이 중 상당수가 자신을 책망하고, 자기 몸에 위해를 가하며, 자살을 기도하는 것도 그리 놀라운 일은 아니다. 보편적인 현실은, 많은 아이가 자신을 불편해한다는 것이다. 의식적으로든 무의식적으로든 아이들은 자신에 대해 매우 비판적이다. 그것 또한 자아에 대한 공격성의 한 형태다.

많은 부모가 경험한 바와 같이, 일단 아이의 애착뇌가 또래들에게 사로잡히면, 또래 애착이라는 현안을 방해하는 어떤 시도도 극심한 좌절감을 불러일으킬 수 있다. 부모가 강요하는 제한과 구속은 공격적인 언어와 대단히 고통스러울 수 있는 행동을 분출시킬 수 있다. 열한 살짜리 매튜의 경우가 그랬다. 그 아이는 부모의 자리에 또래 친구인 제이슨을 대체시켰다. 두 아이는 떨어질 수 없는 사이였다. 매튜는 제이슨의 집에서 밤새 하는 할로윈 파티에 가게 해달라고 졸라댔다. 부모가 허락하지 않자, 매튜는 강한 적개심과 언어적 공격성을 분출했다. 깜짝 놀란 부모는 나를 찾아왔고, 비로소 매튜의 바탕에 깔린 또래지향성을 발견했다. 매튜가 부모에게 쓴 괴로움이 가득한 편지를 보면, 그 아이의 좌절감과 그에 따른 공격성을 읽을 수 있다.

"이제 제발 잠깐이라도 제 상황에 대해 생각해 보세요. 제이슨은 누군가와 뭔가를 할 때는 늘 제게 전화를 했어요. 그런데 이제는 연락도 안 해요. 엄마 아빠가 절 못 가게 하는 걸 아니까요. 제이슨은 이제 저와 친구가 되려고 하지 않아요. 전 정말 미칠 것 같아요!!!!!!!!! 너무 화가 나서 누구한테든 분풀이를 하고 싶고, 그 사람을 부숴버리고 싶어요…. 엄마 아빠가 그토록 사랑하던 어린 소년은 이제 없어요. 그럴 수밖에 없다면, 죽어 버릴 거예요. 친구가 없으면, 제 인생도 끝이에요."

좌절감이 반드시 공격성으로 이어지는 것은 아니다. 좌절감에 대한 건강한 대응은 변화를 시도하는 것이다. 그것이 어려우면, 어쩔 수 없는 상황을 있는 그대로 받아들이고 거기에 순응하는 것이다. 순응하지 못하더라도 생각과 감정을 억제해—다른 말로 하면, 성숙한 자기 조절을 통해—공격의 충동을 제어할 수 있다. 또래지향적인 아이들의 경우에는 좌절감에 대한 이런 성숙한 대응이 어렵다. 이 아이들은 공격적으로 변하게끔 되어 있다.

또래 관계에는 좌절감이 공격성으로 분출될 때까지 그 좌절감을 억누르는 세 가지 주요 결함이 있다.

또래들은 어떻게 아이의 성장을 가로막나

또래지향성은 어떻게 공격성을 조장하나

˚

˒ 또래지향적인 아이는 변화 능력이 결여되어 있다

좌절감을 느낄 때 우리는, 우선 뜻대로 되지 않는 것을 변화시키려고 한다. 다른 사람들에게 요구를 하거나, 우리 자신의 행동을 바꾸거나, 아니면 다른 방법을 통해서 그런 변화를 일으킬 수 있다.

문제는, 우리가 살아가면서 우리 능력 밖의 좌절감을 수없이 맛본다는 것이다. 즉 우리는 시간을 바꿀 수도 없고, 과거를 되돌릴 수도 없으며, 이미 저지른 일을 돌이킬 수도 없다. 우리는 죽음을 피할 수도 없고, 좋은 일만 일어나게 할 수도 없으며, 현실을 뒤바꿀 수도 없고, 안 되는 일을 되게 할 수도 없으며, 하고 싶어하지 않는 사람을 내 뜻대로 하게 할 수도 없다. 이 모든 좌절감 중에서도 아이들에게 가장 위협적인 것은, 심리적으로나 정서적으로나 스스로 안정감을 느낄 수 없다는 사실이다. 누군가 자신을 원하고, 수용하고, 좋아하고, 사랑하고, 특별하게 여기는, 너무나 중요한 이런 욕구들은 아이들 마음대로 할 수 있는 게 아니다.

우리가 부모로서 아이들의 손을 끝까지 놓지 않는다면, 그들은 인간 존재에 근원적으로 따라다니는 이 깊은 부질없음의 감정과 대면할 필요가 없다. 우리가 아이들을 현실로부터 영원히 보호할 수 있다는 게 아니라, 그들이 준비도 되어 있지 않은 문제에 직면하게 해서는 안 된다는 것이다. 또래지향적인 아이들은 그리 운이 좋은 편이 아니다. 그 아이들이 느끼는 좌절감의 깊이로 볼 때, 그들은 상황을 변화시키고 어떻게든 자신의 애착을 지키려고 할 것이다. 어떤 아이들은 또래들과의 관계에서 강제로 요구하게 된다. 어떤 아이들은 또래들에게 더 매력적으로 보이기 위해 자기 외모를 꾸미는 데 열중하게 된다. 이 때문에 청소년들의 성형 수술이 늘어나고, 이 때문에 점점 더 어릴 때부터 유행에 집착하게 된다. 또 어떤 아이들은 우두머리 노릇을 하고, 다른 아이들은 그 아이의 피에로가 되기도 한다.

그러나 또래지향적인 아이들이 상황을 변화시키려고 아무리 노력해도 일시적인 위안만 얻을 뿐이다. 아이들은 끊임없는 애착의 좌절로 인해 영구적인 위안을 얻지 못하고, 그런 불가능의 벽을 향해 끝없이 돌진함으로써 좌절감만 더해간다.

또래지향적인 아이는 순응력이 떨어진다

극복할 수 없는 장애물에 대한 좌절감은 부질없음의 감정으로 해소하게 된다. 이 좌절감에서 부질없음으로 이르는 역학은 걸음마 단계의 유아들한테서 가장 분명히 드러난다. 유아는 대개 부모가 정당한 이유로 들어주지 않는, 혹은 들어줄 수 없는 요구를 하곤 한다. 상황을 변화시키려는 시도를 하다 실패한 유아는 부질없음의 눈물을 흘리는 단계로 넘어간다. 이런 반응은 매우 바람직하다. 에너지가 상황을 변화시키려는 쪽에서 놓아 주는 쪽으로 넘어가고 있기 때문이다. 좌절감의 일부가 이미 공격으로 분출되었다면, 그런 감정도 절망에서 슬픔으로 넘어간다. 일단 부질없음의 감정으로 전환되면, 유아는 안정을 찾는다. 좌절감이 이렇게 전환되지 않으면, 유아는 원하는 것을 얻으려는 시도를 멈추지 않을 것이다.

또래들은 어떻게 아이의 성장을 가로막나

뇌에 무언가 되지 않는 일들을 새겨놓아야 한다. 뜻대로 되지 않는 일이 있다고 '생각하는' 것만으로는 부족하다—반드시 '느껴야' 한다. 우리는 모두 뜻대로 되지 않는 일이 있다는 것을 경험적으로 알면서도 같은 행동을 반복한다. 예를 들면, 많은 부모가 아이에게 이렇게 말한 적이 있을 것이다. "너한테 한 번 더 말하면, 백 번째 말하는 거다…." 이런 말을 하는 대신 뇌에 부질없음의 감정을 새겨놓았더라면, 아무리 반복해도 뜻대로 되지도 않고 될 리도 없는 행동들을 고집하지는 않을 것이다.

순응은 대뇌의 변연계에서 관장하는 매우 무의식적이고 정서적인 과정이다. 예를 들어 우리가 사랑하는 사람을 잃었을 때, 순응 과정이 일어나기 위해서는 그의 부재를 아는 것만으로는 부족하다. 파도처럼 몰아치는 부질없음의 감정을 느낌으로써 정서적으로 받아들여야 한다. 오직 부질없음의 감정이 새겨지고 살면서 누군가와 다시는 신체적·정서적 접촉을 할 수 없다는 사실을 이해했을 때만 눈물이 터져 나오고 순응이 시작된다. 이 과정은 몇 년이 걸릴 수도 있다. 어린 아이의 경우, 저녁 식사 전에는 과자를 달라고 졸라 봐야 부질없다는 것을 깨닫게 되면, 순응하는 데 몇 분 걸리지 않는다. 이것이 순식간에 미칠 듯한 절망에서 슬픔으로 전환되는 경우다. 형제와 엄마를 공유해야 하는 경우에는 순응하기까지 좀더 오랜 시간이 걸린다. 그러나 부질없음의 눈물이 흘러나와야 순응도 일어난다. 부질없음의 가장 공통된 감정은 슬픔과 실망, 비탄이다. 다행히 우리가 눈물을 참는 법을 배웠더라도 내적으로 부질없음을 느낄 수 있다면, 슬픔과 실망의 감정에 의해 순응이 일어난다. 또래지향적인 아이들의 딜레마는 부질없음의 감정이 취약성을 필요로 한다는 것이다. 즉 부질없음을 느낀다는 것은 곧 우리의 한계를 받아들인다는 것이다. 또래지향적인 아이들에게 부질없음은 취약성에서 벗어나 가장 먼저 억눌러야 하는 감정이다. 초연함의 문화에서 부질없음의 눈물은 수치다.

또래지향성은 좌절감을 불러일으키는 동시에 해독제가 되는 눈물을 빼앗는다. 헬렌은 눈물을 잃어버렸고, 엄마에 대한 적개심만 가득하게 되었다. 에밀리는 엄마가 암에 걸렸는데도 전혀 눈물을 흘리지 않았다. 부질없음의 눈물 대신 에밀리는 자신의 몸에 칼을 대어 피를 흘렸다. 에밀리를 채운 것은 슬픔과 실망감 대신 빈정거림과 경멸이었다. 에밀리는 자신의 고통을 비춰 주고 달래 줄 감성적인 음악 대신 폭력적인 헤비메탈을 택했다. 점점 더 많은 아이가 또래들과의 관계에서 부질없음에 직면하지만, 그 감정이 스며들기에는 너무 굳어진 나머지, 결국 자기 자신과 다른 사람들을 공격하게 된다.

또래지향적인 아이는 공격에 대한 뒤섞인 감정이 없다

공격의 충동을 이와 상반된 충동과 사고·의도·감정으로 억제한다면, 좌절감이 공격성으로 전환되지 않을 수 있다. 공격성에 관한 한, 상반된 감정은 매우 바람직한 것이다. 또래지향적인 아이들은 공격에 대해 상반된 감정을 훨씬 덜 느낀다.

대개 공격의 충동을 억제하는 것은 남을 다치게 하지 않으려는 의지나 착한 사람이 되고 싶은 욕망, 보복에 대한 두려움, 결과에 대한 걱정들이다. 또한 공격성을 완화하는 것은 애착을 느끼는 사람들과 멀어질지도 모른다는 불안감과 애정의 감정, 자기통제에

또래들은 어떻게 아이의 성장을 가로막나

대한 욕구들이다. 공격의 충동이 일어나는 순간 반대 방향으로 이동함으로써 아이는 그 충동을 억제할 수 있다. 그러나 상반된 감정이 부족한 상태에서 공격의 충동이 앞서면, 부적절한 충동이 행동으로 분출되는 것을 막을 수 없다.

왜 또래지향적인 아이들은 공격에 대해 상반된 감정을 훨씬 덜 느끼는 것일까? 첫 번째는, 이 아이들의 발달이 지체됨으로써 뒤섞인 감정과 상반된 충동에 잘 빠지지 않는 특성을 가지고 있기 때문이다. 이것이 9장에서 말한 미취학아동증후군이다─정신적 미성숙에서 기인한 충동성을 말한다. 아이가 충동성에 대해 알고 있는지, 의도가 얼마나 선한지, 얼마나 자주 훈계를 받는지, 그 결과가 어떤 벌을 가져오는지는 상관이 없다. 일단 좌절감이 충분히 쌓이면, 아이의 공격 충동이 이 모든 것을 능가하게 된다.

또래지향적인 아이들이 상반된 감정을 훨씬 덜 느끼는 두 번째 이유는, 애착의 완화시키는 힘이 없기 때문이다. 2장에서 설명했듯이, 기본 애착의 양극성으로 인해 우리는 애착을 형성하지 않은 사람들을 거부한다. 아이가 애착 허기를 채우기 위해 또래들로부터 접촉과 친밀감을 구할 때, 사실상 다른 모든 사람─형제와 부모 · 교사들─은 공격의 대상이 된다.

또한 애착의 관심 밖에 있는 또래들도 아이의 공격 대상이 된다. 다시 말하지만, 그런 공격성은 신체적 공격보다 다양한 형태로 나타난다. 즉 비난과 조롱, 무시, 험담, 욕설, 심술, 적개심, 경멸이 그것이다.

공격성을 완화하는 또 다른 요인은 심리적 경보다. 문제에 휘말리는 것에 대한 불안이나 상처 입을 것에 대한 두려움, 결과에 대한 우려, 사랑하는 사람과 멀어질 수 있다는 걱정은 아이로 하여금 경계하게 하는 심리적 기제다. 공격은 위험한 일이다. 뒤섞인 감정을 느낄 수 있는 아이는, 공격에 대한 생각만으로도 그것을 억제하게 하는 경보가 울릴 것이다.

문제는, 위기감은 취약성을 느끼게 한다는 것이다. 사실, 무언가 나쁜 일이 일어날 수 있다는 사실을 깨닫는 것 자체가 취약성의 본질이다. 취약성을 회피하려고 하기 때문에 많은 또래지향적인 아이가 두려움의 감정을 잃어버린다. 이 아이들은 생리적으로는 두려워할지 모르지만, 의식적으로는 이미 위기감이나 그에 따른 취약성을 느끼지 않는다. 이 아이들은 더는 놀라거나, 신경 쓰거나, 두려워하지 않는다.

위기감이 마비되면, 경보의 화학 작용—아드레날린의 폭주—은 매력적이거나 중독성 있는 느낌이 된다. 취약성에 대한 방어책으로 감정을 차단한 아이들은, 실제로 아드레날린의 폭주를 만끽하기 위해 위험을 자초한다. 따라서 '익스트림 스포츠'의 인기가 급상승하는 것은 당연한 일이다.

또래지향성이 강할수록 불안감이나 조심성이 없는 아이가 될 수 있다. 뇌 연구에 따르면, 비행청소년 세 명 중 한 명이 경보가 새겨지는 뇌 영역의 정상적인 활동이 이루어지지 않는다고 한다. 뇌의 경보장치가 작동하지 않으면, 사람의 공격 충동이 폭력적인 형태로 분출될 수 있다.

알코올의 영향이 이런 관계를 설명해 준다. 알코올을 섭취하면, 공격성을 저지하는 뇌 부위가 억제된다. 알코올이 상당히 높은 비율의 폭력 범죄와 연관되어 있다는 것은 놀라운 일이 아니다.[7]

아이들은 술을 마시면 용기가 생긴다고 생각하지만, 실제로는 두려움이 사라지는 것이다. 하지만 뇌는 알코올이나 다른 약물의 도움 없이도, 우리의 위기감을 완전히 마비시킬 수 있다. 자신의 감정을 마비시키는 것은 수많은 또래지향적인 아이의 목표다. 물론, 또래지향적인 아이들이 청소년기에 이르면 술을 마실 가능성이 높고, 공격성이 증가할 가능성도 크다.

또래지향적인 아이들의 공격성을 잠재우려는 노력은 그 자체가 무의미하다. 아이들의 또래지향성이 강해질수록 공격성을 훨씬 쉽게 드러내게 되고, 우리의 훈육에는 그만큼 덜 반응하게 된다. 아이들이 더 공격적으로 변할수록 우리는 아이한테서 더 멀어지게 될 것이고, 더 커진 공백은 또래들로 채워질 것이다. 그럴 때 우리는 자연히 아이들의 빗나간 애착이라는 근본적인 문제보다 공격성에 관심과 노력을 기울이게 된다. 그 문제로 아무리 속이 상하고 소원해졌다 해도, 공격성에 초점을 맞춰서는 안 된다. 관계를 회복하는 유일한 희망은 우리에 대한 아이의 애착을 되찾는 것이다.

11

또래 폭력의
가해자와 피해자

　빅토리아시대의 청소년 고전문학인《톰 브라운의 학창시절Tom Brown's School Days》에 등장하는 비겁한 플래시맨을 아는 사람이라면 누구나 알 수 있듯이, 또래들을 괴롭히는 아이들은 늘 있어 왔다. 우리도 누구나 따돌림에 얽힌 어린 시절의 일화 하나쯤은 알고 있다. 그런데도 따돌림 현상이 사회 문제로 주목을 받게 된 것은 아주 최근의 일이다.《뉴욕 타임스New York Times》에 따르면 "아동 발달에 관한 가장 큰 규모의 한 연구에서, 미국국립보건원 U.S. National Institutes of Health의 연구원들은 중학교 아이들의 4분의 1 정도가 위협과 조롱, 욕설, 손바닥이나 주먹으로 치기, 야유, 냉소 등을 포함한, 심각하고 만성적인 따돌림의 가해자나 피

해자(어떤 경우에는 둘 다인)라고 발표했다."주1

이제는 대부분의 학교에서 필수적으로 반폭력 프로그램을 시행하거나, 따돌림 행위에 대한 '무관용' 정책을 표명하고 있다. 그러나 따돌림의 근본 원인에 대해서는 거의 이해하지 못하고 있다. 이를 위한 해결 방안들은 예상대로 별 효과를 거두지 못했는데, 그것은 늘 원인보다 행동에 초점을 맞추었기 때문이다. 예를 들어, 2001년《뉴욕 타임스》에는 캘리포니아주 산티에서 따돌림으로 인해 발생한 고등학교 내 총격 사건 이후 워싱턴주위원회가 그 문제의 해결을 위한 법안을 통과시켰다는 기사가 보도되었다. 이 보도에 따르면 "법안 지지자들은 이 법안이 더 많은 폭력을 막는 데 도움이 될 거라고 말하지만, 회의론자들은 총격 사건이 발생한 캘리포니아 고등학교에는 이미 위협을 당하는 학생들을 위한 익명의 제보 규정과, '욕은 우리를 아프게 해요'라는 10대들이 함께 어울리도록 돕는 반폭력 프로그램이 있다고 지적했다."주2

앞장에서 언급한 한 연구에서 요크대학교의 연구자들은 초등학교 운동장에서 일어난 53건의 폭력 현장을 녹화한 비디오테이프를 분석했는데, 이 중 절반이 넘는 아이들이 피해자에게 조롱과 폭력을 행사하는 것을 방관하고 있었고, 4분의 1에 가까운 아이들은 피해자를 괴롭히는 데 동참하고 있었다.주3

1997년 세계적 관심을 끌었던, 브리티시컬럼비아주 빅토리아에서 10대 또래들에 의해 살해된 리나 버크 사건은《파리대왕The Lord of the Flies》을 연상케 한다. 리나는 살해 당시 열네 살이었고, 살인자들은 한두 살 차이의 동년배들이었다. 윌리엄 골딩William Golding의 소설에서처럼 청소년 집단은 자기 무리에서 가장 취약한 아이를 공격했고, 그들의 분노와 좌절감은 리나가 폭력에 쓰러져 익사할 때까지도 온전히 풀리지 않았다. 보도에 따르면, 살인자 중 한 명은 피해자의 머리를 물속에 집어넣은 채 태연하게 담배를 피웠다고 한다. 많은 아이가 구타를 목격하면서도 아무도 적극적으로 개입하려고 하지 않았고, 아무도 이후 관련 당국에 사건을 신고하지 않았다. 어른들은 며칠 동안 이 살인 사건에 대해 아무도 몰랐다.

《파리대왕》에서는 영국의 합창단 소년들이 열대의 한 무인도에 고립된다. 자기들끼리 남은 소년들은 자연스럽게 괴롭히는 쪽과 괴롭힘을 당하는 쪽으로 나뉜다. 골딩의 소설에 대해 많은 사람이 아이들은 얄팍한 문명의 표피 아래에 길들여지지 않은 야만성을 품고 있으며, 권위의 힘만이 그들 내면의 야만적 충동을 억제할 수 있다고 해석했다. 비록 어른들의 부재가 아이들 사이에서 따돌림이 일어나는 주요 원인이 되는 것은 사실이지만, 진정한 동력은 어른들과의 애착 결핍에 있다. 일반적으로 폭력의 여파와 마찬가지로, 따돌림에서도 또래지향성의 영향을 볼 수 있다. 실제로 동물 세계에서도 같은 현상이 관찰된다.

미국국립보건원의 원숭이연구소에서는 새끼 집단을 어른 집단으로부터 분리해 자기들끼리 서로 돌보도록 했다. 어른 원숭이의 손에 자란 새끼 원숭이와 달리, 이들 또래지향적인 원숭이의 상당수가 폭력적인 행동을 보였으며, 충동적이고 공격적이고 자기파괴적으로 변했다.[주4]

남아프리카의 야생동물보호구역에서 보호종인 흰코뿔소의 도살 사건이 터졌을 때도 그랬다. 처음에는 밀렵꾼들을 의심했지만,

또래들은 어떻게 아이의 성장을 가로막나

나중에 난폭한 어린 코끼리 집단의 소행으로 밝혀졌다. 이 에피소드는 많은 관심을 끌어 〈60분60Minutes〉이라는 텔레비전 프로그램에 소개되기도 했다. 다음은 인터넷에 올라온 내용이다.

이야기는 10년 전 공원에서 코끼리의 숫자가 감당하기 힘들 정도로 늘어나면서 시작되었다. 관리원들은 어른들 없이도 생존할 수 있을 정도로 충분히 자란 어린 코끼리들만 남겨놓고 어른 코끼리들을 대부분 사살했다. 그곳에 남겨진 어린 코끼리들은 어른들의 통제 없이 제멋대로 살았다.

시간이 갈수록 이들 어린 코끼리 중 상당수가 무리를 지어 몰려다니며 보통의 코끼리는 하지 않는 일들을 하기 시작했다. 그들은 코뿔소에게 물을 뿌리거나 나뭇가지를 집어던지며 동네 불량배처럼 행동했다… 몇몇 어린 수컷은 특히 폭력적으로 변해 코뿔소를 넘어뜨려 발로 짓밟거나 무릎으로 짓뭉개 죽였다….

해결책은 그런 폭력 행위를 제압하고 그들을 인도할 어른 수컷을 데려오는 것이었다. 새로운 수컷은 이내 그들을 평정하고 위계를 잡아 나갔으며, 어린 수컷들은 제자리를 찾게 되었다. 학살도 중단되었다.

이 두 경우에서 우리는 동물 세계에서도 자연적인 세대 간의 위계가 파괴되면서 폭력이 뒤따르게 되는 현상을 보았다. 인간의 어린 아이들 사이에서도 따돌림 현상은 어른들과의 관계를 상실하면서 자연적 위계가 파괴됨으로써 생긴 결과물이다. 《파리대왕》에서 아이들은 비행기 추락 사고로 돌봐줄 어른 한 명 없이 자기들끼리만 남게 되었다. 빅토리아의 리나 버크 살인 사건에서도 가해자와 희생자 모두 또래지향성이 매우 강하고 어른들과의 정서적 애착을 상실한, 문제 가정에서 자란 아이들이었다.

근본적인 문제는 행동 자체가 아니라 책임 있는 어른들과의 자연적인 위계를 상실한 데 있다. 아이들이 더는 부모를 방향성의 대상으로 삼지 않을 때 본능과 충동의 노예로 전락하게 된다. 뒤에서 설명하겠지만, 지배하려는 본능은 적절한 애착을 상실할 때 일어난다.

특히 우리의 관심을 끄는 것은 학교에 만연한 따돌림 현상이다. 따돌림 가해자가 사회적으로 적응하지 못한 아이들이라거나 사회적으로 소외된 아이들, 혹은 약자를 괴롭히지만 주류로부터는 배척당한 아이들이라는 것은 고정관념에 불과하다. 아이들의 세계에서 따돌림 가해자들은 추방자가 아니다. 그들은 적어도 학교에서는 많은 지지를 받기도 한다. 미국심리학회가 2000년에 발행한 연구논문에서는 "초등학교에서 매우 공격적이고 반사회적인 소년들이 인기를 얻고 있다"고 발표한 바 있다. 이 연구논문의 주요 저자이며 노스캐롤라이나 듀크대학교의 교수인 필립 로드킨Philip Rodkin은 이렇게 말했다. "공격적인 아이들을 생각할 때 우리는 낙오자나 낙인이 찍힌 아이, 통제 불능의 아이를 떠올리는 경향이 있다. 그러나 이런 공격적인 아이들의 3분의 1 가량이 교실 내 그룹의 주모자들이다. 이 아이들은 소수라도 높은 지위 때문에 또래들과 반 전체에 상당한 영향력을 행사할 수 있다."[주5]

따돌림 행위가 도덕적 실패나 가정의 학대, 훈육의 부족, 오락매체의 폭력에 노출된 데에서 기인한다는 믿음은 잘못된 것이다. 이런 원인들에서 기인하는 측면도 있지만, 따돌림은 근본적으로 애착 형성의 실패 때문이라고 확신한다. 앞의 각 사례에서 아이와 동물들은 신체적으로나 정서적으로나 심리적으로나 고아가 되

또래들은 어떻게 아이의 성장을 가로막나

었다. 새끼 원숭이들은 부모와 분리되었고, 어린 코끼리의 부모들은 공원 관리인들에 의해 사살되었다. 《파리대왕》에서도 어른들은 죽고, 빅토리아 사건의 10대들은 부모들과 단절되었다. 그들은 모두 견디기 힘든 애착 결핍을 겪고 있었다. 그들의 따돌림 행위는 애착의 자연적 위계에 편안하게 자리 잡지 못한 미성숙한 존재들의 표현이었다. 이런 결론을 뒷받침하는 연구들도 있다. 《뉴욕 타임스》에 보도된 한 연구논문은, 어린 아이들이 부모들과 떨어져 또래 집단과 보내는 시간이 많을수록 따돌림 행위가 더 심한 경향이 있다고 주장했다. 《뉴욕 타임스》의 기사에 따르면 "일주일에 30시간 이상을 엄마와 떨어져 보낸 아이들은 따돌림 가해자나 문제아가 될 확률이 17퍼센트인데 비해, 일주일에 10시간 이하를 떨어져 보낸 아이들의 경우는 6퍼센트에 불과했다."[주6]

또래 사이에는 지배와 복종의 위계만이 존재한다

왜 빗나간 애착으로 인해 아이가 따돌림 가해자가 되거나, 드물게는 피해자가 되기 쉬워지는 것일까? 인간의 삶에서 애착의 주된 역할은, 성숙한 어른이 미성숙한 아이를 돌볼 수 있도록 하는 것이다.

따라서 어떤 애착 관계든, 그 첫 번째 임무는 효과적인 위계를 확립하는 것이다. 정상적인 상황에서는 어른이 지배적인 역할을 할 때, 애착뇌에 의해 아이는 의존적인 역할을 하게 된다. 그런데 이렇게 지배적이거나 의존적인 입장을 취하는 본능은 어떤 애착 관계에서든 작용하며, 이는 양쪽 모두 미성숙하여 어느 쪽도 다른 쪽의 욕구를 돌볼 입장이 아닌 경우에도 마찬가지다. 의존적인 쪽은 상대에게 보살핌을 바라고 존경하는 반면, 지배적인 쪽은 상대의 안녕에 대한 책임을 떠맡는다. 아이와 어른들 사이에 적절한 역할 분담이 분명히 있고, 반드시 있어야 하는 것이다. 만일 그 대상이 아이와 아이가 된다면, 그 결과는 재앙이 될 수 있다. 어떤 아이들은 자신을 따르는 아이들에게 어떤 책임도 지지 않고 지배력을 행사하는 한편, 다른 아이들은 자신을 돌볼 능력이 없는 아이에게 복종한다. 또래지향성에 의한 강력한 애착 충동은 서로 대등한 관계를 맺어야 하는 미성숙한 아이들에게 지배와 복종이라는 부자연스러운 위계를 강요한다.

지배하는 아이 중에는 실제로 어미닭이 되어 더 어린 아이를 지키고, 궁핍한 아이를 돌보며, 상처 입기 쉬운 아이를 옹호하고, 약한 아이를 보호하는 경우도 있다. 어른도 없이 다른 아이들을 돌보는 아이의 가슴 뭉클한 이야기도 있다. 미국의 고전문학인 거트루드 챈들러 워너Gertrude Chandler Warner의 《화물차에 사는 아이들The Boxcar Children》은 서로를 책임지는 아이들에 대한 사랑스러운 가상의 이야기다. 고아가 된 네 형제자매는 본 적도 없는 할아버지를 찾아가기보다는 서로를 돌보기로 한다. 맏이인 헨리는 동생들을 보살피기 위해 일자리까지 구한다.

그러나 아이들(혹은 어른들)이 서열상 자기보다 낮은 아이들을 본능적인 책임감 없이 지배하게 될 때는 가해자가 된다. 다른 아이들의 욕구를 채워 주기보다는 짓밟고, 취약성을 보호하기보다는 악용하며, 나약함을 도와주기보다는 비웃고, 장애를 걱정하기

또래들은 어떻게 아이의 성장을 가로막나

보다는 조롱한다. 가해자들은 자신의 결점과 실수는 보지 못한다. 이들에게는 눈물도 두려움도 없는 초연함이 미덕이다. 보살핌이란 정서적으로 누군가 혹은 무언가에 공을 들이는 것이다. 책임감을 느낀다는 것은 부적절함과 죄책감을 느낄 줄 아는 것이다. "상관 안 해"나 "내 잘못이 아니야"는 가해자들의 주문이다.

가해자는 어떻게 지배적인 위치에 서게 되나

지배적인 위치에 있는 사람은 의존적인 위치에 있는 사람보다 훨씬 덜 취약하며, 그래서 가장 정서적으로 경직된 아이들이 누구보다 지배력을 추구하는 성향이 강하기도 하다.

확실히 어떤 아이들은 또래지향성을 띠기도 전에 가해자가 될 만한 심리적 성향을 지니고 있다. 그런 경우 또래지향성은 그 원인이 되지는 않을지라도, 그 아이가 폭력적인 충동을 행사할 수 있는 충분한 기회를 제공한다.

때로는 그 아이가 의존적인 위치에 처했을 때의 고통스러운 경험이 지배력을 추구하는 원인이 되기도 한다. 부모나 양육자가 아이 위에 군림하며 아이의 존엄성을 짓밟고 아이에게 상처를 입히면서 아이를 책임지고 있는 자신의 지위를 남용했을 때, 아이가 어떻게든 그 그늘에서 벗어나려고 하는 것은 당연한 일이다.

프랭크는 어릴 때부터 자신을 상습적으로 구타해 온 의붓아버지와 함께 살았다. 또래들이 부모를 대신해 중요한 애착 대상으로 자리 잡았을 때, 이 열두 살짜리 소년은 필사적으로 꼭대기에 오르려고 했다. 소년은 자신이 당했던 일을 정확히 모방했다. 유전자를 통해서가 아니라, 이런 식으로 가해자는 가해자를 낳는다.

부모가 유능하고, 인자하고, 강한 어른으로서의 안정감을 심어주지 못할 때도 아이는 가해자가 되기 쉽다. 아이는 부모의 지시에 저항하며 자기 능력 이상의 자율성을 얻으려고 애쓰는 만큼, 자신을 돌보기에 충분히 강하고 현명한 누군가에게 의존하기를 갈망한다. 현대에는 이와 같은 부모의 역할과 관습을 평가절하함으로써, 부모가 애착에 의한 지배를 확립하지 못하는 경우가 늘어나고 있다. 많은 부모가 아이들을 앞세우고, 그들한테서 부모가 되는 방법을 찾기도 한다. 어떤 부모들은 아이들을 위해 자신이 해줄 수 있는 일은 무엇이든 다 해줌으로써 혼란과 좌절감을 피하려고 한다. 이렇게 자란 아이들은 불가능한 일에 부딪힐 때 따르는 필연적인 좌절감에 결코 맞서지 못한다. 아이들은 좌절감을 부질없음의 감정으로 전환하고, 그로부터 벗어나며 순응하게 되는 경험을 박탈당한다. 또 다른 부모들은 아이들에 대한 존중을, 그들이 원하는 것을 다 들어주는 것으로 혼동하기도 한다.

부모가 너무 궁색하거나, 너무 수동적이거나, 지배력에 대한 확신이 없는 경우, 애착 본능에 의해 아이가 지배적인 위치로 이동하게 된다. 이런 아이들은 두목 행세를 하며 지배를 한다. 한 다섯 살짜리 아이가 자기 엄마한테 이렇게 말했듯이 말이다. "제가 엄마한테 해달라고 한 것도 안 해주면서 어떻게 엄마는 저를 사랑한다고 할 수 있어요?" 또 다른 유치원 아이는 엄마의 귀에 대고 이렇게 속삭였다. "제 말을 안 들으면 이다음에 커서 엄마를 죽여 버릴 거예요." 부모가 아이와의 관계에서 걸맞은 지위를 확보하지 못하면 애착은 왜곡되고, 아이들의 뇌는 자연적으로 지배적인 양식을 선택한다. 그리고 이 아이들은 또래들을 괴롭히는 가해자가 된다.

가해자는 어떻게 지배력을 획득하나

지배력을 획득하는 데에는 다양한 방법이 있다. 자신을 부각시키는 가장 직접적인 방법은 과시하거나, 허풍떨거나, 가장 대단하고 가장 잘나가고 가장 중요한 존재로 자신을 치장하는 것이다. 그러나 자신을 부각시키는 가장 흔한 방법은 다른 사람을 깎아내리는 것으로, 가해자는 늘 누가 우두머리인지를 보여 주고 아이들을 통제하는 일에 집착한다. 생색과 경멸, 모욕, 비하, 굴욕, 조롱, 망신 등 수단은 다양하다. 가해자는 다른 아이들의 불안감을 본능적으로 읽고, 자신의 이익을 위해 그 점을 악용한다. 가해자는 다른 아이들을 바보나 멍청이로 만들고 수치심을 느끼게 하는 일을 무척이나 즐긴다. 가해자는 다른 누군가가 자신보다 더 중요한 존재가 되는 것을 참지 못한다.

지배력을 획득하는 또 다른 방법은 협박이다. 가해자는 두려움을 유발함으로써 우위를 점한다. 자신의 위치를 공고히 하기 위해, 가해자는 절대 어떤 것도 두려워하는 기색을 보여서는 안 된다. 어떤 청소년들은 자신에게 두려움이 없다는 것을 증명하기 위해 어리석은 일을 자행하기도 하는데, 자신의 몸에 불이나 칼을 대고 그 흉터를 보여 주는 것이다.

또한 복종을 강요함으로써 지배력을 획득하기도 한다. 아이들에게 가해자는 자기 마음대로 하고 원하는 것을 얻기 위해서는 무슨 일이든 서슴지 않는 존재다. 무엇이 가해자로 하여금 그렇게 무리한 요구를 하게 하는 것일까? 우리는 다시 한 번 애착과 취약성의 역학에 유의할 필요가 있다. 그들이 인식하지 못한다 해도, 가해자들은 어른들과의 애착 상실과 또래들과의 빈곤한 애착으로 인한 좌절감으로 가득 차 있다. 그들은 절대 자신에게 진정으로 필요한 온기와 사랑, 관계를 요구하지 못한다. 외적 장신구인 복종은 초라한 대체물일 뿐이다.

가해자가 복종을 강요하는 것은, 그것이 충성과 굴복의 강력한 표시이기 때문이다. 그 복종의 표시가 마음으로부터 우러난 게 아니어도 가해자에게는 문제가 되지 않는다. 가해자는 허울뿐인 존경과 진짜 존경을 구분하지 못하고, 강요에 의한 접촉과 친밀감은 진짜가 아니며 절대 충족감을 줄 수 없다는 사실을 깨닫지 못한다. 그가 힘으로 강요한 복종은 충족감을 주지 못하기 때문에, 가해자의 애착에 대한 허기와 좌절감은 더욱 심해질 뿐이다. 그가 정말로 원하는 것, 즉 정서적으로 만족스러운 관계는 절대 이런 식으로는 얻을 수 없다.

무엇이 가해자의 공격을 유발하나

가해자는 자신의 요구가 좌절될 때마다 공격을 가한다. 예를 들어 가해자들은 경의를 표하지 않는 데 대해 극도로 예민한데,

또래들은 어떻게 아이의 성장을 가로막나

그를 잘못 쳐다보기만 해도 반응이 날아올 수 있다. 그가 서 있는 복도를 걷는 것은 지뢰밭을 걷는 것과 같다. 유감스럽게도, 무엇이 문제인지 늘 명확하지는 않다. 저스틴이라는 아이의 경우 학교 식당에서 가해자의 접시를 살짝 건드린 것이 문제였다. 프랑카의 경우는 가해자가 찍어 둔 소년과 춤을 춘 것이 문제였다. 이 두 소녀 모두 매우 영리하고 위험한 상황을 잘 넘기는 아이들이었는데도, 이 일로 몇 달 동안이나 협박과 괴롭힘을 당했다.

가해자가 지배하는 세계에서 아이들이 문제없이 살아가기는 힘들다. 안타깝게도 또래지향성의 중요한 영향 중 하나는, 적대감과 거부의 징후를 읽는 데 필요한 취약성을 차단한다는 것이다. 빅토리아에서 두들겨 맞다가 익사 당한 리나 버크가 이런 경우였다. 리나는 또래지향성이 매우 강한 아이였는데, 거부로 인한 상처를 느끼지 못했다. 리나는 거부당할수록 더 필사적으로 또래들에게 매달렸다. 죽기 직전까지도 리나는 자신의 적들에게 그들에 대한 사랑과 자신에 대한 온정을 호소했다고 한다. 두려움에 경각심을 갖는 대신, 자신의 종말을 향해 맹목적으로 걸어 들어간 것이다. 심각성은 덜 해도 이와 유사한 역학이 어느 교정에서나 매일 수도 없이 반복되고 있다. 아이들은 거부에 대한 사회적 신호와 그들에게 경보를 하는 메시지에 전혀 상관하지 않기 때문에 위험 속으로 걸어들어가고 있다.

불경이나 불복종 외에도 따돌림을 유발하는 또 다른 주요 요인은 취약성을 드러내는 것이다. 아이들은 가해자에게 자신이 상처 입을 수 있다는 사실이나, 자신의 실수를 만회하겠다는 뜻을 드러내면 안 된다. 상처가 되는 일을 드러내면, 가해자는 그 상처를 건드릴 것이다. 어딘가 궁핍하고, 무언가를 갈망하며, 무언가에 열심인 것처럼 보이는 것은 스스로 목표물이 되는 것이다. 대부분의 아이가 이런 사실을 알고 있고, 자신의 취약성을 공격할 수 있는 아이들이 주위에 있을 때는 철저하게 위장한다. 또래들의 조롱거리가 될 게 뻔하므로, 아이들은 부모가 보고 싶다는 말을 할 수 없다. 말 한마디에 상처받는다는 사실을 인정해서도 안 된다. 자신의 취약성을 인정할 수도 없다. 아이들은 두려움을 숨기는 법을 배워야 하고, 불안감을 보여서는 안 되며, 자신의 상처를 부인해야 한다. 가해자가 지배하는 세계에서 살아남기 위해서 아이들은 취약성의 모든 흔적을 철저하게 감추고, 보살핌의 모든 자취를 지워야 한다. 이 때문에 그렇게 많은 아이가 피해자에 대한 공감의 감정을 억누르는 것이다.

또래지향성이 만들어 낸 왜곡된 위계 속에서 일부 아이들은 복종해야 한다. 지배하는 또래와 마주칠 때, 이 아이들은 자동적으로 경의를 표한다. 복종을 입증하는 한 방법은 취약성을 보여 주는 것으로, 마치 무리 속의 늑대가 더 강한 우두머리에게 몸을 뒤집어 자신의 목을 드러내는 것과 유사하다. 늑대는 자기 몸에서 가장 취약한 부분을 드러냄으로써 복종을 표현한다. 이런 행동은 애착 본능에 깊이 뿌리박혀 있다. 자연에서는 자신의 취약성을 드러내면 보호받을 수 있다. 그러나 가해자의 눈에 그렇게 겁없이 취약성을 드러내는 것은 공격의 충동을 부채질하는, 황소에게 흔드는 붉은 깃발과 같은 것이다. 피해자도 가해자도 자신의 무의식적인 본능을 따르는 것뿐이지만, 피해자에게는 끔찍한 결과를 가져온다.

　　　　　　또래들은 어떻게 아이의 성장을 가로막나

가해자는 어떻게 애착을 형성하나

가해자의 어두운 기질에는 내가 '뒤로 애착 형성하기backing into attachments'라고 부르는 독특한 과정이 있다. 정서적으로 건강한 사람은 애착을 향해 솔직하게, 앞으로, 있는 그대로 다가간다. 그는 자신의 취약성을 드러내면서 욕구와 욕망을 솔직하게 표현한다. 가해자에게는 이처럼 솔직하게 친밀감을 구하는 것은 너무 위험한 일이다. 또래지향적인 가해자에게는 "난 너를 좋아해," "넌 내게 소중한 사람이야," "네가 여기 없으면 보고 싶어져," "너와 친구가 되고 싶어"와 같은 말을 한다는 것이 너무 두려운 일이다. 가해자는 절대 관계에 대한 끝없는 허기를 인정하지 못할 뿐만 아니라, 대부분 이를 의식적으로 느끼지도 못한다.

그렇다면 가해자는 어떻게 애착을 형성할까? 애착에는 긍정적인 면과 부정적인 면이 다 있지만, 가해자는 부정적인 방식으로 관계를 맺는다. 가해자는 자기가 좋아하는 아이와 가까워지기 위해, 그 아이와 다른 아이들이 멀어지게 한다. 비록 솔직하지는 못하지만, 이런 접근법은 상처받거나 거부당할 위험이 적다. 이럴 경우 가해자가 그 결과에 초연한 것처럼 보일 수 있고, 원하는 관계에 마음을 쏟고 있다는 사실을 드러내지 않아도 된다. 그는 좋아하는 아이와의 관계에 대한 열망을 직접 표현하는 대신, 특히 자기가 정말 좋아하는 아이가 있는 자리에서 다른 아이들을 보란 듯이 무시하고 멀리한다.

가해자의 성격은 이렇게 드러난다. 즉 한 아이와 가까워지기 위해 다른 아이들을 멀리하고, 이쪽과 관계를 맺기 위해 저쪽에 경멸을 퍼부으며, 어떤 사람들과의 굳건한 관계를 위해 다른 사람들을 외면하고 배척한다. 사랑에는 위기가 있지만 혐오에는 아무 위기가 없고, 칭찬은 위험을 감수해야 하지만 경멸은 위험을 감수하지 않아도 되며, 다른 누군가를 닮고 싶은 마음에는 취약성이 있지만 다른 사람을 조롱하는 마음에는 취약성이 없다. 가해자는 본능적으로 가장 상처를 입지 않고 목적지에 이르는 길을 택한다.

이런 본능 중심의 행동을 당하는 입장에서는 당황스럽지 않을 수 없다. "왜 나지?" "왜 내가 이런 취급을 받아야 하지?" 피해자가 혼란스럽고 당황해하는 것은 당연하다. 그에게는 잘못이 없다. 그는 그저 목적지로 가기 위한 수단이다. 누군가는 가해자를 위해 그 역할을 맡아야 한다. 개인적인 감정이 있어서가 아니다. 그가 괴롭힘을 당하는 유일한 이유는, 가해자가 애착을 형성하고 싶어 하는 사람이 아니라는 것이다. 안타깝게도 이런 애착 전략에서 자신도 모르게 볼모가 되는 아이들은 정신적으로 더욱 피폐해진다. 따돌림의 표적이 된 일부 아이들은 그런 취급을 당하는 데에는 자신의 책임도 있다고 생각하게 된다. 만일 표적이 된 아이들이 어른들과의 강한 애착으로 보호받지 못하면 정서적으로 상처를 입고, 지극히 방어적인 감정의 차단이나 우울증, 혹은 그보다 심각한 상태에 빠질 위험성이 매우 높다.

가해자가 증가함에 따라 자신도 표적이 될 수 있다고 생각하는 아이들도 늘어난다. 또래지향적인 아이들이 둘 이상 모이면, 그들은 다른 누군가를 배척함으로써 서로에 대한 애착을 형성할 것이다. "저 애 너무 싫지 않니?" "저기 얼간이 간다." "쟤는 너무 잘난 척해." "그 녀석은 바보야." 험담이 끊이지 않는다. 어른들의 눈에

또래들은 어떻게 아이의 성장을 가로막나

는 그런 행동이 당혹스러울 수 있는데, 다른 시각에서 보면 그 아이들이 예의바르고, 매력적이고, 상냥하기 때문이다. 어떤 아이들의 성격은 누구와 함께 있느냐에 따라, 애착 자석이 음극과 양극 중 어느 쪽을 향하고 있느냐에 따라 급전환할 수 있다.

가해자는 나쁜 알이 아닌 단단한 껍질에 싸인 알이다

따돌림은 고의적인 게 아니라는 점을 유념해야 한다. 가해자의 공격적인 행동이 그 아이의 진짜 성격을 반영한다는 생각은 오해다. 가해자는 나쁜 알이라기보다는 단단한 껍질에 싸인 알이다. 따돌림 행위는 인간의 정서적 뇌에서 가장 중요한 두 가지 심리적 역학, 즉 애착과 방어가 만들어 낸 것이다. 이런 강력한 역학이 아이의 본성을 감추고 있다.

가해자를 구제하려면, 먼저 그 아이를 제자리로 돌려놓아야 한다. 이는 그 아이에게 훈계나 처벌을 한다는 게 아니라, 애착의 자연적인 위계 안으로 다시 끌어들인다는 의미다. 그 아이의 유일한 희망은 그의 정서적 욕구를 기꺼이 돌봐 줄 어른과의 애착이다. 그의 거친 겉모습 아래에는 깊이 상처받고 철저히 혼자인 어린 아이가 있고, 그 단단한 껍질은 진심으로 보살펴 주는 어른 앞에서 저절로 녹아내린다. 한 중학교 상담교사는 내게 이렇게 말했다. "한번은 모두 너를 두려워하는 기분이 어떠냐고 가해 학생에게 물어 본 적이 있어요. 그 아이는 '전 친구들이 많아요. 하지만 진정한 친구는 하나도 없어요'라고 대답하더니 흐느끼기 시작했어요."

가해자가 더는 슬프고 외로워하지 않을 때, 더는 스스로 애착 허기를 채우지 않을 때 따돌림 행위는 불필요해진다. 《반지의 제왕Lord of the Rings》 3부작의 두 번째 편인 〈두 개의 탑The Two Towers〉에서 우리는 한 사람의 애착 욕구가 충족되면 공격적인 행동이 어떻게 사라지는지에 대한 감동적인 사례를 볼 수 있다. 비열하고 뒤틀린데다 정서적으로 메마른 생명체인 골룸은 '주인님'이라고 부르는 호빗족 프로도에게 애착을 형성하면서 혼자 독백을 한다. 그는 의심 많고 교활하고 흉악하기까지 한 또 다른 자신에게 이렇게 말한다. "우리는 네가 필요 없어, 이제는 주인님이 우리를 보살펴 줘."

가해자의 본질을 단적으로 묘사하면, 지배적인 지위를 추구하는, 매우 미성숙하고 상당히 의존적인, 메마른 감정의 단단한 껍질을 두르고 있는 아주 예민한 애착의 생명체라고 할 수 있다. 다른 요인도 있을 수 있지만, 또래지향성은 따돌림 현상을 초래하고 이를 강화하는 가장 큰 원인이다. 가해자의 모든 속성은 두 개의 강력한 역학에서 비롯되는데, 바로 대체된 애착과 취약성으로부터의 필사적인 도피가 그것이다. 이 두 역학의 결합의 산물이 가해자다. 거칠고, 비열하고, 부당한 요구를 일삼는 아이가 다른 아이들을 괴롭히고, 헐뜯고, 놀리고, 위협하고, 협박하는 것이다. 게다가 가해자는 사소한 일에 민감하고, 쉽게 흥분하며, 눈물이나 두려움을 모르고, 약점과 취약성을 공략한다.

또래지향성은 가해자와 피해자를 낳는다. 우리는 아이들끼리 어울리게 함으로써 평등한 가치와 관계를 육성할 수 있다는, 위험

또래들은 어떻게 아이의 성장을 가로막나

할 정도로 순진한 생각을 해왔다. 우리는 《파리대왕》과 같은 무대의 공동체를 만들고 있다. 말하자면, 또래지향성은 우리 아이들을 고아로, 학교를 일일 고아원으로 만들고 있다. 지금의 학교는 상대적으로 어른들의 감독이 없는 식당과 강당, 운동장에서 또래지향적인 아이들이 함께하는 곳이다. 또래지향성의 여파로 강력한 애착이 재형성되기 때문에, 학교도 가해자를 낳는 공장이 되고 있다―본의 아니게, 그럼에도 비극적으로.

가해자를 선도하는 유일한 방법은 그를 애초에 그렇게 만든 역학을 뒤집는 것이다. 즉 아이를 적절한 애착 위계로 재통합하고, 방어막을 약화시키며, 애착 허기를 채워 주는 것이다. 어려운 일이기는 해도, 이것만이 성공할 가능성이 있는 유일한 해결책이다. 따돌림 행위를 억제하는 데 급급한 현재의 방법은 문제의 근본 원인을 놓치고 있다.

마찬가지로, 피해자를 보호하는 최선의 방법도 그를 책임지고 있는 어른들에게 의존하도록 그를 재통합하고, 자신의 취약성을 느끼며 자신의 의지대로 되지 않는 일들에 대해 눈물을 흘릴 수 있도록 하는 것이다. 또래지향성이 너무 강해서 어른들에게 기대지 못하는 아이들이 가장 위험한 경우가 많다.

나는 최근 자녀가 따돌림을 당하다 자살한 몇몇 부모와 함께 캐나다 전국 텔레비전의 따돌림 관련 특집 프로그램에 출현한 적이 있다. 그 프로그램에는 따돌림으로 인해 삶이 비참해진 한 소녀의 사례가 소개되었다. 소녀의 엄마는 딸이 학교에서 돌아와 거의 매일같이 펑펑 울면서 고통스러웠던 일에 대해 털어놓았다고 했다. 방송이 끝난 뒤 여성 사회자는 내게 그 소녀가 자살을 시도할 염려는 없느냐고 걱정스럽게 물었다. 하지만 나는 엄마에 대한 소녀의 의존성과 안전한 관계, 그 안에서 털어 놓은 말과 흘린 눈물이 소녀를 구원했다고 대답했다. 목숨을 끊은 아이들은 그 부모들에게는 수수께끼였다. 그 안타까운 피해자들은 또래지향성이 너무 강해서 부모에게 무슨 일이 있었는지에 대해 말하지 못했고, 취약성에 대한 방어막이 너무 강해서 자신이 겪은 정신적 외상에 대해 눈물을 흘릴 수 없었다. 그들의 좌절감은 더는 견딜 수 없는 지경까지 이르렀다. 이처럼 특수한 경우에 아이들은 다른 사람들보다는 자기 자신을 공격한다. 이렇게 가해자와 피해자는 닮은 구석이 있는데, 양쪽 다 돌보는 어른들과의 적절한 애착이 부족하다는 것이다. 아이가 부모에게 기댈 수 있고, 고민거리에 대처할 수 있으며, 적절한 부질없음의 감정으로 대응할 수 있는 한, 아무리 불행한 일을 겪더라도 자기 자신이나 다른 사람들을 공격하는 위험한 상황까지 이르지는 않는다.

전문가를 포함한 일부 사람들은 따돌림 문제를 도덕적 가치를 전달하는 데 실패한 것으로 보고 있다. 그러나 친절과 배려와 같은 인간의 가치는 충분히 취약성을 느끼는 아이들한테서는 자연스럽게 나타난다. 문제는 가해자의 도덕 교육에 있는 게 아니라, 주류 사회의 애착과 취약성의 기본 가치가 무너진 데 있다. 이런 핵심 가치를 가슴에 새기는 한, 또래지향성으로 인해 가해자와 피해자가 생겨나거나 확산되지는 않을 것이다.

12
때 이른 성,
채우지 못한 애착

　열세 살 제시카는 친구 스테이시에게 학교 아이들이 다가오는 파티에서 같은 반 남자아이와의 오럴섹스를 강요하고 있다고 털어놓았다. "그래야만 내가 자기네 클럽에 들어올 자격이 있다는 것을 증명할 수 있대"라고 제시카는 말했다. 제시카는 그 문제를 어떻게 생각해야 할지 몰랐다. 제시카는 그 남자아이에게 전혀 성적으로 끌리지는 않았지만, 관심을 끌고 싶기는 했다. 제시카는 과체중이었고, 아이들의 파벌에 한 번도 끼어보지 못했다. 당황한 스테이시는 아버지에게 제시카의 딜레마에 대해 이야기했다. 스테이시의 아버지는 잠시 생각한 후에 제시카의 부모에게 알리는 게 최선이라고 생각했다. 딸의 위태로운 상황에 대해 전혀 모르고 있던 제시카의 부모는 충격을 받았다. 그들이 걱정을 하며 제시카에게 다가갔을 때는, 이미 상황이 끝난 후였다.

우리 모두 실감하고 있듯이, 성이 단순히 성을 의미하는 경우는 드물다. 제시카의 경우는 분명히 그랬다. 때로 성은 채우고 싶은 갈망이기도 하고, 지루함이나 외로움으로부터의 도피이기도 하다. 성은 경계를 표시하거나 소유를 주장하는 방법이기도 하고, 다른 사람과 배타적인 관계를 유지하기 위한 시도로 작용하기도 한다. 성은 지위와 인정의 강력한 상징이 되기도 한다. 성은 지배나 복종이 될 수도 있고, 누군가를 기쁘게 해주는 수단이 될 수도 있다. 성은 경우에 따라서 경계의 부재, 싫다고 말하지 못하는 무능력을 반영하기도 한다. 물론 성은 사랑과 진심에서 우러나오는 열정, 진정한 친밀함의 표현일 수도 있다. 거의 항상, 어떤 형태이든, 성은 애착과 관련되어 있다. 청소년의 삶에서 성은 대부분 충족되지 못한 애착 욕구의 표현이다.

처음 성에 눈을 뜨는 연령도 갈수록 낮아지고 있다. 1997년에 발표된 질병대책센터의 한 연구논문에서는, 고등학교 3학년 여학생의 두 배가 넘는 중학교 3학년 여학생들이(6.5퍼센트) 열세 살 이전에 첫 경험을 하는 것으로 보고하고 있다. 미국의 중학교 3학년 남학생 중에서도 거의 15퍼센트에 해당하는 수가 열세 살 이전에 성관계를 했다고 시인했는데, 이도 고등학교 3학년 남학생의 두 배가 넘는 수치다. 캐나다 사정도 마찬가지인데, 2000년에 발행된 한 연구논문을 보면, 1990년대 여학생들의 13퍼센트 이상이 열다섯 살 이전에 첫 경험을 했음을 알 수 있으며, 이는 1980년대 초반의 두 배나 되는 통계 수치다.[주1]

성의 불안한 조숙함은 성의 타락을 동반한다. 진정한 친밀감의 표현으로서의 성적 접촉과 원초적인 애착 역학으로서의 성적 접촉에는 큰 차이가 있다. 후자의 경우 열일곱 살의 니콜라스가 경험한 대로, 필연적으로 불만족과 중독적인 난교로 이어진다.

"뭔가 이상해요." 니콜라스가 말을 꺼냈다. "수도 없이 성관계를 했지만, 정말로 사랑을 한 적은 없는 것 같아요. 친구들은 제가 손에 넣는 여자애들을 보며 절 존경하는 눈빛으로 쳐다봐요. 하지만 전 애정 표현 같은 건 잘 못해요. 아침에 여자애한테 무슨 말을 해야 할지 모르겠어요. 친구 중 하나를 불러내 자랑하고 싶은 마음뿐이에요." 니콜라스의 딜레마는 많은 남성이 겪어 온 돈주앙증후군이라고 할 수 있지만, 오늘날에는 또래 문화의 맥락에서 성을 경험하는 많은 청년이 직면하고 있는 문제다.

니콜라스와 제시카 모두 매우 또래지향적이었다. 니콜라스는 이런 말도 했다. "전 가족과는 일체감이 들지 않아요. 전 친구들이 실제 가족보다 더 제 가족 같아요. 더는 가족과 함께 있고 싶지도 않아요." 나는 니콜라스와 그의 가족을 잘 알고 있다. 니콜라스에게는 세 누이와 무심한 부모가 있다. 니콜라스는 애착 허기를 채우기 위해 또래들을 찾았다. 이 소년이 사춘기에 접어든 2년 동안 그의 아버지는 자신의 일에만 몰두했고, 그의 엄마는 스트레스로 인한 우울증을 앓고 있었다. 상대적으로는 짧지만 니콜라스의 인생에서는 결정적이었던 이 기간은 애착 결핍에 빠지기에 충분한 시간이었고, 그 공백은 또래들에 의해 채워졌다. 어떤 이유에서든 가족 간의 결속이 일시적으로 약화될 때, 어른과의 애착을 대신할 수 있는 대상을 찾기 힘든 문화에서, 오늘날 아이들이 얼마나 또래 문화의 영향을 받기 쉬운지 알 수 있다.

제시카도 부모와 정서적으로 분리되어 있었다. 제시카에게 부모에 대한 이야기를 거의 듣지 못했고, 부모 이야기라고는 그들이 얼마나 자기 삶—또래들 주변을 맴도는 삶—에 간섭을 하는지에 대한 것뿐이었다. 수용에 대한 끝없는 허기, 메신저에 대한 집착, 과제나 학습과 같은 어른들의 가치관에 대한 극심한 경멸은 제시카의 또래지향성을 보여 주는 것이었다. 제시카에 의하면 친구들이 자신을 좋아하고, 찾고, 따르는 것보다 중요한 일은 아무것도 없었다.

니콜라스에게 성은 정복이자 전리품이고, 최고가 되는 것이며, 친구들 사이에서 자신의 위상을 높이는 것이었다. 겉보기에는 자발적인 것 같은 상대 여자아이들에게 성은 매력의 확인이고, 욕망의 대상이 된 사실에 대한 승인 도장이며, 가까이에서 나누는 친밀한 경험이고, 소속과 독점의 표시다. 제시카에게도 오럴섹스는 클럽의 신고식이고, 그 아이가 갈망했던 사교 클럽에 들어가기 위해 지불해야 하는 대가였다.

열네 살의 헤더에게 성은 남자아이들을 자기 것으로 만들고, 그들의 관심과 애정을 얻으며, 경쟁에서 이기는 것이었다. 헤더도 또래지향성이 매우 강한 아이로 인기가 많았고, 남자아이들의 관심을 끄는 자신의 능력을 상당히 자랑스러워했다. 헤더는 열두 살 때부터 성에 눈을 떴고, 부모에게는 그 사실을 숨겨 왔다. 헤더를 더는 감당하지 못했던 부모가 그 아이를 내게 보냈을 때는 이미 나이에 비해 비정상적으로 성경험이 풍부한 상태였다. 헤더는 자신이 고등학교에 들어가기도 전에 어떻게 동시에 세 초등학교에서 '가장 섹시한 남자아이들'을 찾아내는 '작업'을 했고, 어떻게 자신의 성적 능력과 조숙함을 발휘해 그 남자아이들을 자기 것으로 만들었는지 자랑했다. 그 아이의 말투에는 그런 일을 못하는 여자아이들에 대한 무시가 묻어났고, 그런 아이들을 멍청이이며 낙오자라고 했다. 헤더는 지금의 성 상대 중 하나를 남자친구라고 불렀지만, 그에게 불성실한 점에 대해서는 조금도 죄책감을 느끼지 않는 것 같았다. "다른 남자애들과는 그냥 육체적인 관계일 뿐이에요." 헤더는 남자친구가 세상에서 가장 가깝게 느껴지는 사람이라고 했지만, 이 가까움은 심리적이거나 정서적인 친밀감을 의미하는 것 같지는 않았다.

10대의 성이 얼마나 친밀감과 거리가 먼 것인지는 청소년진료소의 내과의인 일레인 위니 박사의 다음 일화에서 잘 드러난다. "열다섯 살 소녀가 정기 검진과 자궁암 검사를 받으러 왔었어요. 제가 골반 검사를 하고 있는데, 그 애가 태연히 남자친구가 성관계 중에 사정을 한 것 같다고 말하는 거예요. 그 애는 그게 걱정됐던 거죠. '남자친구에게 물어 보는 게 어떠니?'라고 했더니, '농담하세요? 그건 너무 사적인 질문이잖아요!'라고 하더군요."

성이 또래지향적인 아이들에게 미치는 영향과 또래지향성이 성에 미치는 영향을 목격하는 것은 착잡한 일이다. 모든 또래지향적인 청소년이 성적으로 활발한 것은 아니지만, 그들이 빠지게 될 문화는 비정상적으로 뒤틀린 성—성숙함이 없는 허위적인 궤변, 결과에 대한 심리적 준비가 전혀 되어 있지 않은 육체적 친밀함—에 흠뻑 젖어 있다.

생리적 성숙과 '호르몬의 격류'와 같은 신체적 요인만으로는

10대의 성을 설명할 수 없다. 어린 사람들의 조숙한 성행위를 충분히 이해하려면, 내가 앞에서 소개한 세 가지 개념 즉 애착과 취약성·성숙을 다시 한 번 들여다보아야 한다. 늘 그렇듯, 열쇠는 애착이다. 또래지향적인 청소년은 애착에 대한 욕구를 채우기 위해 무엇이든 더 쉽게 할 수 있는 성적 존재다. 취약성과 성숙도가 낮을수록 애착에 대한 욕구는 성적 표현으로 나타날 수 있다.

때로 애착 허기는 성으로 전환된다

, 순리적으로 볼 때, 성은 성숙한 존재들 사이에서 일어나는 일이지, 아이들과 그들을 책임지는 사람들 사이에서 일어나는 일이 아니다. 아이들이 어른들과의 정서적 친밀감을 구할 때 성적 교류를 할 리는 없다. 그러나 이 아이들이 또래지향적으로 변하면, 접촉에 대한 갈망이 성적인 것으로 변하게 된다. 성은 또래 애착의 한 수단이 된다. 부모의 자리를 또래들로 채운 아이들은 성에 빠지거나 적극적일 가능성이 매우 높다. 부모와의 친밀감이 부족한 아이들은 또래들한테서 친밀감을 찾아야 하는데, 이때 감정이나 말이 아닌 성을 통해서 찾게 된다. 니콜라스와 헤더·제시카가 분명 이런 경우였고, 또래지향성으로 인해 사랑하는 부모와의 관계도 끊어졌다. 이 아이들은 또래들과의 성관계를 이용해 관계와 애착에 대한 허기를 채우려고 했다.

성은 원초적인 애착 욕구에 대한 충동에 사로잡힌 이들에게는 매우 편리한 도구다. 2장에서 설명한 애착 형성의 여섯 가지 방식

중 첫 번째가 감각을 통한 것이었다. 아이가 주로 신체적 접촉에 의한 친밀감을 추구할 때, 성은 매우 효과적이다. 애착 형성의 세 번째 방식—독점적인 소유권과 충성심—을 찾는 아이에게도 성적 교류는 매우 유혹적이다. 네 번째 방식—누군가에게 중요한 사람이 되는 것—에 끌리는 아이는 지위나 매력을 확인하는 것이 주요 목표가 되고, 성은 득점을 기록하는 유용한 도구가 된다. 물론 성적 접촉은 따뜻한 느낌과 진정한 친밀감을 나타내기도 하지만, 미성숙하고 또래지향적인 10대에게는 그들의 생각과는 달리 그렇지 못하다. 그들의 성에는 가장 높은 단계의 애착을 형성할 수 있는 취약성과 성숙함이 결여되어 있다.

옷과 화장, 행동에 대한 현재의 패션 스타일은 성숙한 성생활을 위한 준비가 되어 있지 않은 어린 소녀들의 성적 매력을 강조한다. 코넬대학교의 역사학자이며 미국 소녀들의 역사인《바디 프로젝트The Body Project》의 저자인 조안 제이콥스 브룸버그Joan Jacobs Brumberg에 따르면, 강렬한 성적 요소를 지닌 외모가 자기 가치의 주요 척도가 되었다. 브룸버그는《뉴스위크Newsweek》에서 50년 전 소녀들에게 자기계발은 학문적 성취나 사회에 대한 기여 같은 것이었는데, 요즘은 외모가 가장 중요해졌다고 말했다. "사춘기 소녀의 일기나 잡지에는 몸이 첫 번째 관심사이고, 그 다음이 또래 관계다."[주2] 물론 '그 다음'이라는 문구도 요점을 벗어난 것인데, 몸의 외형에 집착하는 것은 또래지향성의 직접적인 결과이고, 청소년의 성애화는 그 부산물이기 때문이다.

이런 사실을 모르는 10대가 애착을 성으로 전환하는 것은 불장난을 하는 것과 같다. 성은 자신의 목적을 위해 사용하는 단순한 도구가 아니다. 청소년이 상처 없이, 아무렇지 않게, 근본적인 무언가에 구애받지 않고 성에서 벗어나기란 불가능하다. 성은 강력한 결합제이고, 인간의 강력접착제이며, 결합과 융합의 느낌을 불러일으키고, 일심동체가 되게 한다. 성적 교류가 아무리 한순간 무심하게 이루어졌다고 해도, 성은 참여자들을 한 쌍으로 만든다. 연구 결과에 따르면, 사랑을 나누는 행위는 자연적인 결합 효과를 가지며, 인간의 뇌에 애착 감정을 불러일으킨다.[주3]

성교육과 산아 제한을 위한 노력에도 불구하고 또래지향성이 팽배한 나라들에서 원치 않은 10대의 임신이 증가하고 있다. 통계에 따르면, 10대 임신율이 가장 높은 나라는 미국이고, 그 뒤를 영국과 캐나다가 잇고 있다.[주4] 또래지향적인 아이들의 성행위는 사랑을 나누거나 2세를 만들기 위한 게 아니라, 부모와의 관계에서 구해야 할 것—접촉과 친밀감—을 서로의 품 안에서 찾는 것이다. 이런 일이 또래들 사이에서 벌어지면, 결국 아기는 환영받지 못하는 존재가 된다. 그리고 많은 경우 아기를 신체적·정서적으로 양육할 준비가 되어 있지 않은 미성숙한 부모한테서 태어난 불행한 피해자가 된다.

청소년의 성은 어른의 성보다 취약하다

성으로 묶인 관계는 고통 없이는 헤어질 수 없다. 성을 통해 유대감이 형성된 후에는 어떤 식의 이별이든 마음이 찢어지는 고통과 심리적 붕괴가 뒤따른다. 대부분의 성인에게는 익숙한 경험이지만, 성에 의해 형성된 강력한 애착 뒤에 되풀이되는 이별이나 거부의 경험은 감당하기 힘든 취약성을 만들 수 있다. 그런 경험은 정서적 상처와 경직을 초래한다.

단 한 번의 관계라도 정서적으로 방어적인 10대는 아무 탈 없이 넘어갈 수 없다. 그 아이가 영향을 받지 않은 것처럼 보인다고 해서 고통을 겪지 않았다는 뜻은 아니다. 의식적으로 영향을 덜 받으면, 무의식 상태에서는 그만큼 더 큰 충격을 입게 된다. 헤더는 내게 데이트 상대였던 한 남자에게 강간당했던 일을 말했는데, 전혀 개의치 않는다는 말투였다. 그런 허세에 덮인 취약성을 알아채는 것도, 그런 외면의 단단함이 이 소녀를 위험한 곳으로 끌고 갈 것임을 예측하는 것도 어렵지 않았다. 나는 한 어린 고객에게 왜 파티에서 친구들과 그렇게 술을 많이 마셨냐고 물었는데, 소녀는 주저 없이 "그래야 맞을 때 많이 아프지 않거든요" 하고 대답했다.

정서적 경직으로 인해 궁극적으로 성은 결합제로서의 효력을 상실한다. 장기적으로는 감정이 마비되고, 진실한 만남과 친밀한 관계를 맺을 수 없게 된다. 결국 성은 상처를 입지 않는 애착 행위가 된다. 성은 애착 허기를 영원히 충족시키지는 못하지만 순간적으로는 채울 수 있기 때문에 중독이 될 수 있다. 성이 취약성에서 벗어남으로써 성적 행동이 자유로워질 수 있지만, 이는 감정의 마비라는 어두운 곳에서 흘러나온다.

헤더는 밝고 매력적이고 붙임성 있고 수다스러웠지만, 그 아이가 말하거나 느끼는 것에서는 취약성의 기색을 찾아볼 수 없었다. 헤더는 두려움을 몰랐고, 누군가를 그리워한다는 것을 인정하지 않았으며, 불안감을 느끼지 못했고, 자신이 한 일들에 대해 죄책감을 느끼지 않았다. 니콜라스도 취약성으로부터 도피한 채 지겨워하고, 비판적이고, 거만하고, 모든 것을 경멸했다. 그 아이도 두려움이 없었고, 불안감을 느끼지 못했다. 니콜라스는 약자를 깔보고, 패배자들을 싫어했다. 헤더도 니콜라스도 마음 깊이 감동할 줄 몰랐다. 둘 다 성의 애착 작용의 영향을 받지 않았다. 둘 다 성적으로 어울리기 전에 취약성에 대비하는 데에는 익숙했지만, 이들의 성적 활동은 정서적 경직을 한 차원 더 심화시켰다.

헤더와 니콜라스는 자기 또래들에게도 나에게도 자신의 성경험에 대해 말하는 것을 부끄러워하지 않았다. 이렇듯 편한 태도는 취약성으로부터의 도피의 기만적인 부작용이다. 즉 은밀한 사적 정보를 공유할 때 느끼는 벌거벗는 듯한 느낌을 잃어버리는 것이다. 많은 어른이 오늘날 청소년들이 성문제에 매우 개방적인 점에 놀라워하며, 이런 개방성을 과거의 은밀함과 소심함에서 발전한 징후로 여긴다. 또래지향성이 매우 강한 열다섯 살짜리 아이의 엄마가 칭찬하듯이 말했다. "우리 같으면 그런 일을 그렇게 솔직하게 말하지 못했을 거예요. 그 나이 때 우리는 성에 대해 말하는 것을 너무 쑥스러워했어요." 이 엄마는 성행위에 대해 부끄러운 줄 모르고 노골적으로 말하는 것은 용기나 솔직함과는 아무 관계가 없고, 오히려 취약성에 대한 방어와 관련이 있다는 점을 보지 못하고 있다. 조금도 사적이지 않은 일을 드러내는 데에는 용기가 거의 필요 없다. 자신이 노출되지 않는다면, 조심할 필요가 없다. 성이 취약성으로부터 벗어나면, 성은 우리에게 상처를 줄 만큼 깊이 와닿지 않는다. 매우 사적이고 은밀해야 하는 일이 전 세계에

또래들은 어떻게 아이의 성장을 가로막나

방송되어도 무방해지며, 그런 쓰레기 같은 텔레비전 프로그램도 흔하다.

청소년들은 대개 좀더 가까워지기 위해 성관계를 맺더라도, 그 과정에서 서로에게 빠지는 것을 기대하지 않는다. 아이들은 자신이 어떤 일에 말려드는지도 모르는 채 성에 뛰어든다. 그중 가장 방어적인 아이들은 더는 정서적으로 애착을 형성하지도, 고통을 느끼지도 못하기 때문에 무사히 빠져나오는 것처럼 보인다. 그들의 초연함은 성을 편하고 쉽고 재미있는 것으로 보게 만든다. 취약성을 느끼는 아이들은 곤경에 처할 수밖에 없다. 즉 자신이 원하든 원하지 않든 일단 상대방에게 빠지게 되고, 더는 관계를 유지하지 못할 때는 마음이 찢어지는 고통을 느낀다.

성의 결합 효과를 감안할 때 취약성은 그것의 활성화를 요구하게 되고, 실제로 그렇게 되면 취약성이 드러나기 때문에, 나는 안전한 성에 대해 더욱 신경을 써야 한다고 생각한다. 이런 결론은 도덕적 고려에서 나온 게 아니라, 조숙한 성이 아이들의 건강한 정서적 발달에 미칠 부정적인 결과에 대한 이해에서 나온 것이다. 인간의 강력접착제는 아이들이 가지고 놀 수 있는 것이 아니다.

가장 깊은 의미에서, 즉 심리적으로 보호받지 못하는 것이 성이다. 사람은 감정이 굳어지거나 무뎌지지도 않고, 적어도 상당한 슬픔을 겪지도 않으며 계속 '결혼'과 '이혼'을 반복할 수는 없다. 성관계 후의 이별은 너무나 고통스럽다. 청소년들은 우리보다 더 그런 자연적인 역학의 영향을 받을 수밖에 없다. 실제로 그들은 그 또래 특유의 부족한 통찰력과 자연적 미성숙 때문에 어른들보다 더 성적 경험에 의해 상처받기 쉽다.

성은 성숙한 만큼 안전하다

•

, 성은 최후의 애착 행동이고, 독점의 시작이며, 연인의 종결점이다. 성은 그 사람이 현명한 만큼 안전할 수 있다. 무엇보다 필요한 것은 또래지향적인 청소년들에게 부족한 것, 즉 성숙이다. 성숙은 여러 가지 면에서 성의 필요조건이다.

성숙의 첫 열매는 개체로서의 독립이다. 건강한 결합을 위해서는 약간의 거리가 필요하다. 다른 사람을 초대하거나 다른 사람의 초대를 거절할 수 있을 만큼 자신의 마음을 충분히 알아야 한다. 우리는 자율성을 존중하고, 개인의 한계를 느끼며, 아니라고 말할 수 있는 자기보존 본능이 있어야 한다. 우리는 건강한 성을 위해서 성적으로 휘말리지 않을, 혹은 모든 것을 감당하도록 강요당하지 않을 자유가 필요하다. 누군가의 사람이 되는 것보다 자신의 정체성을 찾는 것이 더 중요한 경지에 이르지 못한 청소년은 위험할 정도로 성에 영향을 받기 쉽다.

성적 영역에서는 다른 사람의 개별성에 대한 존중이 그 어떤 영역에서보다 중요하다. 성숙한 성적 교류를 위해서는 다른 사람에 대한 배려가 필수적이다. 정신적으로 미성숙한 사람에게 성은 함께 추는 춤이 아니다. 성에 너무 일찍 뛰어들면, 누군가는 상처받고 이용당하기 마련이다.

앞장에서 말했듯이, 또래지향성은 따돌림의 가해자와 피해자를 모두 만들어 낸다. 성에서도 가해자는 자기 마음대로 할 수 없는 것을 요구한다. 성에는 지위와 인정, 승리, 획득, 경의, 소유, 매력, 봉사, 충성심과 같은 가해자가 손에 넣고 싶어하는 상징물이 가득하다. 유감스럽게도, 가해자는 마음대로 가질 수 없는 것에 대한 요구의 부질없음을 깨닫기에는 너무 심리적으로 폐쇄되어 있다. 가해자의 성적 환상은 유혹이 아닌 지배이고, 상호성이 아닌 우월함이다. 헤더와 니콜라스는 자신의 욕구를 채우기 위해 다른 사람의 약점을 이용한다는 의미에서 성에 관한 한 본질적으로 가해자였다. 이들은 상대방을 배려하지 않았다. 헤더의 경우, 그 아이의 무분별한 성적 방종은 데이트 강간을 당하는 지경까지 이르러 스스로를 피해자로 만들기도 했다. 또래지향성은 순진하고 빈궁한 먹잇감을 풍부하게 만들어 낸다. 데이트 강간과 같은 공격적인 행동이 10대 사이에서 급증하는 것은 놀라운 일이 아니다.

성숙은 또 다른 방식으로 건강한 성을 위해 필요하다. 옳은 결정을 내리는 데 필요한 지혜는 성숙한 사람만이 가능한, 2차원적인 통합 과정을 필요로 한다. 우리는 혼란한 감정과 생각, 충동을 다룰 줄 알아야 한다. 다른 누군가에게 속하고 싶은 갈망은 스스로 독립적인 사람이고 싶은 소망과 공존해야 한다. 즉 자신의 경계를 유지하는 일과 다른 영역으로 흡수되고 싶은 열망이 섞여 있어야 한다. 물론 현재와 미래를 함께 사고할 줄 아는 능력 역시 필요하다. 그러나 정신적으로 미성숙한 사람은 순간의 쾌락 이외에는 생각할 수가 없다. 옳은 결정을 내리려면, 욕구와 두려움을 동시에 느낄 수 있어야 한다. 빗장을 푼 성의 강렬한 느낌을 맛보려면, 처음부터 적당히 긴장하고 있어야 한다. 성은 동시에 외경과 두려움의 대상이 되어야 하고, 기대와 염려를 불러일으켜야 하며, 축복과 경계의 원인이 되어야 한다.

청소년은 그런 결정을 혼자 내리기에는 지혜와 통찰력, 충동 조절 능력이 부족하다. 우리는 물론 어른으로서의 지혜를 발휘해 그들의 성적 행동을 안전한 범위 안에서 제어하는 틀과 한계를 부여하고, 성에 관한 결정을 내릴 때 그들의 상담자가 되어 줄 수 있지만, 우리에게는 그럴 만한 힘과 결속이 부족하다. 만일 아이들이 우리에게 조언을 구한다면, 성에 대한 결정과 관계에 대한 결정을 분리할 수 없음을 분명히 알려주어야 할 것이다. 그들의 관계가 정서적으로 건전하고, 성적 관계를 넘어 진정한 친밀감을 기반으로 하고 있음을 확신할 수 있을 때까지 기다리라고 조언해야 한다. 문제는 우리가 아무리 현명한 조언을 하더라도, 또래지향적인 아이들은 우리의 지도를 따르지 않는다는 것이다.

오늘날 많은 부모와 교육자가 청소년의 성을 탐험과 실험이라는 말로 완곡하게 표현하며 청소년기의 고유한 특성으로 본다. 실험이라는 개념에는 발견의 기류나 질문이라는 게 있어야 한다. 청소년의 성은 성적 실험이 아니라 정서적 절망과 애착 허기다.

따돌림이나 공격성 문제와 마찬가지로, 청소년의 과도한 성 문제에서도 훈계와 교육·보상·처벌을 통해 행동의 변화를 유도하려는 어른들의 노력은 방향을 잘못 잡은 것이다. 그 아이들에게 또래지향성이 남아 있는 한, 그들의 비정상적인 성을 바로잡을 수 있는 방법은 없다. 그러나 적어도 아이들이 우리의 보호 아래 있을 때는, 너무 일찍 성에 노출된 아이들의 비정상적인 방향에 대해 우리가 할 수 있는 일이 많다. 아이들의 성 문제를 해결하려면, 먼저 그들이 진짜로 있어야 할 자리 즉 우리에게 되돌아오도록 해야 한다.

또래들은 어떻게 아이의 성장을 가로막나

13
가르칠 수 없는
학생들

초등학교에 다니는 에단은 매우 밝고 착한 학생이었다. 공부에 대한 적극성은 부족해도, 학습과 태도에 대한 부모와 교사들의 지도를 잘 따랐다. 교사들은 에단을 호감 가고 매력 있는 아이로 보았다. 그런데 그의 부모가 나를 찾아온 6학년 말 무렵, 에단한테서 더는 그런 모습을 찾아볼 수 없었다. 에단에게 숙제를 시키는 일은 늘 전쟁 같았다. 교사들은 에단이 수업에 집중하지 않고 배우려는 의지가 보이지 않는다고 지적했다. 따지기 좋아하고 버릇없이 대들던 그 아이는 자기 능력 수준의 학업도 따라가지 못했다. 이런 학습 능력의 변화와 함께 에단은 또래들에게 몰두하기 시작했다. 지난 몇 달 동안 에단은 이 아이 저 아이와 붙어 다니면서 그들의 버릇을 모방하고 취향을 받아들였다. 한 친구와 멀어지게 되자, 에단은 더욱 필사적으로 다른 친구에게 매달렸다.

미아의 성적이 떨어진 것은, 그보다 한 학년 더 일찍 찾아왔다. 5학년 전까지만 해도 미아는 학습에 몰두했고, 호기심이 넘쳤으며, 재치 있는 질문도 많이 했다. 그런데 이제는 교과목에 싫증이 난다고 불평했다. 부모는 아이가 과제물도 잘 제출하지 않는데다, 그나마 그 전 수준에도 못 미친다는 사실을 알게 되었다. 교사들은 전화를 걸어 미아가 수업 중에 친구들과 끊임없이 잡담을 하는 것은 물론, 학습에 대한 흥미와 동기가 부족하다고 불만을 털어놓았다. 부모와 교사들의 걱정에도 미아는 아랑곳하지 않았다. 숙제는 이미 미아에게 우선 사항이 아니었다. 미아에게는 또래들과 전화를 하고 문자 메시지를 주고받는 일이 더 급했다. 부모가 이런 행동들을 금지하자, 미아는 전에 없이 무례함과 적의를 드러내며 부모에게 대항했다.

이 두 경우는 우리 사회에 만연한 현상이다. 아이들은 능력은 있지만 동기가 없고, 똑똑하지만 학습은 부진하며, 영리하지만 지루해한다. 그 이면을 들여다보면, 교육은 한두 세대 전보다 훨씬 더 스트레스가 많은 일이 되었다. 오늘날 많은 교사가 증언하듯이 가르치는 일은 더욱 힘들어지고, 학생들은 배움을 존중하지도, 받아들이지도 않는다. 최근 몇 년 간 많은 학교에서 읽고 쓰는 능력에 치중해 왔음에도 불구하고, 학생들의 읽기 능력은 저하되고 있다.[주1] 그러나 우리의 교사들은 그 어느 때보다 교육을 많이 받은 사람들이고, 교과 과정도 어느 때보다 발전했으며, 교수법도 어느 때보다 정교하다.

또래들은 어떻게 아이의 성장을 가로막나

무엇이 변했을까? 우리는 다시 한 번 애착의 중추적 역할로 돌아가야 한다. 아이들의 애착 양식의 전환은 교육에 매우 부정적인 영향을 끼쳤다. 비교적 최근까지도 교사들은 문화와 사회가 낳은 강한 어른지향성의 덕을 볼 수 있었지만, 그런 시대는 지나갔다. 아이들의 교육과 관련해 지금 우리가 직면하고 있는 문제는 돈이나 교과 과정이나 정보 기술로 해결할 수 있는 것이 아니다.

괴테는 동전을 지갑에 넣듯이 지식을 머리에 집어넣을 수는 없다고 했다. 한 학생의 학습 능력은 배움과 이해에 대한 열망, 새로운 것에 대한 관심, 기꺼이 위험을 감수하려는 의지, 영향을 받고 교정을 받는 일에 대한 개방성과 같은 여러 가지 요소의 산물이다. 또한 교사와의 관계, 주의를 기울이는 경향, 기꺼이 도움을 청하고자 하는 마음, 기대에 부응하고 성취하려는 열망, 특히 일에 대한 성향이 작용한다. 이런 모든 요소는 애착에 뿌리를 내리고 있거나, 그것의 영향을 받는다.

면밀히 들여다보면, 아이의 학습 능력을 결정하는 데에는 네 가지 본질적인 자질이 중요하다. 즉 타고난 호기심과 통합적 사고, 교정을 통해 유익함을 취하는 능력, 교사와의 관계가 그것이다. 건강한 애착은 이들 자질을 향상시키지만, 또래지향성은 이 모든 것을 갉아먹는다.

또래지향성은 호기심을 죽인다

＇　이상적으로는, 아이를 배움으로 인도하는 것은 세상에 대한

열린 호기심이다. 아이는 답을 얻을 때까지 질문해야 하고, 진리를 발견할 때까지 탐구해야 하며, 확고한 결론에 도달할 때까지 실험해야 한다. 하지만 호기심은 아이가 타고나는 게 아니다. 그것은 창의적 과정emergent process의 산물이다. 바꿔 말하면, 아이가 애착과 관계없이 독립적으로 기능할 수 있는, 개별적인 존재로 살아갈 수 있게 하는 발달의 부산물인 것이다.

유달리 창의적인 아이들은 큰 관심을 보이는 분야가 있고, 본질적으로 학습 동기가 강하다. 이들은 통찰력을 얻거나 사물의 작동 원리를 이해하는 데에서 큰 만족감을 느낀다. 이들은 학습에 대한 자신만의 목표를 세운다. 이들은 독창적인 사람이 되고 싶어하고, 자신을 통제하려고 한다. 창의적인 학생들은 책임지는 일을 즐거워하고, 자연스럽게 자신의 가능성을 깨닫는다.

호기심의 가치를 알고, 질문을 유도하며, 아이의 관심을 우선시하는 교사들에게 창의적인 학생들을 가르치는 것은 기쁨이다. 그런 아이들에게 최고의 교사는 멘토가 되어 주고, 흥미를 자극하며, 열정을 고취시키고, 주도적으로 학습하게끔 하는 사람들이다. 만약 창의적인 학생들의 학교 성적이 그리 좋지는 않다면, 그것은 아마도 배우고 싶은 것에 대한 자신만의 생각이 있거나, 교과 과정이 달갑지 않은 강요로 느껴지기 때문일 것이다.

호기심은 발달적 측면에서 보면 사치다. 가장 중요한 것은 애착이다. 안전하고 든든한 애착을 추구하는 일에서 상당한 에너지가 풀려날 때까지, 새로운 세계로 발을 내딛는 일은 시작되지 않는다. 이런 이유로 또래지향성은 호기심을 죽이는 것이다. 또래지향적인 학생들은 오로지 애착의 문제에만 몰두한다. 새로운 것에 흥

또래들은 어떻게 아이의 성장을 가로막나

미를 느끼는 대신에, 그들은 또래 애착이라는 목적에 부합하지 않는 것에 대해서는 지루해한다.

호기심에는 또 다른 문제가 있다. 호기심은 또래들의 '초연한' 세계에서 아이를 아주 취약하게 만든다. 꾸밈없이 드러내는 감탄, 주제에 대한 열중, 원리에 대한 질문, 아이디어의 독창성 등 이 모든 것으로 인해 아이는 또래들의 조롱과 모욕의 대상이 된다. 또래지향적인 아이들이 보이는 취약성으로부터의 도피는 주위의 다른 아이들의 호기심을 억누를 뿐만 아니라 자신의 호기심마저 죽인다. 아이들의 또래지향성은 호기심을 멸종 위기의 개념으로 만들고 있다.

또래지향성은 통합적 사고를 둔화시킨다

자기 동기 부여를 위해서는 통합적 사고integrative mind가 필요하며, 이것은 상반된 충동이나 생각을 처리할 수 있는 지성이다. 통합적 기능이 잘 발달된 아이들의 경우, 학교에 가고 싶지 않은 생각은 결석에 대한 염려를 불러일으키고, 아침에 일어나고 싶지 않은 마음은 지각에 대한 걱정을 불러낸다. 교사에게 주의를 기울이기 싫은 마음은 잘하고 싶은 마음으로 누그러뜨리고, 시키는 대로 하기 싫은 마음은 불복종에 따르는 불쾌한 결과를 떠올리며 가라앉힌다.

통합적 학습을 위해 아이는 두 개의 마음, 즉 뒤섞인 감정을 견딜 수 있을 만큼 성숙해야 한다. 조절 요소tempering element—학

습을 방해하는 충동을 억제하는 생각이나 감정·의지—가 존재
하려면 아이가 적절한 애착을 형성하고 있어야 하고, 충분히 취
약하게 느낄 수 있어야 한다. 예를 들면, 아이가 어른들 즉 부모와
교사들의 생각에 신경 쓰고, 그들의 기대에 신경 쓰며, 그들의 화
를 돋우거나 멀어지지 않도록 신경 쓰려면 안정된 애착을 형성하
고 있어야 한다. 학생은 학습에 마음을 쏟고, 무언가를 알아가는
일에 흥미를 느껴야 한다. 초연한 태도는 학습을 마비시키고, 학
습 능력을 파괴한다.

문제를 해결하기 위해 학생은 단순한 사실을 넘어서 주제를 찾
고, 보다 깊은 의미를 깨달으며, 은유를 이해하고, 기본 원리를 발
견해야 한다. 학생은 재료의 본체에서 정수를 걸러내거나, 조각들
을 한데 모아 하나의 전체로 완성할 줄 알아야 한다. 구체적인 생
각 이상의 단계에서는 통합적 사고가 필요하다. 원근감은 두 개의
눈을 필요로 하듯이, 심도 있는 학습은 적어도 두 개의 관점에서
사물을 볼 수 있는 능력을 필요로 한다. 마음의 눈이 하나면 깊이
나 관점이 없고, 통합이나 정수가 없으며, 보다 깊은 의미와 진리
에 대한 통찰력이 없다. 맥락을 고려하지 못하고, 인물과 배경을
구별하지도 못한다.

우리의 교육과 교과 과정은 아이가 통합적 기능을 갖추고 있다
고 가정한다. 우리가 교육자로서 부족한 무언가를 가르치려다 실
패할 때, 우리는 아이들의 사고나 행동을 제어하느라 무엇에 대항
하는지를 깨닫지 못한다. 우리는 아이들이 할 수 없는 무언가를
하도록 강요하고, 그러다 실패할 경우 그 대가로 그들에게 벌을
준다. 통합적 사고를 하는 사람들은 다른 사람들도 모두 같은 식

으로 생각한다고 가정한다. 그러나 이런 가정은 오늘날 우리가 교실에서 마주치는 부류의 학생들에게는 더는 적용되지 않는다. 통합적 지성이 결여된 아이들은 이런 형태의 교육으로는 다룰 수 없으므로 달리 접근해야 한다. 또래지향적인 학생들은 생각과 감정, 행동이 조절되지 않는 학습장애아가 될 가능성이 훨씬 더 높다.

또래지향성은 순응형 시행착오 학습을 방해한다

대부분의 학습은 순응과 시행착오의 과정을 통해 이루어진다. 우리는 새로운 일을 시도하고, 실수를 저지르며, 장애물을 만나고, 일을 그르친다─그러고 나서 적절한 결론을 도출하거나, 결론을 도출해 줄 다른 누군가에게 의지한다. 실패는 학습 과정에서 없어서는 안 될 부분이고, 교정은 교육의 주요 도구다. 또래지향성이 야기하는 취약성으로부터의 도피는 이 주요 학습 경로에 세 가지 치명적인 영향을 끼친다.

첫 번째는, 시도에 끼치는 영향이다. 새로운 것을 시도하는 일은 위험을 무릅쓰는 것이다. 즉 크게 소리 내어 읽기, 의견 제시하기, 낯선 영역에 들어서기, 아이디어를 실험하기가 모두 그렇다. 그런 실험은 가능한 실수와 예측할 수 없는 반응, 부정적인 응답이 도사리고 있는 지뢰밭이다.

두 번째는, 실수로부터 배우는 또래지향적인 아이의 능력에 끼치는 영향이다. 우리가 실수를 통해 배우려면, 그전에 자신의 실패를 깨닫고 인정해야 한다. 우리가 실수를 통해 발전하려면 책임을 져야 하고, 도움과 조언·교정을 기꺼이 받아들여야 한다. 다시 말하면, 또래지향적인 학생들은 취약성에 지나치게 방어적인 경우가 많아서 실수를 인정하거나 실패에 책임을 지지 못한다. 시험 점수가 너무 낮아서 인정하기 힘든 학생의 경우, 실패를 다른 무엇 혹은 누구의 탓으로 돌릴 것이다. 아니면 그 문제에서 다른 곳으로 주의를 돌릴 것이다. 취약성에 방어적인 아이들의 뇌는 그런 것을 느끼게 하는 일, 즉 실수와 실패를 인정하는 일은 모두 무시하게 만든다.

세 번째 영향은, 아이가 취약성에 지극히 방어적인 경우 행위의 부질없음을 깨닫지 못한다는 점이다. 앞에서 지적했듯이, 뜻대로 되지 않는 일이 있음을 뇌에서 이해하려면 좌절감이 부질없음의 감정으로 전환되어야 한다(9장을 참고하라). 부질없음을 깨닫는 것은 순응 학습의 본질이다. 감정이 너무 얼어붙어서 성공하지 못한 어떤 일에 대한 슬픔이나 실망감을 받아들이지 못한다면, 시행착오를 통해 배우기는커녕 좌절감만 분출하게 된다. 학생의 경우, 외부의 표적은 '멍청한' 선생님이나 '지겨운' 숙제, 부족한 시간이 될 것이다. 내부의 표적은 "난 정말 바보야"라는 말처럼 자기 자신이 될 수 있다. 어느 쪽이든 미칠 것 같은 절망은 슬픔으로 전환되지 못하고, 참으로 부질없음을 느끼는 것과 같은 감정은 표면으로 떠오르지 않는다. 습관은 바뀌지 않고, 학습 전략은 수정되지 않으며, 장애는 극복되지 않는다. 이런 굴레에 갇힌 아이들은 실패와 교정을 다루는 유연성을 키우지 못하고, 악순환에서 헤어나지 못한다. 나는 상담을 하면서 계속되는 실패에도 불구하고 같은 일을 되풀이하는 아이들의 수가 갈수록 늘어나는 것을 느낀다.

또래들은 어떻게 아이의 성장을 가로막나

또래지향성은 아이를 애착 기반의 학습자로 만들고, 잘못된 멘토에게 애착을 갖게 한다

이 장의 앞부분에서 말했듯이, 발달의 관점에서 볼 때 학습에는 네 가지 기본 과정이 있다. 지금까지 또래지향성이 이 중 세 가지, 즉 창의적 학습과 통합적 학습, 순응적 학습을 어떻게 방해하는지를 설명했다. 창의적인 아이들은 학생의 관심을 우선시하는 교사들에게 배울 수 있다. 통합적인 아이들은 문제를 풀 때 고려해야 하는 상반된 요인들을 대면할 수 있다. 순응적인 아이들은 시도와 실수, 교정을 통해 배울 수 있다. 이런 아이들은 애착을 형성하지 않은 사람들에게서도 배울 수 있다. 이런 중대한 학습 과정이 억압될 때, 학습은 단 하나의 역학 즉 애착에 의존하게 된다. 창의성과 통합성, 순응성의 부족으로 무력해진 학생들은 어떻게든 애착이 개입될 때만 배울 수 있다. 그들에게 학습에 대한 내적인 열망이 없어도, 가르치는 어른과 가까워지고 싶은 강한 충동에 의해 동기 부여가 된다면 그에 대한 열망이 강해질 수 있다.

애착은 학습에서 가장 강력한 과정이고, 호기심의 도움이나 교정을 통해 배우는 능력이 없어도 학습을 해내기에 충분한 조건이 된다. 창의적이고, 통합적이고, 순응적인 기능이 부족한 학생들은 늘 있었다. 이들은 자신의 최대 잠재력을 깨닫지 못한다는 의미에서 장애가 있다고 하더라도, 많은 경우 학업을 잘 해나간다. 문제는 아이가 애착 기반의 학습에 한정될 때가 아니라, 멘토로서의 어른들보다 또래들에 대한 애착에 매달릴 때 발생한다.

예를 들어, 에단은 처음부터 전적으로 애착 기반의 학습자였다.

에단은 오직 애착을 통해서 친밀감을 느끼는 교사들과의 학습만 가능했다. 불행하게도, 에단은 2학년 때 교사와 관계를 맺는 데 실패했다. 에단이 새로 만난 또래지향성은 그를 애착 기반의 학습자로 만든 게 아니라, 애착을 기반으로 한 그의 학습 능력까지 완전히 파괴해 버렸다. 애착을 통해서만 배우는 데 익숙한 아이의 본능이 또래지향성으로 방향을 잘못 틀게 되면, 아무리 잠재력이 뛰어나더라도 그의 학습 능력은 현저히 떨어진다.

반면에 미아는 또래지향적으로 변하기 전에는 애착을 형성하지 않은 어른들에게도 잘 배우는 아이였다. 또래지향성은 그 아이의 호기심을 죽이고, 통합적 사고를 저해하며, 시행착오를 통한 학습 능력을 마비시켰다. 또래지향성은 자연히 그 아이를 애착 기반의 학습자로 바꾸어 놓았다. 미아의 총명함은 이제 오로지 한 가지 목표, 즉 친구들과의 친밀감에만 초점을 맞추게 되었다.

일부 아이들의 경우, 순전히 의식적으로 '하향화'를 결심한다. "저는 6학년 때와 중학교 1학년 때는 항상 반에서 1등을 했어요." 현재 헬스클럽 강사인 스물아홉 살의 로스는 과거를 회상하며 말했다. "모든 상을 휩쓸었어요. 열세 살이었던 중학교 2학년 때 아이들이 절 놀리기 시작하는 거예요. 전 갑자기 세상물정 모르는 공붓벌레가 되었죠. 기분 나빴어요. 전 그 무리의 아이들과 어울리고 싶었어요. 그 아이들에게 절 맞추기로 했죠. 만점을 받지 않으려고 수학에서 일부러 실수를 했어요. 몇 년이 지나자 이런 행동은 나쁜 공부 습관으로 굳어졌고, 고등학교 마지막 2년 동안 제 '계획'은 아주 성공적으로 이루어졌어요. 대학에서도 그런 습관이 이어졌고, 결국 학위를 받지 못했죠. 지금은 그때 제가 좀더 자제

또래들은 어떻게 아이의 성장을 가로막나

력이 있었더라면, 친구들이 어떻게 생각하는지 덜 걱정했더라면 좋지 않았을까 생각해요."

또래지향성은 공부를 무의미하게 만든다

또래지향적인 아이들에게 역사나 문화, 사회의 모순, 자연의 신비는 전혀 흥미 없는 일이다. 화학이 친구를 사귀는 일과 무슨 관계가 있겠는가? 생물학이 또래들과의 일을 해결하는 데 무슨 도움이 되겠는가? 애착 문제에 수학이나 문학, 사회 공부가 무슨 쓸모가 있겠는가?

아이들은 본질적으로 정규 교육의 가치를 인정하지 않는다. 교육이 마음과 문을 열어 주고, 인간답게 해주며, 세련되게 한다는 사실을 깨닫기 위해서는 어느 정도 성숙해져야 한다. 학생들에게 필요한 것은 교육을 중시하는 사람들을 존중하는 일이다. 그래야 그들 스스로 결정을 내릴 수 있을 만큼 성숙해지기 전까지는 우리의 지시를 따를 것이다. 또래지향적인 학생들은 친구들이 가장 중요하고 함께 있는 게 전부라는 사실을 본능적으로 안다. 누군가의 본능에 반박하는 것은, 그것이 빗나간 본능일지라도 불가능하다.

또래지향성은 교사에게서 학생을 빼앗는다

5장에서 나는, 애착은 아이의 주의를 집중시키고, 존경심을 불러일으키며, 고분고분하게 만듦으로써―이것이 아이를 교육하는 목적의 본질적인 과정이다―부모와 교사들에게 도움이 된다고 설명했다. 어른지향적인 아이들은 어른들을 나침반 삼아 자신의 위치와 방향을 찾는다. 이런 아이들은 또래 집단보다 더 교사에게 충실하고, 교사를 모범과 권위·영감의 원천으로 본다. 아이들이 한 교사와 애착을 형성할 때, 그 교사는 아이의 행동을 지도하고, 선한 의도를 북돋으며, 사회의 가치관을 심어 줄 자연적인 힘을 갖는다.

그러나 또래지향적인 아이들이 선택하는 교사는 누구일까? 교육위원회에서 고용한 교사가 아니다. 아이들이 또래지향성을 띠기 시작하면, 학습은 휴교일과 휴식 시간, 점심시간, 방과 후에 절정에 이른다. 또래지향적인 아이들은 학교 교사나 교과 과정을 통해 배우지 않는다.

지난 수십 년 동안 선의를 가지고 심사숙고한 끝에 내놓은 교육적 접근법은 학습과 학생의 흥미, 개성, 상호작용, 선택에서 창의적·통합적·순응적 요인을 활용하려고 노력해 왔다. 그런 시도가 실패했다면, 그 자체가 잘못되어서가 아니라 또래지향성의 영향으로 학생들이 그런 요인들에 무감각해졌기 때문이다. 또래지향적인 아이들은 자연스럽게 애착 기반의 학습자가 되기 때문에 창의적·통합적·순응적 학습이 불가능하다. 문제는 빗나간 애착으로 인해 그들이 잘못된 교사들로부터 배우게 된다는 것이다.

보수적인 교육 비평가들은 현대의 '계몽된' 접근법이 무질서와 불경, 불순종의 씨를 뿌리는 실패한 교수법이라고 주장한다. 많은 사람이 유럽과 아시아 대륙의 보다 권위주의적이고 체계적인 접근법으로 시선을 돌리는데, 그들은 이런 전통적인 교육 제도는 비교적 어른 애착이 온전히 남아 있는 사회에 존재한다는 사실을 간과하고 있다. 그런 사회의 어른들은 힘과 정당성을 갖는다. 그러나 이런 교육 제도조차 전통적인 애착의 위계가 무너지면서 약점을 드러내고 있다. 나는 교육 콘퍼런스 참가차 들렀던 일본에서도 똑같은 상황을 목격했다. 한 사회가 문화를 넘어 경제에 가치를 두기 시작하면 붕괴는 필연적이고, 애착 마을은 와해되기 시작한다. 권위주의적인 교육 제도에 익숙한 교사들은 학습을 용이하게 하는 것은 강압이 아니라 관계라는 사실을 깨닫지 못하고 있다.

또래지향성의 영향으로 우리의 교육 제도가 황폐화되고 있다면, 얼른 깨어나 그 흐름을 뒤집거나, 적어도 속도를 늦출 방안을 찾아야 한다고 생각할 것이다. 그러나 교육자이고 부모들인 우리는 오히려 이런 현상을 부추기고 있다. 교육에 대한 '계몽된' 아동 중심의 접근법은, 아이들은 그 또래들한테서 가장 잘 배운다는 위험한 교육 신화를 만들어 냈다. 어른들보다 또래들을 모방하기가 쉬운 탓에 일면 그런 부분도 있지만, 그보다는 아이들이 또래지향적으로 변했기 때문이다. 하지만 아이들이 배우는 것은 사고의 가치나 개성의 중요성, 자연의 신비, 과학의 비밀, 인간 존재의 주제, 역사의 교훈, 수학의 논리, 비극의 정수가 아니다. 무엇이 인간을 뚜렷이 구분하는지, 어떻게 하면 인도적인 사람이 되는지, 왜 법이 필요한지, 고귀함이 무엇인지를 배우는 것도 아니다. 아이들이 또래들로부터 배우는 것은 또래들처럼 말하는 법, 또래들처럼 걷는 법, 또래들처럼 입는 법, 또래들처럼 행동하는 법, 또래들처럼 보이는 법이다. 이를테면, 아이들이 배우는 것은 모방하고 순응하는 방법일 뿐이다.

또래 학습은 또한 학생들을 교사들로부터 더욱 독립적으로 만드는데, 과로에 지친 수많은 교육자에게는 다행한 일이지만, 불행하게도 학생들은 발달상의 진전을 이루지 못한다. 교육자라는 말의 어원은 '지도자' 특히 아이들을 지도하는 사람이다. 교사들은 학생들이 따를 때만 이끌 수 있고, 학생들은 자신이 애착을 형성한 사람들만을 따른다. 갈수록 교사들이 거꾸로 학생들의 신호를 따르고, 학생들을 앞에 내세우며, 교육의 참뜻을 훼손하고 있는 것처럼 보인다.

또래지향성은 학생들로 하여금 교사들의 지침에 저항하게 하고, 끊임없이 합법적인 투쟁에 몰두하게 한다. 더욱 엄격한 교육은 해결책이 되지 못한다. 애착의 문제로 접근하는 것만이 보다 용이하게 교육할 수 있는 유일한 방법이다. 교사의 직무는 학생의 마음을 열게 하는 것이다. 그리고 학생의 마음을 열려면, 먼저 그의 애정을 얻어야 한다.

교육에 대해 마지막으로 하고 싶은 말이 있다. 지금 같은 전문화와 전문가의 시대에는 교육을 교사들만의 전유물로 생각할 수 있다. 하지만 학습을 촉진하고 또래지향성을 방지하는 애착의 역할을 인식한다면, 우리 아이들의 교육을 부모와 교사, 아이와 접촉하는 모든 어른이 똑같이 분담해야 하는 사회적 책무로 생각해야 할 것이다.

Part 4

아이의 손을
놓지 마라

아이의 성장에서 중요한 것은 첫 번째가 애착, 두 번째가 성숙, 그리고 세 번째가 사회화다.
아이와의 문제에서 난기류를 만날 때 먼저 관계에 초점을 맞추어야 하는데, 이는 곧 성숙을 위한 맥락을
보존하는 일이다. 그런 후에야 사회적 틀, 즉 아이의 행동에 초점을 맞출 수 있다.

14
아이를
품 안으로 모으기

지금까지 우리는, 우리 사회가 양육 본능과 동떨어져 있음을 보았다. 우리 아이들은 자기들끼리 결합하고 있다. 자신들의 성숙을 도와줄 수 없는 미성숙한 존재들에게 기대는 것이다. 이제 우리는 해결책을 찾아야 한다. 어떻게 하면 부모와 교사들이 아이들의 멘토와 양육자로서, 그들이 지도를 바라는 모범과 지도자로서 자연이 부여한 역할을 되찾을 수 있을까?

나는 1장에서 육아를 위해서는 효과적인 맥락 즉 애착 관계가 필요하다고 했다. 문화적으로나 개별적으로나 우리는 부지중에 또래지향성이 그런 배경을 잠식해가는 것을 묵인해 왔다. 이제는 어긋난 것을 되돌릴 시간이다. 이를 위한 최우선 과제는 아이들을 품 안으로 모으는 일이다. 즉 아이들을 우리 날개 밑으로 끌어와 우리 안에서 우리와 함께 있고 싶어하도록 해야 한다. 우리는 더는, 이전의 부모들이 그랬듯이, 우리와 아이들 사이의 초기의 강한 유대감이 우리가 필요로 하는 한 계속 유지될 거라고 단정할 수 없다. 우리는 감당하기 힘든 경쟁 상대와 맞붙었다. 우리 시대의 문화적 혼돈을 상쇄하려면, 우리는 아이들이 독립적인 존재로 기능할 수 있을 만큼 충분히 클 때까지 매일 계속해서 그들을 품 안으로 모으는 일을 습관처럼 해야 한다. 다행히 우리는 본능적으로 그 일을 어떻게 해야 하는지 알고 있다.

벌과 새, 다른 많은 생명체처럼 우리 인간도 서로의 애착 반응을 불러일으키기 위해 본능적인 행동을 이용한다. 우리도 다른 사람을 유혹하고 그와의 결합을 위해 일종의 구애의 춤을 춘다. 이런 춤의 가장 본질적인 기능은 아이들을 품 안으로 모으는 것이다. 어른들이 아기 주변에 있을 때는, 자기 아이가 아니어도, 이런 구애의 본능이 거의 자동적으로 살아난다. 즉 미소를 짓거나 고개를 끄덕거리는가 하면, 눈을 크게 뜨거나 어르는 소리를 내기도 한다. 나는 이런 유의 본능적인 행동을 애착춤attachment dance 혹은 모으기춤collecting dance이라고 부른다.

애착춤이 본능의 일부라면, 우리가 아이들을 품 안으로 모으는데 아무 문제가 없어야 한다고 생각할지도 모르겠다. 유감스럽게도 현실은 그렇지 않다. 우리 모두 천부적으로 스텝을 타고나지만, 직관을 잃어버리면 춤을 추지 못하게 된다. 어른들에게 아이를 품 안으로 모으는 본능은 유아기가 지난 아이들에게는 더는 일어나지 않는다. 귀여운 유아와 달리 이미 우리와 적극적으로 애착

아이의 손을 놓지 마라

을 형성하려고 하지 않는 아이들 앞에서는 특히 그렇다. 오늘날과 같이 혼란과 유혹이 넘쳐나는 문화 안에서 아이들을 우리 날개 밑으로 불러들이려면, 우리는 의식적으로 이 모으기 본능에 초점을 맞추어야 한다. 사귀고 싶은 멋진 이성을 유혹할 때 구애의 기술을 활용하는 것처럼, 아이들을 키우거나 가르칠 때도 이런 본능을 의도적으로 이용해야 한다.

애착춤의 네 가지 단계

유아들과 상호작용하는 어른들을 살펴보면, 애착춤에 네 가지 단계가 있음을 알 수 있다. 이 단계들은 특정한 순서로 진행되며, 이는 모든 인간의 구애 활동의 기본적인 모범이 된다. 이 네 단계는 유아기부터 청소년기까지 아이들을 품 안으로 모으는 일을 할 때 우리가 따라야 할 순서이기도 하다.

아이의 얼굴 또는 공간을 따뜻하게 바라보라

첫 번째 단계의 목적은 아이의 눈길을 끌고, 미소를 짓게 하며, 고개를 끄덕이게 하는 것이다. 아기와 있을 때는 대개 우리의 의도가 빤히 드러난다. 즉 기대하는 효과를 위해 자신도 모르게 얼굴을 찌푸린다. 그러나 아이들이 커갈수록 그들과 멀어지지 않으려면 우리의 의도를 너무 분명하게 드러내서는 안 된다. 예를 들어, 대부분의 사람은 잠재적인 고객에게 너무 과한 구애 행위를 하거나 너무 친한 척하는 영업사원을 보면 경계하기 마련이다.

아이를 품 안으로 모으기

아기와 있을 때 이런 구애의 상호작용은 그 자체가 목적이 되는데, 성공했을 때는 부모에게 고유의 만족감을 주지만, 실패했을 때는 완전한 좌절감을 준다. 이런 행동은 아기에게 무언가를 '하게' 하려는 것이 아니다. 관계의 구축 자체가 목적이고, 유아기와 아동기 내내 그와 같은 방식을 유지해야 한다. 오늘날에는 육아 기술에 중점을 두고, 어디로 가야 하는가보다 무엇을 해야 하는가에 초점을 맞추곤 한다. 아이들과의 모든 접촉에서 출발점과 주요 목표는 행위나 행동이 아닌 관계 자체가 되어야 한다.

아이들이 커갈수록 우리는 무언가 잘못되었을 때만 그 아이의 얼굴을 들여다보게 된다. 이런 경향은 활발한 걸음마 단계에서 시작되는데, 이때 부모는 부쩍 아기가 다치지 않도록 보호에 힘쓰게 된다. 한 연구에 따르면, 이 단계의 초기에는 양육 행동의 90퍼센트가 사랑과 놀이·보살핌으로 이루어지고, 5퍼센트만이 아기의 행동을 제지하는 데 할애된다. 이후 몇 달 사이에 급격한 전환이 이루어진다. 걸음마를 하는 아기의 충동과 호기심으로 인해 부모가 억제해야만 하는 수많은 상황이 발생한다. 11개월에서 17개월 사이의 아기는 평균적으로 9분에 한 번씩 행동을 제재당한다.[주1] 이는 아이들을 정서적으로 끌어안는 게 아니라, 교정하거나 지시하는 것이다. 이 시기쯤 우리는 품 안으로 모으는 본능을 잠재운다. 마찬가지로 어른의 구애 행위도 관계가 공고해지면 사라지는 경우가 많다. 그 관계를 당연한 것으로 받아들이기 시작한다. 이런 소홀함은 성인 애착에서도 잘못이지만, 아이들에게는 재앙이 된다. 우리가 부모로서 아이들의 안전과 안녕을 도모해야 하는 것처럼, 따뜻하게 마음을 끄는 방식으로 아이들의 얼굴을 계속 바라

아이의 손을 놓지 마라

봄으로써 그들이 우리와의 관계에 안주하도록 해야 한다.

일정 시간 분리되었다 다시 만날 때는 아이를 품 안으로 모으는 일이 특히 중요하다. 모으기 본능에 의해 촉진되는 애착 의식은 많은 문화 안에 존재한다. 가장 일반적인 것이 인사인데, 이것은 성공적인 상호작용을 위한 필수 조건이다. 인사는 두 눈과 미소와 끄덕임을 이끌어내야 완전하게 완성된다. 이런 단계를 무시하는 것은 큰 실수다. 프로방스와 몇몇 남미 국가의 문화에서 아이들에 대한 인사는 아직도 자연스럽고 당연한 행위다. 우리 사회에서는 자기 아이조차 반갑게 맞이하지 않는 경우가 많고, 다른 아이는 아예 신경 쓰지도 않는다.

학교나 직장 때문에, 혹은 아이들이 텔레비전이나 놀이 · 책읽기 · 숙제를 하느라 떨어져 있다가 만날 때라도 첫 번째 상호작용은 관계를 복구하는 것이어야 한다. 아이를 다시 품 안으로 모으지 못하는 한 어떤 일도 소용없을 것이다. 예를 들어, 아이가 텔레비전에 푹 빠져 있을 때 무언가를 지시하는 것은 무익하고 짜증나는 일이다. 이럴 때는 저녁 식탁으로 아이를 부르기 전에 아이 옆에 앉아서 어깨에 손을 얹고 상호작용을 시작하는 편이 낫다. 눈을 맞추는 것도 잊어서는 안 된다. "어때, 괜찮은 프로니? 재미있어 보이네. 그런데 이제 저녁 먹으러 갈 시간이구나."

아이를 품 안으로 모으는 일은 잠자는 동안 분리되어 있다 만날 때도 중요하다. 우리 아이들이 어렸을 때 가장 유익했던 습관 중하나는, 우리가 아침 워밍업 시간이라고 부른 것이었다. 우리는 집에서 가장 편안한 의자 두 개를 워밍업 의자로 정했다. 아이들이 깨어나면 바로 나와 아내는 아이들을 무릎 위에 앉혀 놓고, 아이들이 우리와 눈을 맞추고 미소를 지으며 고개를 끄덕일 때까지 아이들을 안고서 우스갯소리를 하며 장난을 쳤다. 그러고 나면 모든 일이 훨씬 순조롭게 흘러갔다. 일어나자마자 바로 전투적으로 육아에 돌입하는 대신, 10분 일찍 일어나 아이를 품 안으로 모으는 의식으로 하루를 시작하는 일은 충분한 가치가 있었다. 아이들은 아무리 나이를 먹고 성숙하더라도 1단 기어에서부터 시작하게 되어 있다.

요컨대, 우리는 일상생활 속에서 아이들을 품 안으로 모으는 일과를 만들어야 한다. 이 외에도 모든 종류의 정서적 분리 후에는 특히 아이들과의 재결합이 중요하다. 서먹함이나 오해, 화로 인한 싸움이나 언쟁 후에는 유대가 깨질 수 있다. 심리학자인 게르손 카우프만Gershon Kaufman이 '대인 관계 교량the interpersonal bridge'이라고 부른 것을 복원하기 전에는 육아를 위한 맥락을 잃게 된다. 그리고 그 교량을 재건하는 것은 언제나 부모의 책임이다. 우리는 아이들에게 그 일을 기대할 수 없다. 아이들은 그것의 필요성을 충분히 이해할 만큼 성숙하지 않다.

남의 아이들을 책임지고 있는 교사나 다른 어른들에게도 아이들을 품 안으로 모으는 일은 항상 첫 번째 항목이 되어야 한다. 먼저 아이들을 품 안으로 모으지 않은 채 그들을 돌보거나 지도하는 것은, 낯선 사람의 요구와 지도에 저항하는 그들의 자연스러운 본능을 거스르는 일이다.

아이가 붙잡을 수 있는 무언가를 주라

다음 단계의 원칙은 간단하다. 즉 아이들의 애착 본능을 불러일

아이의 손을 놓지 마라

으키려면, 그들에게 애착을 느낄 만한 무언가를 제공해야 한다는 것이다. 아기의 손바닥에 손가락을 갖다 대는 행위가 그와 같은 것이다. 아기의 애착뇌가 수용하려 한다면 아기는 그 손가락을 붙잡을 것이고, 그렇지 않다면 손을 뺄 것이다. 이는 무릎 아래를 치면 나오는 불수의근 반사가 아닌 애착 반사로, 먹이고 껴안는 것과 같은 행동을 가능하게 해주는, 선천적으로 부여된 선물이다.

이 손가락을 움켜쥐는 간단한 행동은 완전히 무의식적인 상호작용으로, 애착 본능을 유발하여 아기가 붙잡게끔 하는 것이 그 목적이다. 이 경우 아기는 신체적으로 붙잡고 있지만, 궁극적으로는 정서적 결합을 꾀하는 것이다. 아기의 손바닥에 우리의 손가락을 갖다 댐으로써, 우리는 결합으로의 초대장을 발행한다. 이렇게 우리의 춤은 초대를 함으로써 시작된다.

아이들이 커가면서 신체적으로 붙잡는 게 아니라 정신적으로 붙잡는 것이 중요해진다. 우리는 아이들이 붙잡을 수 있는, 소중히 여길 수 있는, 마음속 깊이 새기고 놓치고 싶지 않은 무언가를 주어야 한다.

관심과 흥미는 결합을 위한 유력한 첫걸음이다. 애정의 신호도 강력하다. 연구자들은 정서적 포근함과 즐거움, 기쁨이 애착의 활성제로서 가장 효과적인 역할을 한다는 사실을 확인했다. 우리의 눈이 기쁨으로 빛나고 목소리에는 따뜻함이 묻어 난다면, 거절하기 힘든 결합으로 아이를 초대하는 셈이다. 아이들이 우리에게 중요한 존재라는 신호를 보내면, 대부분은 자신이 우리에게 특별하고 우리 인생에서 소중한 존재라는 사실을 붙잡고 싶어할 것이다.

아이들에게 신체적 요소는 중요하다. 포옹은 아이들을 붙잡기 위한 것이고, 포옹이 끝난 후에도 오래도록 아이가 따뜻함을 느낄 수 있게 해준다. 상담을 받는 많은 어른이 어린 시절 부모의 따뜻한 손길을 충분히 받지 못한 점에 대해 여전히 슬퍼하는 것은 놀라운 일이 아니다.

교사들은 요즘처럼 신체적 접촉이 논란이 되는 때에 어떤 식으로 접촉해야 하느냐는 질문을 자주 한다. 접촉은 오감 중 하나일 뿐이고, 감각은 결합을 위한 여섯 가지 방식 중 하나일 뿐이다(애착을 형성하는 여섯 가지 방식에 대해서는 2장을 참고하라). 접촉도 중요하지만, 그것만이 아이와 결합하는 유일한 방식은 아니라는 점을 명심해야 한다.

보다 취약한 방식으로 애착을 형성하는 데 정서적 거부감을 보이는 아이들의 경우에는 덜 취약한 방식에 초점을 맞추어야 한다. 즉 아이들과의 동질성을 보여 주거나, 혹은 그들의 편을 들어 줌으로써 일종의 충성심 같은 것을 보여 줄 기회를 찾는 것이다. 어린 범죄자들을 상담할 때 나는 거의 항상 이런 식으로 시작한다. 때로는 두 사람의 눈동자 색이 같다는 단순한 사실에 주목할 수도 있고, 혹은 무언가 공통된 관심사를 발견할 수도 있다.

우리가 아이에게 줄 수 있는 궁극적인 선물은, 아이의 존재 자체에 대한 기쁨을 표현하는 것이다. 아이는 누군가 자신을 원하며, 자신이 그에게 특별하고, 중요하고, 소중하고, 가치 있고, 그립고, 기쁜 존재라는 점을 알아야만 한다. 아이가 그런 초대를 온전히 받아들이기 위해서는—우리가 아이와 신체적으로 접촉하지 않을 때도 그것을 믿고 붙잡기 위해서는—진정성 있고 무조건적인 것이어야 한다. 효과적인 훈육에 대해 설명할 17장에서는 아이에 대한 징벌의 수단으로 아이를 부모로부터 떼어놓는 일이 얼마나 해로운지 알아볼 것이다. 많은 전문가가 종종 조언하는 이 방법은, 사실상 아이가 우리의 가치와 기대에 부응할 때만 우리와 함께할 수 있다는 의미다. 바꾸어 말하면, 아이와 우리의 관계가 조건적이라는 것이다.

언뜻 이해가 되지 않을 수도 있지만, 그것이 의식의 일부이든, 생일 선물이든, 성과에 대한 보상이든 간에 예상되는 것을 주어서는 아이를 품 안으로 모을 수 없다. 아무리 야단법석을 떨어도 그럴 때 우리가 주는 것은 관계와는 무관한, 어떤 상황이나 행사와 관련된 것이다. 그런 것은 결코 만족감을 주지 못한다. 아이가 물질적인 것이든 정서적인 것이든 예상하던 선물을 기뻐할 수는 있지만, 애착 욕구는 그런 것으로는 충족되지 않는다.

다시 말하지만, 이는 아이의 존재 자체에 대한 자연스러운 기쁨을 전하는 문제다. 즉 아이가 무언가를 요구할 때가 아니라, 아무것도 요구하지 않을 때 전해야 한다. 우리는 몸짓과 미소 · 음색 · 포옹 · 쾌활한 웃음을 통해, 함께할 수 있는 활동의 제안을 통해, 혹은 단순히 눈을 찡긋하는 것만으로도 아이의 존재를 기뻐한다는 사실을 보여 줄 수 있다.

그런데 아이의 요구에 굴하는 것은 아이를 '망치는' 길이라는 믿음이 널리 퍼져 있다. 이런 염려는 전혀 사실이 아니다. 아이를 진짜 망치는 길은 그의 진정한 욕구를 무시하는 것이다. 공동집필자인 가보의 조카딸은 출산 후 병원의 간호사로부터 그렇게 하면 '아이를 망칠 것'이라며 아기를 너무 오래 안고 있으면 안 된다는 말을 들었다고 한다. 하지만 이와 반대로 아기와의 접촉을 거부하면 아이를 망치게 된다. 현명하게도 아기 엄마는 이 '전문가'의 조언을 무시했다. 부모와 충분히 접촉하며 자란 아기와 아이는 나중에 지나치게 까다롭게 굴지 않을 것이다.

극도로 불안정한 아이가 소모적으로 부모의 시간과 관심을 요구할 수 있다는 것은 사실이다. 부모로서는 휴식을 절실히 원하게 되기도 한다. 문제는 아이의 요구에 따라 기울인 관심으로는 결코 충분하지 않다는 것이다. 즉 이는 부모가 아이의 요구에만 응답할 뿐, 자발적으로 자신을 아이에게 주지는 않는다는 불확실성을 남긴다. 저변의 정서적 욕구는 충족되지 않은 채 아이의 요구만 늘어날 뿐이다. 해결책은 아이가 요구하지 '않을' 때 접촉을 꾀하는 것이다. 혹은 아이의 요구에 응답할 때, 부모가 주도적으로 나서서 아이가 기대하는 것보다 더 많은 관심과 열정을 표현하는 것이다. "우와, 그거 멋진 아이디어다. 어떻게 같이 시간을 보낼 수 있을까 궁리했는데! 네가 그런 생각을 해내다니 정말 기특하다." 아이를 깜짝 놀라게 하며, 자신이 초대받은 사람임을 느끼게 해주는 것이다.

하지만 아이에게 칭찬을 퍼붓는 것만으로는 아이를 품 안으로 모으거나 아이가 붙잡을 수 있는 무언가를 제공할 수 없다. 칭찬은 대개 아이가 해낸 무언가에 대한 것이므로, 그 자체로는 선물도 자발적인 것도 아니다. 칭찬은 어른에게서 비롯하는 게 아니라 아이의 성취에서 비롯하는 것이다. 칭찬은 실패할 때는 없어지는 것이기 때문에 아이는 이에 매달릴 수가 없다. 칭찬은 어떤 아이에게는 엉뚱한 결과를 불러오기도 한다. 아이가 칭찬과 정반대로 행동하거나, 혹은 기대에 미치지 못할까 봐 관계에서 손을 떼기도 한다는 사실은 조금도 이상하지 않다.

아이들에게 절대 칭찬을 해서는 안 된다는 말일까? 이와는 반대로 특별한 기여를 했거나, 혹은 무언가를 해내기 위해 노력과 에너지를 쏟아 부은 누군가를 인정할 때 칭찬은 도움이 되고, 정겹고, 관계에 이롭다. 우리 두 사람이 말하려는 바는, 칭찬이 과해서는 안 되고, 아이의 의욕이 다른 사람들의 감탄이나 긍정적인 의견에 좌우되는 일을 주의해야 한다는 것이다. 아이의 자아상이 성취나 순응을 통해 얼마나 잘했는지, 아니면 얼마나 형편없었는지를 따지는, 우리의 인정을 받는 일에 달려서는 안 된다. 아이의 진정한 자존감의 토대는 부모가 자신을 있는 그대로 받아들이고, 사랑하고, 기뻐하는 것을 아이가 느끼는 데 있다.

아이의 의존을 끌어내라

아기의 의존을 끌어내는 것은, 사실상 내가 데려다 줄게, 내가 너의 다리가 되어 줄게, 나한테 기대도 돼, 내가 안전하게 지켜 줄게, 하고 말하는 것이다. 좀더 자란 아이가 우리에게 의존하게 하려면 우리를 믿을 수 있고, 의지할 수 있고, 기댈 수 있고, 보살핌을 받을 수 있다는 사실을 전달하면 된다. 아이는 우리에게 지원을 요청하고, 우리의 도움을 기대할 수 있다. 우리는 아이에게 네 옆에 있을 것이고, 우리를 필요로 하는 것은 당연하다고 말해 준다. 하지만 아이의 신뢰를 얻지 못한 상태에서는 의미 없는 일이다. 이는 보육시설 직원이나 육아 도우미, 교사, 위탁부모, 계부모, 상담자뿐만 아니라 부모의 경우도 마찬가지다.

유아의 의존을 끌어내는 일에는 아무 문제가 없지만, 그 단계만 지나면 독립이 우리의 주요 과제가 된다. 그것이 아이가 혼자 옷을 입는 일이든, 혼자 밥을 먹는 일이든, 혼자 쉬는 일이든, 혼자 노는 일이든, 스스로 생각하는 일이든, 스스로 문제를 해결하는 일이든 전말은 똑같다. 즉 우리는 독립을 지지한다는 것이다. 우리는 의존을 끌어내는 것은 발전이 아닌 퇴행을 유도하는 일로 조금이라도 의존하게 하는 순간 끝도 없이 의존하게 될 거라고 두려워한다. 우리가 이런 태도로 정말로 격려하고 있는 것은 진정한 독립이 아니라 우리로부터의 독립일 뿐이다. 결국 아이는 우리를 떠나 또래 집단에게 의존하게 된다.

우리는 아이들이 쉬어 가도록 이끌기보다는 서둘러 몰고 가면서 수천 가지 자잘한 방식으로 어서 자라라고 밀어낸다. 우리는 아이들과 마주하기보다 우리한테서 멀리 밀어낸다. 어른들인 우리도 서로 의존을 거부하면서 사랑을 구할 수는 없다. "당신 혼자 할 수 있거나 해야 하는 일에 대해 나의 도움을 기대하지는 마"라는 뜻을 전달한다면, 사랑을 구할 때 어떤 영향을 미칠까? 관계가 돈독해질 리 없다. 사랑을 구할 때 우리는 "자, 내가 도와줄게," "그건 내가 함께 해줄게," "도움이 된다면 나도 기쁠 거야," "당신 문제는 곧 내 문제야"라는 자세를 갖추고 있다. 어른들과도 이렇게 하는데, 왜 진정으로 의지할 누군가가 필요한 아이들의 의존을 끌어내면 안 되는 것일까?

우리가 어른들에게는 부담 없이 의존을 끌어내는 것은, 아마도 그들의 성장과 성숙을 책임지지 않기 때문일 것이다. 그들을 독립시키는 것은 우리가 감당할 일이 아니다. 여기에 문제의 핵심이 있다. 즉 우리는 아이들의 성숙에 대해 너무 많은 책임을 떠안으

아이의 손을 놓지 마라

려고 한다. 우리는 혼자가 아니라는 사실을, 자연이 우리 편이라는 사실을 잊고 있다. 독립은 성숙의 열매다. 아이들을 키우는 우리의 임무는 그들의 의존 욕구를 돌보는 일이다. 우리가 진정한 의존 욕구를 충족시키는 일을 잘 해낼 때, 자연은 성숙을 촉진하는 맡은 바 임무를 마음껏 할 수 있다. 마찬가지로, 우리는 아이들의 키를 늘릴 필요가 없다. 그저 음식을 제공하기만 하면 된다. 성장과 발달, 성숙이 자연적인 과정이라는 사실을 잊음으로써 우리는 통찰력을 잃었다. 아이들이 멈춘 채 더는 자라지 않을 거라고 걱정하게 되었다. 조금이라도 밀어내지 않으면, 아이들이 결코 둥지를 떠나지 않을 거라고 생각하는 것 같다. 인간은 이런 점에서 새들과는 다르다. 아이들은 밀어낼수록 더욱 달라붙는다. 만일 달라붙는 데 실패하면, 다른 누군가와 둥지를 틀 것이다.

인생에는 때가 있다. 겨울을 건너뛰고 봄을 맞을 수는 없다. 겨울 동안 식물은 휴면에 들어간다. 그리고 봄이 오면 활짝 꽃을 피운다. 의존을 거부함으로써 독립을 얻을 수는 없다. 의존 욕구가 충족될 때만 진정한 독립의 추구가 시작된다.

취침 시간이든 집 밖이든 아이들이 준비도 되기 전에 분리를 감당하라고 내몰면, 처음에는 공포감을 보이며 더욱 달라붙는다. 부모와 억지로 분리된 아이들은 부모의 자리에 대체물을 앉힌다. 사람들은 자주 이런 의존의 이동을 독립과 혼동한다. 그런 거짓 독립—혹은 아이들이 감당할 만큼 충분히 성숙하지 않은 상태에서의 독립—을 부추김으로써 우리는 또래지향성을 방조하고 있다.

교사들 역시 의존을 끌어내야 한다. 실제로 학생들이 자신에게 의존하게 하는 교사들이 결국에는 더 효과적으로 독립심을 키워 준다. 유능한 교사는 학생들에게 독립심을 강요하는 대신 아낌없이 도움을 준다. 학생들이 자신의 결핍에 대해 아무런 부끄러움 없이 교사에게 의지할 수 있도록 말이다.

진정한 독립에 이르는 지름길은 없다. 독립에 이르는 유일한 길은 먼저 의존하는 것이다. 아이들이 독립적인 존재로 살아갈 수 있게끔 하는 것은 전적으로 우리의 일이 아니라는—그것은 자연의 소관이다—확신에 근거하면, 아이들의 의존을 끌어내는 우리의 임무에 마음 놓고 전념할 수 있을 것이다.

아이의 나침반이 되라

애착 본능을 일깨우는 네 번째 방법은, 아이의 방향을 잡아 주는 것이다. 아이들은 자신의 위치를 확인할 때 우리에게 의존하기 때문에, 우리는 그들의 나침반이 되어 그들을 인도해야 한다. 우리 어른들은 이런 기능을 의식조차 하지 않으면서 자동적으로 행한다. 우리는 이것저것을 가리키고, 사물의 이름을 가르쳐 주며, 자라나는 아기가 주변 환경에 친숙해지도록 도와준다.

학교에서도 이 단계는, 교사가 학생에게 이곳이 어디이고, 이 사람은 누구이며, 이것은 무엇이고, 언제 이런 혹은 저런 일이 있을 거라고 알려 줌으로써 이루어진다. 즉 "여기에 네 코트를 걸어 놓으면 된다," "이 사람 이름은 다나란다," "잠시 후에 발표회가 있으니, 지금은 이 책들을 읽고 있으렴."

이렇게 아이를 품 안으로 모으는 단계는 무수하게 변형될 수 있으며, 그때의 상황과 아이의 욕구에 따라 결정된다. 우리 중 많은 사람이 어린 아이들에게는 직관적으로 잘 대응하는 반면, 어느 정

아이의 손을 놓지 마라

도 자란 아이들에게는 이런 방위적 본능을 잃어버린다. 우리는 더는 아이들에게 주변의 환경을 소개하거나, 아이들의 세계에 익숙해지도록 도와주거나, 어떤 일이 일어날지 알려 주거나, 사물의 의미를 해석해 주는 역할을 맡지 않는다. 이를테면, 여전히 우리에게 의존해야 하는 아이들을 인도하는 역할을 제대로 하지 못하는 것이다.

아이들은 자연히 자신의 나침반이 되어 주는 사람과 가까워지는 경향이 있다. 아이들의 삶에서 이런 기능을 하는 사람이 갖는 힘을 제대로 이해한다면, 이 역할이 다른 사람에게 넘겨주기에는 너무나 중요한 일이라는 사실을 알게 될 것이다.

낯선 도시에서 길을 잃고 헤매고 있다고 상상해 보자. 가족과도 떨어져 있는데다 말도 통하지 않고 주변에 도움을 청할 곳도 없어 절망적인 상태다. 그 순간 누군가 다가와서 당신의 언어로 당신을 도와준다고 상상해 보라. 당신이 만날 사람과 갈 곳을 알려주고 도와준다면, 당신의 본능은 그 인도자와의 친밀감을 유지하는 데 온통 집중할 것이다. 그가 돌아서기라도 하면, 당신은 분명 조금이라도 더 같이 있으려고 붙잡을 것이다. 어른들도 이런데, 자신의 방위를 파악하는 데 전적으로 다른 사람에게 의존하는, 미성숙한 애착의 존재는 어떻겠는가.

문제는, 아이들이 자신의 방위를 찾는 세계에서 우리가 더는 전문가처럼 느껴지지 않는다는 데에도 있다. 아이들의 인도자가 되기에는 모든 것이 너무 많이 변했다. 아이들이 컴퓨터와 인터넷에 대해, 게임과 장난감에 대해 우리보다 더 많이 알게 되기까지는 그리 오랜 시간이 걸리지 않는다. 또래지향성은 우리에게는 매우 생소한 아이들의 문화를 만들어 냈다. 우리는 아이들에 대한 주도권을 잃었다. 언어는 달라 보이고, 음악은 확실히 다르며, 학교 문화는 변했고, 교과 과정마저 바뀌었다. 이런 변화들은 우리의 자신감을 좀먹어, 갈수록 아이들의 세계에서 그들의 방향을 잡아 주지 못할 것 같은 생각을 하게 된다.

또 다른 문제는, 또래지향성이 보다 자연적인 환경에서라면 아이들을 도와주고 싶은 본능을 활성화하는 자극제—방향을 잃었다거나 혼란스럽다는 표정—를 아이들한테서 박탈했다는 것이다. 그런 표정을 짓고 있는 사람들을 보면, 그가 어른일지라도 전혀 모르는 사람들까지 나서서 방향을 가르쳐주게 된다. 초연함의 문화에 묻혀 있는 아이는 방향을 찾는 데 도움이 필요할 만큼 취약해 보이지 않는다. 그 아이에게는 또래들과 가까이 있는 일만이 중요하다. 이것이 또래지향적인 아이들이 종종 훨씬 더 자신감 있고 세련된 것처럼 보이는 이유 중 하나인데, 사실 그 아이들은 맹인이 맹인을 인도하고 있는 꼴이다. 이렇게 그 아이들의 얼굴에서 혼란스럽다는 표정을 걷어냄으로써 그들을 인도하는 우리의 본능은 동면에 들어가게 된다.

우리는 유아나 미취학 아동을 인도하는 데에는 꽤 능숙한데, 아마도 우리가 없으면 그 아이들이 길을 잃을 거라고 생각하기 때문일 것이다. 우리는 그 아이들에게 무슨 일이 일어날지, 어디로 갈지, 무엇을 할지, 이 사람은 누구인지, 저것은 무엇을 의미하는지 끊임없이 알려준다. 하지만 이 단계가 지나면 우리는 자신감을 잃고, 아이들을 품 안으로 모으는 이 중요한 본능은 사라진다.

우리는 아이들이 방향을 잡아주어야 하는 존재라는 사실과, 그들이 알든 모르든 우리는 그들이 의지할 수 있는 최고의 재원이라는 사실을 기억해야 한다. 우리가 아이들에게 시간과 장소, 사람과 사건, 의미와 상황에 대해 방향을 정해 줄수록 그들은 그만큼 더 우리와 가까워지려고 할 것이다. 아이들이 혼란스러워하는 표정을 지을 때까지 기다릴 게 아니라, 그들의 삶의 인도자이자 통역사로서의 우리의 입지를 확고히 해야 한다. 하루를 시작할 때 방향성에 대해 아주 짧게 언급만 해도 아이들과의 친밀감을 유지하는 데 큰 도움이 된다. 즉 "오늘 이런 일을 할 거란다," "난 여기에 있을 건데, 오늘 무슨 행사가 있냐면…," "오늘 밤 내가 하려는 건…," "아무개를 소개할게," "어떻게 작동하는지 보여 줄게," "이분이 너를 돌봐 주실 거야," "도움이 필요할 때는 이분에게 말하렴," "이제 3일만 지나면…." 물론, 아이들의 정체성과 중요성에 대해서도 방향을 잡아주어야 한다. 즉 "너는 …한 것을 남다르게 하는구나," "너는 …한 아이야," "너는 독창적인 사상가가 될 자질이 있구나," "너는 …한 점에서 정말 재능이 있어," "너는 …한 능력이 있어." 아이의 나침반 역할은 애착 본능을 발동시키고 막중한 책임이 따르는 일이다.

자기 아이의 경우, 방향성을 잡아 주는 일은 부모와 친밀감을 유지하려는 아이의 본능을 되살린다. 다른 아이를 품 안으로 모으는 경우, 방향성을 잡아 주는 일은 관계를 돈독하게 해주는 필수적인 단계다. 교사든 양부모든 어른이 스스로 인도자가 됨으로써, 아이가 겪고 있는 방향성의 결핍을 이용하는 것이 비결이다. 만약 자녀나 학생이 자신의 방위를 파악하기 위해 우리에게 의존하게 할수 있다면, 애착에 불을 붙이는 데 더없이 큰 도움이 될 것이다.

행동에서 관계로 초점을 옮겨라

●

' 이 네 단계의 애착춤은 우리에 대한 아이들의 애착 본능을 되살리고, 아이들이 자신을 돌봐 주는 어른들과 순조로운 관계를 맺게 해준다. 그러나 또래지향성에 너무 꽁꽁 싸여 있어서 이런 기본적인 애착 시나리오가 들어맞지 않는 아이들이 있고, "아이를 이미 또래들에게 '빼앗긴' 경우는 어떻게 하죠?"라고 묻는 부모들도 있다.

1장 끝부분에서도 말했듯이, 방법은 늘 있기 마련이다. 어떤 경우든 단번에 성공할 수는 없지만 어디에 노력을 기울여야 하는지를 알면, 결과적으로는 성공을 확신할 수 있다. 우리는 '잃어버린' 아이들을 가능한 한 쉽게 되찾을 수 있는 반면, 경쟁자들이 아이들을 빼앗아가는 일은 가능한 한 어렵게 만들 수 있다. 그렇다면, 어떻게 그런 일을 할 수 있을까?

많은 부분에서 또래지향성은 사이비 종교와 같고, 아이들을 되찾아오는 문제는 사이비 종교의 유혹에 대처하는 법과 거의 같다. 진짜 힘든 일은 아이들의 몸만 집으로 데려오는 게 아니라, 그들의 마음까지 되찾아오는 것이다.

아이들을 품 안으로 모을 때는, 아이가 우리를 필요로 한다는 사실을 잊어서는 안 된다. 가장 소원하고 적대적인 10대들도 돌봐 주는 부모를 필요로 한다. "우리는 항상 아이의 친구들이 우리 집을 편하게 느끼도록 했어요." 두 10대 자녀를 둔 메리언이 말했다. "자기 집에 있는 것보다 우리 집에 있는 게 더 편안해 보였죠. 한 덩치 하는 그 '거친' 사내아이들이 주방 식탁에 앉아 우리 부부와 함께 대화를 나누곤 했는데, 나중에 우리 아이에게 자기 부모와는 그런 대화를 한 적이 없다고 고백하더래요."

더 반항적이고 '접근 불가능'해 보이는 아이들일수록, 그만큼 더 되찾아야 할 필요가 있다. 부모로서 우리의 임무를 마치기 위해서뿐만 아니라, 그 아이들에게 성장할 기회를 주기 위해서도 그들을 되찾는 일은 중요하다. 부모의 애착 자궁을 너무 일찍 떠난 아이들이 성숙의 과정을 이어가게 하기 위해서는 우리에게 다시 돌아오게 해야 한다. 미국의 저명한 소아정신과 의사인 스탠리 그린스펀Stanley Greenspan은 그의 책 《마음의 성장The Growth of the Mind》에서 이렇게 썼다. "나이에 관계없이 아이들은 지금까지 습득하지 못한 발달 단계에 들어갈 수 있지만, 헌신적인 어른과의 친밀하고 사적인 관계라는 맥락 안에서만 가능하다."[주2] 아이를 다시 강력한 애착의 유대 안으로 꾀어들이고 그 안에 붙잡아 두는 것이, 우리가 아이와 함께 아이를 위해 하려는 모든 일의 기초다.

아이를 되찾는 비결은 또래지향성을 유발한 상황을 거꾸로 뒤집는 것이다. 아이를 또래들과 분리시킴으로써 애착 결핍 상태를 만들고, 그 결핍된 자리에 우리가 대신 들어가야 한다. 또래지향적인 아이들은 애착 욕구가 매우 강하다는 사실을 기억해야 하는데, 그렇지 않다면 또래지향적인 아이가 되지도 않았을 것이다. 또래들과 접촉하지 못하게 되면, 아이는 애초 부모와의 애착 결핍을 겪었을 때처럼 견디기 힘들 것이다.

특히 또래지향성이 너무 강하지 않은 경우, 또래들과의 접촉을 제한하는 동시에 가능할 때마다 아이를 품 안으로 모으는 일을 우선시하면 부드럽게 반전시킬 수 있다. 다만 역효과를 불러올 수 있으므로, 부모의 의도를 드러내지 않는 것이 중요하다. 많은 부모가 가장 힘들어하는 부분이 '행동'에서 '관계'로 초점을 옮기는 것이다. 한번 관계가 나빠지면, 행동은 점점 더 공격적이고 불온해진다. 그런 상황에서는 아이가 욕하고 속이고 비난하는 것을 막기가 힘들다. 초점을 옮기려면, 먼저 행동을 통제하는 일이 무익함을 알고 관계의 회복이라는 과제로 방향을 틀어야 한다. 우리는 대부분 아이를 어떻게 꾀어야 하는지 직관적으로 알고 있다.

17장에서 틀을 만들고 제한을 가하는 방법과 같은 구체적인 기술을 다루겠지만, 여기서 잠깐 외출 금지에 대한 이야기를 하려고 한다. 외출 금지는, 어린 자녀가 어떤 규칙을 깨거나 약속을 어겼을 때 흔히 써온 훈육법이다. 문제는 이것을 어떻게 활용하느냐다—처벌이냐, 혹은 기회냐. 외출 금지는 대개 또래들과의 접촉을 제한하는 것이기 때문에, 우리가 이용할 수 있는 애착 결핍 상태를 만들어 낼 수 있다. 만약 부모가 이 시간을 아이의 얼굴을 다정하게 바라보며 아이가 붙잡을 수 있는 무언가를 제공하는 기회로 여긴다면 유익한 결과를 얻을 수 있다. 대부분의 행동적 접근과 마찬가지로 외출 금지 자체로는 별 도움이 안 된다.

때로는 좀더 극단적인 방법이 필요할 때가 있는데, 특히 아이를 품 안으로 모으려는 시도가 헛되고 아이와 또래들 사이에 끼어들려는 노력이 허사로 돌아갔을 때가 그렇다. 가족의 경제 여건과 상황에 따라, 주말에 아이와 함께 가는 소풍에서부터 온 가족이 떠나는 여행에 이르기까지 우리가 개입할 수 있는 폭은 매우 넓다. 여유가 있다면 별장이 여러 모로 편하다. 시골에 사는 친척이 있다면 더욱 좋다. 자기 가정은 아니어도 가족이라는 맥락에서 아

아이의 손을 놓지 마라

이를 데리고 여름을 보내는 것은 종종 또래들에 대한 집착을 해결하는 방책이 된다. 내가 아는 몇몇 가족은 또래와의 애착 결핍 상태를 만들기 위해 이사를 감행하기도 했는데, 다행히 이런 극단적인 해결책은 성공적인 결과를 가져왔다. 그러나 이런 결핍 상태를 만드는 것은 절반의 해결에 지나지 않는다. 아이를 품 안으로 모으는 것이 무엇보다 중요한 나머지 절반이다.

나의 경우, 10대인 두 딸 타마라와 타샤를 되찾기 위해 계획한 여행에서 또래지향성에서 벗어나는 전환점을 만났다. 타샤에게는 학교에 휴가를 내고 그 아이가 좋아하는 곳으로 여행을 가자고 미끼를 던졌다. 그럼에도 타샤는 학교에 가겠다고 화를 냈다. 공부가 걱정되어서가 아니라 학교에 친구들이 있었기 때문이다. 빌려둔 해변의 작은 별장에 도착했을 때, 타샤는 주변에 '아무도' 없어 따분할 거라고 했다. 이것이 또래지향성이다. 이것은 부모의 자리를 '아무도 아닌 사람'으로 강등시킨다. 또래지향적인 아이가 애착을 형성한 사람들은 '모두'이고, 그 외의 사람들은 '아무도' 아닌 것이다.

나는 아이와 거리를 두지 않고 아이의 증상에 맞서 싸우지 말아야 한다는 점을 되새겨야 했다. 변화는 좀처럼 일어나지 않았지만, 타샤가 내게 다가올 만큼 애착 결핍을 견디지 못하게 될 때까지 기다리기로 했다. 내가 할 일은 그 아이의 공간을 따뜻하게 바라보는 것이었다. 타샤의 부루퉁한 표정은 예전에 나를 바라보던 반짝이는 눈과 빛나는 미소와는 거리가 멀었다. 타샤는 나와 함께 산책을 하고 카누를 타면서 조금씩 달라지기 시작했다. 마침내 타샤는 내게 말을 걸며 나의 포옹을 기꺼이 받아들였다. 아주 흥미

아이를 품 안으로 모으기

롭게도 우리 부녀의 관계가 회복되면서 함께 요리를 해먹고 싶은 욕구도 생겼다. 떠날 시간이 되자, 우리는 둘 다 정말 돌아가고 싶지 않았다. 집으로 오는 길에 나와 타샤는 우리 관계를 보존할 수 있는 몇 가지 틀을 만들었다. 즉 일주일에 한 번 함께 산책하거나, 카페에서 핫초콜릿을 마시기로 했다. 나는 타샤와의 특별한 시간에는 그 아이를 '야단치지' 않겠다고 다짐했다. 이렇게 특별히 마련한 시간은 애착 맥락을 보존하기 위한 것이다. 나는 그 외의 시간에는 지시하고 인도하는, 부모로서 해야 하는 다른 일들을 할 수 있었다.

타샤는 내게 애초에 왜 자신을 떠났었느냐고 물었다. 나는 처음에는 오히려 그 반대라고 주장하다가, 한순간 타샤의 말이 옳다는 생각이 들었다. 아이와의 친밀감을 유지하는 것은 부모의 책임이다. 내 딸의 탓으로 돌릴 일은 아니었다. 타샤는 또래들과의 친밀감을 추구하면서 자신의 빗나간 본능을 따랐을 뿐이다. 부모의 역할에 실패한 것이 순전히 내 잘못은 아니지만, 타샤에게 내가 더는 필요하지 않을 때까지 그 아이의 손을 잡고 있어야 하는 것은 그래도 부모인 나의 책임이다. 나는 부지불식간에 부모의 역할이 끝나기도 전에 그 애를 놓아 준 것이다. 나는 일주일 휴가를 내면서 망설였던 순간을 생각하면 온몸이 오싹해진다. 되돌아보면, 그것은 내가 내린 최고의 결정이었다.

타마라와는 며칠 동안 자연에서 함께 하이킹과 캠핑을 했다. 그 아이가 야외 활동을 좋아한다는 사실을 미끼로 삼았다. 타마라도 처음에는 내 도움을 거절하고, 나보다 앞서거나 뒤에 처져서 걷는가 하면, 나와의 소통을 최소화하면서 또래지향성을 드러냈다. 타마라의 침울한 얼굴은 내가 그 아이가 함께 있고 싶은 사람이 아니라는 사실을 상기시켜 주었다. 마침내 마지막 날, 딸아이가 나와 나란히 걸으며 내 도움을 환영하게 되기까지, 나는 인내심을 가지고 다정하게 대해야 한다고 매번 스스로 되뇌어야 했다. 예전처럼 타마라는 자기 생각을 분명히 이야기했고 쉴 새 없이 조잘거렸다. 그 아이의 따뜻한 미소가 얼마나 순식간에, 그리고 얼마나 깊은 감동을 줄 수 있는지 나는 깜짝 놀랐다. 타마라의 또래지향성의 여파로, 예전에 그 아이와의 관계에서 느꼈던 기쁨을 까마득히 잊고 있었던 것이다.

15

아이와의 유대감
보존하기

부모와 아이의 관계는 신성하다. 또래 문화라는 난제에 직면한 우리는, 우리에 대한 아이의 애착을 강화하고, 아이가 보살핌을 필요로 하는 한 그 애착을 지켜야 한다. 하지만 그러려면 어떻게 해야 할까?

아이와의 관계가 우선이다

육아에서 어떤 문제나 어려움에 부딪히든, 아이와의 관계가 최우선이 되어야 한다. 아이들은 아무리 그것이 진심이라 해도 우

아이의 손을 놓지 마라

리의 의향을 깨닫지 못한다. 아이들은 우리의 음성과 행동에 나타나는 것을 느낄 뿐이다. 우리가 우선 사항으로 여기는 것들을 아이들이 알 거라고 가정해서는 안 된다. 부모의 무조건적인 사랑을 받는 아이들의 대부분이 실제로는 그 사랑을 매우 조건적인 것으로 느낀다. 세 아이를 둔 조이스는 이렇게 말했다. "정말 힘든 일은 인내심을 잃지 않고 장기적인 관점을 유지하는 거예요. 다급한 순간에 아이를 10분 안에 문 밖으로 내보내기보다 아이와의 관계가 중요하다는 사실을 떠올리기가 쉽지 않아요. 내 앞에 닥친 일 때문에 때때로 아이가 장애물처럼 여겨진다는 게 문제예요."

무조건적인 수용은 그것이 가장 필요한 순간에 가장 실행하기가 힘들다. 아이가 우리를 실망시켰을 때나 우리의 가치를 위반했을 때, 우리에게 밉살스럽게 굴 때가 바로 그런 순간이다. 바로 그럴 때 우리는 아이의 행동보다 아이 자체가 더 중요하고, 품행이나 성과보다 관계가 더 중요하다는 사실을 말이나 몸짓으로 보여주어야 한다. 상황이 최악일 때 우리는 어느 때보다 아이를 단단히 붙잡아야 한다. 그래야 아이가 우리를 붙잡을 수 있다. 우리가 화가 나거나 분노가 가득할 때 '훈계를 하려고' 하면, 아이는 그 관계에 대해 불안감을 느끼게 된다. 아이의 눈에 우리가 소중하게 여기지 않는 것 같은 관계에 아이가 매달릴 거라고 기대할 수는 없다. 그럴 때 최선은 우리 자신을 추스르고, 비난을 자제하며, 어떤 '결론'도 내리지 않는 것이다.

이런 식의 관계 맺기가 부자연스러운 부모들도 있다. 그런 사람들은 아이가, 부모가 자신의 잘못을 눈감아준 것으로 생각할까 봐 걱정한다. 그런 사람들은 부적절한 행동에 대해 그 즉시 매번 지적하지 않으면, 아이는 혼란스러워하고 부모의 가치는 무너지게 된다고 믿는다. 이해는 하지만, 그런 두려움은 잘못된 것이다. 혼란은 별 문제가 되지 않는다. 아이는 자신에 대한 기대와, 자신이 지킬 수 없거나 지키기 싫은 것들을 잘 안다. 지킬 수 없는 것은 대개 성숙의 문제이고, 지키기 싫은 것은 애착의 문제다. 아이는 무엇이 중요한가보다 부모에게 자신이 가치 있고 중요한 사람인가에 대해 혼란스러워할 가능성이 훨씬 크다. 이것이 바로 해명과 확언이 필요한 문제다. 우리가 아이에게 "그건 허락할 수 없다"라고 말했을 때, 안정된 애착과 공고한 관계가 형성되어 있지 않다면, 아이는 "엄마는 나를 좋아하지 않아"라거나 "… 때문에 나를 믿지 못하는 거야"라거나 "…할 때만 내가 마음에 드나 봐"라고 받아들인다. 아이가 이런 메시지로 받아들인다면, 우리가 실제로 그런 말을 했든 안 했든 관계는 손상된다. 아이가 우리에게 착한 존재가 되고 싶어하는 그 토대가 허물어지는 것이다.

우리는 다른 가치들—예를 들면, 윤리적 가치 같은 것—은 인식하고 있지만, 애착과 같이 가장 근본적인 가치는 인식하지 못하고 있다. 애착에 대한 의식을 갖게 될 때만 우리가 가장 열정적으로 헌신하는 대상인 아이 자체를 발견할 수 있다.

애착을 생각하는 육아란

자연적 발달 단계를 따르면, 우선 사항은 확실해진다. 첫 번째가 '애착,' 두 번째가 '성숙,' 그리고 세 번째가 '사회화'다. 아이와의 문제에서 난기류를 만날 때 먼저 관계에 초점을 맞추어야 하는데, 이는 곧 성숙을 위한 맥락을 보존하는 것과 같다. 그런 후에야 사회적 틀, 즉 아이의 행동에 초점을 맞출 수 있다. 첫 번째와 두 번째 우선 사항을 해결하고 스스로 만족하기 전에 세 번째 단계로 나아가서는 안 된다. 아이와의 상호작용에서 이런 원칙을 받아들이면 발달상의 설계와 조화를 이룰 수 있고, 우리의 가장 기본적인 의무에도 어긋나지 않게 살아갈 수 있다. 이것이 육아의 핵심이다.

애착을 생각하는 육아란, 아이를 우리한테서 떼어놓는 어떤 것도 허용하지 않는다는 뜻이다. 이는 또래지향적인 아이와의 관계에서는 매우 어려운 과제인데, 이미 부모와 아이 사이에 또래들이 끼어들어 있기 때문이다. 또래지향적인 아이는 우리와의 애착을 기피할 뿐만 아니라, 상처를 주고 관계를 소원하게 하는 행동을 하게 된다(그런 행동을 부추기는 애착의 부정적인 에너지에 대해서는 2장을 참고하라). 부모도 아이가 자신의 제안에 반응하지 않을 때는 상처를 입는다. 또래지향성에 사로잡혀 있는, 나이 든 아이는 아주 비열하고 심술맞게 굴 수 있다. 아무리 부모라도 외면당하고 무시당하고 경멸의 대상이 되는 일은 고통스럽다. 이리저리 굴리는 눈, 거슬리는 목소리, 냉담한 태도, 무례한 말투에 태연하게 반응하기란 힘들다. 또래지향적인 아이의 의도적인 오만함과 불성실함은 부모의 애착 감성을 모조리 교란시킨다. 그런 태도는 반감을 일으킨다. 그런 상처를 주는 모욕적인 행동은 격한 감정을 불러일으킨다. 어떻게 안 그럴 수 있겠는가?

나는 2장에서 또래지향성을 애착 불륜이라고 불렀다. 아이가 또래들에게 가려고 우리를 버렸을 때, 우리가 소중하게 여기던 다른 관계에서와 마찬가지로 감정이 상하고, 화가 나고, 모욕감을 느끼게 된다. 상처를 입으면 더 깊은 상처를 피하기 위해 방어적으로 주춤하고 정서적으로 후퇴하는 것은 당연하다. 이는 우리 뇌의 방어 영역에서 우리에게 취약한 지점을 벗어나 모욕을 당해도 아프지 않고 관계가 부족해도 기분이 상하지 않는 장소로 후퇴하고 싶은 충동을 일으키는 것이다. 부모도 인간이다.

이렇게 애착을 철회하면 더 많은 상처로부터 우리 자신을 보호할 수 있을지 몰라도, 아이는 이를 거부로 받아들인다. 아이가 의도적으로 우리에게 상처를 주려고 한 게 아니라, 자신의 일그러진 본능을 따를 뿐이라는 사실을 상기해야 한다. 우리가 정서적으로 물러서는 반응을 보인다면, 아이를 또래들의 품으로 더욱 강하게 내모는 더 큰 애착 결핍을 초래하게 된다. 비록 아이들로부터 멀어지지 않으려면 성인^{成人}과 같은 자세가 필요하지만, 아이가 우리를 밀어내도록 내버려둔다면 아이가 붙잡을 수 있는 것은 아무것도 없다. 스스로 게임에서 물러나지 않는 것, 스스로 아이로부터 멀어지지 않는 것은, 아이와 우리를 위해서 우리가 해야 할 가장 중요한 일이다.

사실, 끊임없이 거절당하는 느낌보다 마음 상하는 일은 없다. 그래도 우리의 깊고 무한한 사랑의 샘과 보다 나은 날에 대한 희망에 끈기 있고 성실하게 의존해야 한다. 좌절감과 절망감을 느끼는 상황에서도 이 전장을 떠나서는 안 된다. 우리가 마음을 열고 기다린다면, 제멋대로 구는 딸과 아들이라도 돌아올 가능성은 충분하다.

　　　　　　　　　　　　　아이의 손을 놓지 마라

종종 자포자기의 심정으로 아이에게 최후통첩을 하는 부모들이 있다. 제대로 하든지, 아니면 그만두라는 식이다. 그것이 '엄한 사랑'과 같은 의례적인 기술이든, 단순히 아이를 제자리로 돌아오게 하려고 배짱을 부려 보는 것이든, 또래지향적인 아이에게는 별 효과가 없는 방법이다. 최후통첩은 그런 거래를 할 만큼 충분한 애착을 전제로 해야 한다. 애착이 충분히 강하지 않으면, 아이에게는 부모와 친밀감을 유지하려는 욕구가 없을 것이다. 최후통첩을 받은 아이는 부모의 사랑과 수용이 조건적이라는 느낌을 강하게 받는다. 최후통첩은 또래지향적인 아이를 부모한테서 더 멀리 떼어놓고, 또래들의 세계로 더 깊이 빠져들게 할 뿐이다.

때로는 최후통첩이 사실상의 최후통첩이 아니라, 책임을 떠넘기거나 포기하는 방법이 되기도 한다. 부모가 지긋지긋해진 것이다. 상황이 나아지리라는 희망이나, 상황을 개선할 수 있는 힘이 부족한 것이다. 그런 경우라면 관계를 악화시키지 않는 방법을 찾아보는 것이 낫다. 붙잡고 있는 게 더는 선택이 될 수 없는 부모에게 나는 종종 아이를 기숙사가 있는 사립학교에 보내거나, 친척들에게 부탁하거나, 도와줄 수 있는 가까운 가족을 찾아보라고 권한다. 거부감이 적을수록 언젠가 회복될 가능성도 더 높다. 심리적 관계가 단절되지 않은 상태에서 신체적 분리로 부모가 한숨을 돌리고 나면, 다시 한 번 아이를 되찾으려는 시도를 할 수 있는 힘과 결단력을 찾을 수 있을 것이다.

관계가 일시적으로 단절되는 것은 피할 수 없는 일이며, 자주 심각하게 일어나지 않는 한 그 자체로는 해가 되지 않는다. 진짜 해가 되는 것은, 우리가 아이를 다시 품 안으로 모으는 일을 등한

시함으로써 아이와의 관계가 우리에게 중요하지 않다는 뜻을 전달하거나, 관계를 회복하는 문제는 아이에게 달렸다는 인상을 남기게 되는 경우다.

누군가에게 무엇이 얼마나 소중한가는 그가 그것을 얻기 위해 기꺼이 극복하려는 장애물을 보면 알 수 있다. 아이들은 그런 식으로 우리에게 자기와의 관계가 얼마나 소중한가를 판단한다. 우리의 감정을 억누르고 아이들의 감정을 수용하면서 그들의 편에 다시 서기 위해 모든 노력을 다할 때, 우리는 그들과의 관계를 최우선으로 한다는 강력한 메시지를 전달하게 된다. 아이들에 대한 반응이 거세지고 감정이 소진될 때가, 우리의 최우선 순위를 되찾고 그들에 대한 헌신을 확언할 때다. "난 여전히 네 엄마이고, 언제나 그럴 거야. 화가 날 때는 너에 대한 사랑을 잠시 잊기도 하지만, 늘 본심으로 돌아온단다. 나는 우리 관계가 굳건하다는 사실이 참 기쁘다. 지금 같은 때는 꼭 필요한 거거든." 실제로 무슨 말을 하는지는 중요하지 않다. 우리의 말투와 부드러운 눈길, 다정한 손길이 모든 것을 말해 준다.

아이와 충분한 친밀감을 유지하라

2장에서 애착을 형성하는 여섯 가지 방식에 대해 설명했는데, '이들 방식은 아이들의 행동―그리고 때로는 우리 자신의 행동―에 대한 단서를 제공'한다. 아이가 우리와 단절되어 있다고 느끼는 것은, 아이의 정서 생활에서 어떤 애착 역학이 지배적인가

아이의 손을 놓지 마라

에 달려 있다. 주로 감각을 통해 애착을 형성하는 아이들은 신체적 접촉이 부족할 때 단절된 느낌을 받는다. 충성심을 통해 애착을 형성하는 아이들은 부모가 자신을 옹호하기보다 자신을 반대하는 것처럼 보일 때 소외감을 느낀다. 공동집필자인 가보는 아들이 아홉 살 때 있었던 일을 떠올렸다. 매우 총명하고 감성적이었던 그의 아들은 엄마와 아버지가 하도 들볶아서 부모가 밤마다 아이들을 괴롭히는 방법에 대한 강의를 듣는 상상까지 했다는 것이다! 그러나 자신의 감정을 그렇게 분명하게 표현하는 아이들은 많지 않으며, 대부분의 아이는 그저 부모가 자기 편이 아니라고 느낀다.

부모와의 친밀감을 위해 자신이 부모에게 중요한 존재임을 느껴야만 하는 아이들도 있다. 이런 아이들은 자신이 부모에게 중요하지 않다는 생각이 드는 순간 버림받은 느낌이 들 것이다. 예를 들면, 부모가 인생에서 자신보다 일이나 다른 활동을 더 우선시한다는 인상을 받을 때가 그렇다. 부모와 사랑으로 연결되어 있을 때 안정감을 느끼는 아이는, 애정이나 따뜻함이 부족하면 소외감을 느낀다. 서로를 알고 이해할 때 친밀감을 느끼는 아이는, 오해를 받는다는 생각이 들면 거리감을 느낀다. 부모가 무언가 중요한 비밀을 감추는 것 같을 때도 마찬가지다. 그러므로 부모는 아이들에게 절대 거짓말을 해서는 안 된다. 아무리 선의의 거짓말이라도, 거짓말은 아이를 고통으로부터 보호하지 못한다. 우리가 거짓말을 들을 때, 의식적으로 인식하지는 못해도, 우리 내부에는 그 거짓말을 간파하는 무언가가 있다. 비밀에서 배제되면, 단절감을 느끼게 되고 소외당하지 않을까 불안해진다.

아이와의 유대감 보존하기

정리하면, 아이들의 주요 애착 형성 방식이 무엇이든 우리의 주요 목표는 또래들이 우리를 대신할 필요가 없도록, 아이들이 우리와 충분한 친밀감을 유지하도록 도와주는 것이다.

떨어져 있을 때도 친밀감을 유지하라

친밀감을 여전히 감각에 주로 의존하는 아이들을 다루는 일은 쉽지 않은 일이다. 이런 경우에는 연인들이 신체적으로 떨어져 있을 때 사용하는 방법을 빌려오면 좋다. 실제로, 이런 식으로 생각하면 수많은 아이디어가 떠오른다. 연인들의 경우 가까이 있고 싶은 욕구는 상호적이라서 둘 다 그렇게 하려고 할 것이다. 아이들의 경우에는 부모가, 아이가 무엇을 필요로 하는지 생각해야 한다. 부모가 일을 하러 갈 때나 아이가 학교에 갈 때, 부모가 한집에 살지 않을 때, 병원에 입원해 있을 때, 캠프에 갈 때, 다른 곳에서 잘 때와 같이 분리의 원인이 무엇이든 과제는 똑같다.

이런 피할 수 없는 분리를 극복하도록 부모가 아이들을 도와주는 몇 가지 유용한 방법이 있다. 즉 부모의 사진, 특별한 액세서리나 사진을 넣을 수 있는 목걸이, 읽을 만한 편지, 떨어져 있을 때 아이가 지니고 있을 만한 부모의 물건, 정해진 시간의 전화, 부모의 음성으로 녹음한 특별한 노래나 이야기, 특별한 시간에 열어 볼 수 있는 선물이 그것이다. 방법은 무궁무진하다. 누구나 이런 방법을 알고 있다. 문제는 신체적 분리의 간극을 메워 주는 일이 중요하고 그 책임을 져야 한다는 점을 인식하고 있느냐는 것이다.

아이의 손을 놓지 마라

이는 자신에게 필요한 것이 무엇인지 단서를 주지 않는 아이들의 경우에는 특히 중요하다. 물론, 여기서 하는 말은 청소년기 이전의 아이들에게 해당하는 것이다. 즉 이런 방법은 10대에게는 잘 통하지 않는다.

친밀감을 유지하는 또 다른 방법은 떨어져 있을 때 아이에게 우리가 있는 곳을 알려주는 것이다. 아이에게 우리의 일터를 보여주는 것도 도움이 된다. 출장을 갈 때는 아이가 지도를 보며 우리의 행선지를 따라갈 수 있도록 준비해 놓는다. 연인들이 그렇듯, 상대가 언제 어디에 있는지 확인할 수 있을 때 신체적 부재를 훨씬 견디기가 쉬워진다.

우리와 떨어져 있어도 아이가 우리를 잊지 않도록 다른 사람의 도움을 받을 수도 있다. 아이에게 우리에 대해 호의적으로 말해 달라고, 특정 시간에 우리가 무엇을 하고 있는지 아이가 그려볼 수 있게 도와 달라고, 즐거운 추억을 떠올릴 만한 사진들을 보여 달라고 친구나 친척, 아이를 돌보는 다른 어른들에게 부탁한다. 처음에는 아이가 혼란스러워하겠지만, 이런 이차적인 접촉은 친밀감을 유지하는 데 도움이 된다. 우리를 또래들로 대체하려는 위험한 상태의 아이들에게 다른 어른들은 부모-자녀 관계가 손상되지 않도록 도와주는 중요한 역할을 한다. 이는 부모와 한집에 살지 않는 아이들의 경우에는 특히 그렇다. 아이를 최우선으로 여긴다면, 배우자와 헤어졌을 때 상대 부모가 아이와 친밀감을 유지하도록 모든 노력을 다해야 한다. 부모의 이혼 후에 또래지향성에 빠질 위험이 높아지는 만큼, 이는 우리의 주요 목표이자 가장 중요한 책임이 되어야 한다.

친밀감은 부모와 아이를 이어 주는 끈이다

●

, 우리가 아이와 가깝게 지내는 근본적인 목적은, 아이의 또래들이 따라올 수 없는 깊은 친밀감을 조성하려는 것이다. 친구들과 아무리 가까워도 아이들이 서로 마음까지 털어놓는 일은 드물다. 마음 깊숙한 곳의 감정은 으레 숨기기 마련이다. 그것은 창피나 오해를 받을 위험을 무릅쓰기에는 너무나 취약한 영역이다.

아이들이 나누는 비밀은 다른 사람들에 관한 비밀이거나 자신에 대한 피상적인 정보인 경우가 많다. 취약한 부분은 거의 털어놓지 않는다. 이는 부모에게는 다행한 일인데, 자신의 깊은 곳까지 알고 이해한다는 느낌에서 오는 친근함은 그 무엇보다 깊은 친밀감으로, 가장 힘든 신체적 분리도 극복할 수 있는 유대를 형성한다. 그런 친밀한 관계의 힘은 아무리 과장해도 지나치지 않다.

그런 친밀감을 형성하는 첫 단계는, 아이를 꾀어 속마음을 털어놓게 하는 것이다. 많은 아이가 누군가 다가와 주기를 바라지만, 어떻게 생각하고 느끼는지 물어도 제대로 반응하지 않는다. 때때로 정기적으로 함께 외출한다거나, 일을 분담한다거나, 개를 산책시키는 일과 같은, 그때그때 알맞은 틀을 찾는 전략이 필요하다. 나는 어머니와 함께 설거지를 하거나 블루베리를 딸 때 다른 때는 털어놓기 힘든 생각과 감정을 나누곤 했다. 그런 시간 속에 느낀 친밀감은 아주 특별했고, 지속적인 관계를 유지하는 데 큰 힘이 되었다.

공동집필자인 가보의 10대 딸은 밤마다 그의 서재로 찾아왔다고 한다. 그럴 때 딸아이는 하루 종일 꺼내지 않던 개인적인 이야기를 털어놓았다는 것이다. 그는 차츰 그런 딸아이의 '침입'을 반기게 되었고, 책을 읽거나 이메일을 확인하다가도 딸에게로 관심을 돌리게 되었다. 우리는 모든 기회를 포착해야 한다.

어떤 아이들은 8장에서 설명한 방어적인 이유들로 감정을 차단한다. 우리는 그 아이들이 가능한 한 편하게 속마음을 털어놓을 수 있도록 해야 하고, 주요 목표는 그들을 교정하거나 교육하는 게 아니라 그들과 결합하는 것임을 명심해야 한다. 특별한 일대일 시간을 만들고 너무 노골적으로 대하지 않도록 주의한다면 훌륭한 출발이다. 그것은 대부분 시행착오의 문제이지만, 솔선해서 나서면 성과가 있기 마련이다.

최선의 예방책은 심리적 친밀감을 키우는 것이다. 한번 아이의 또래지향성이 강해지면, 그런 관계로 발전시킬 수 있는 기회를 잃는다. 이런 경우, 우선 14장에서 설명한 방법대로 아이를 품 안으로 모아야 한다. 또래지향적인 아이에게는 부모에게 무언가 중요한 일을 털어놓는다는 것은 분명 정상적인 일이 아니다. 내가 이를 주제로 진행한 라디오 프로그램에 전화를 건 한 아이는, 또래지향적인 아이의 장벽을 여실히 보여 주었다. 잘 알고 있다는 확신이 넘치는 어조로, 그 열다섯 살짜리 소녀는 내게 분명히 말했다. "선생님은 정말 이상해요. 선생님도 10대 때는, 선생님의 친구들이 선생님의 가족 같았을 거예요. 어떤 10대가 자기 부모와 대화를 하려고 하겠어요? 그건 말이 안 돼요. 정상이 아니에요." 그 아이의 또래지향성을 생각하면, 그로서는 그렇게 생각할 수밖에 없었을 것이다. 이 병은 서서히 퍼진다. 그 아이들은 무엇이 잘못되었는지 전혀 느끼지 못한다. 또래지향적인 아이에게 그의 본능이 그를 잘못된 길로 인도하고 있다거나, 그처럼 강한 또래지향성은 그에게 이로울 게 없다고 말해 봐야 별 도움이 되지 않는다. 하나씩 단계를 밟아 아이를 되찾는 길 외에는 방법이 없다.

또래지향성을 예방하는 최선의 방법은 다방면으로 뿌리 깊은 관계를 일구는 것이다(또래지향성을 예방하는 방법에 대해서는 17장에서 좀더 설명할 것이다). 누군가 자신을 알고 이해한다고 느끼는 아이는, 또래지향성이 제공하는 변변찮은 음식에 만족하지 않을 것이다. 이런 식으로 우리는 아이에게, 부모한테서 경험한 충분히 만족스러운, 미래의 애착의 표본을 제공하기도 한다. 그런 원형이 없다면, 아이의 미래 관계는 주로 또래들과의 일차원적인 상호작용에 치중하여 빈곤해지게 된다.

틀을 만들고 제한을 가하라

우리는 아이의 행동을 바로잡아야 한다고 생각하지만, 아이의 애착을 바로잡는 일이 훨씬 더 중요하다. 이를 위해서는 두 가지 작업, 즉 관계를 위한 틀을 만들고 경쟁자를 약화시키는 제한을 가해야 한다. 정말이지, 우리 문화에서 산다는 것은 아이들에게는 가차 없는, 수단과 방법을 가리지 않는, 한 치의 용서도 없는, 승자가 모든 것을 차지하는, 뒤처지면 낙오되는 치열한 전투를 가슴으로 치르는 일이다.

물론, 우리가 할 수 있는 일에는 한계가 있다. 우리는 아이들로 하여금 우리와 함께 있고 싶거나, 우리를 나침반으로 삼거나, 우리를 사랑하게 '만들' 수 없다. 우리는 아이들이 우리를 위해 착해지게 할 수 없고, 그들의 친구를 결정할 수도 없다. 마찬가지로, 우리가 해야 하는 일에도 한계가 있다. 아이들에게 우리의 뜻을 강요하거나, 그들을 곁에 붙잡아 두기 위해 완력을 휘둘러서도 안된다. 아이들을 붙잡는 일은 그들의 행동을 바로잡는 게 아니라, 그들의 애착 본능을 채워 주고 자연적인 위계를 보존하는 것이다. 아이들의 본능이 돌아섰을 때는 그들을 곁에 붙잡고 있는 것만으로는 충분치 않다. 반드시 관계를 회복하고 보존해야만, 우리와 함께 있고 우리에게 의존하는 것이 그들에게 온당하고 자연스럽게 느껴진다. 이 때문에 우리는 틀과 제한을 가해야 한다. 우리의 건강이나 경제를 운명에 맡기면 안 되듯이, 더는 아이들의 애착을 운명에 맡겨서는 안 된다.

틀과 제한은 신성한 것을 보호한다. 문화의 역할 중 하나는 우리가 소중히 여기는 가치를 보호하는 것이지만, 일상생활에서는 이 문제를 시급하게 느끼지 않는다. 예를 들어 우리는 운동과 혼자 있는 시간이 신체적·정서적 안녕을 위해 중요하다는 점은 알지만, 언제나 그런 필요를 강박적으로 느끼며 살아가는 것은 아니다. 운동과 사색적인 고독이 일상의 행위 안에 녹아 있는 문화는 동기의 부재로부터 그 구성원들을 보호한다. 우리 문화가 파괴되면서 가족생활과 부모-자녀 관계를 보호하는 틀과 의식들도 서서히 무너지고 있다.

만약 프로방스 문화가 경제적 압박과 현대 문화에 굴복한다면, 아이들의 애착을 보호하는 의식, 즉 가족 식사나 학교 정문에서의 인사, 마을 축제, 일요일의 가족 산책은 사라질 것이다. 이런 이유

아이와의 유대감 보존하기

로 오늘날의 부모들은 자신들만의 살아 있는 소문화를 직접 만들어야 하고, 신성한 것을 보호하는 애착 의식도 필요하다. 험프티 덤프티영국의 자장가 모음인 마더 구스Mother Goose의 한 노래에 나오는, 계란에 얼굴과 팔다리가 달린 모양의 인물. 여기에서는 '한번 부서지면 되돌릴 수 없는 것'을 의미한다—옮긴이처럼 다시 되돌릴 수 없는 지경까지, 그저 우리 손가락 사이로 빠져나가도록 내버려둘 수는 없다.

현재 우리가 가진 애착의 힘을 이용하여 미래에 필요한 힘을 보존할 수 있는 틀을 마련하는 것이 현명한 일이다. 우리에게서 아이들을 빼앗아가는 것을 제한하는 동시에 아이들을 품 안으로 모을 수 있는 틀을 만들어야 한다. 텔레비전과 인터넷, 휴대전화, 게임, 과외 활동에 틀과 제한을 가해야 한다. 가장 확실한 제한은 또래들과의 상호작용, 특히 책임 있는 어른들이 주관하지 않는 자유로운 상호작용을 통제하는 것이다. 부모들이 제한하지 않으면 아이들끼리 만나고, 밤늦도록 어울리며, 문자 메시지를 주고받는 시간이 걷잡을 수 없이 늘어날 것이다. 부모와의 친밀감보다 또래와의 접촉을 우선시하기까지는 오랜 시간이 걸리지 않는다. 우리가 주도권을 쥘 수 있는 규칙과 제한이 없으면 점점 경쟁하기가 힘들어진다. 다시 한 번 말하지만, 우리는 여기서 예방에 대해 말하는 것이다. 또래지향적인 아이를 강제로 틀에 가두어 구속하려고 하면 더 큰 화를 부르게 된다. 그럴 때는 다른 접근법이 필요하다.

현명한 부모들은 자신이 행사할 수 있는 애착의 힘 이상의 제한을 가하지 않는다. "랜스가 열한 살 때였어요. 외톨이였던 아이가 갑자기 한 그룹에 끼게 되었어요" 하고 한 10대 엄마는 회상했다. "아이의 아버지와 저는 아이의 새 친구들이 영 마음에 들지 않았

아이의 손을 놓지 마라

어요. 그 애들은 부모에게 애착도 없고 가족 관계도 소원한 것 같았어요. 우리는 그 애들과 함께 있는 게 불편했어요. 그 애들과 있으면 신경이 날카로워졌죠.

"느닷없이 랜스가 그 애들의 CD를 듣기 시작했어요. 저도 록음악을 좋아하는데 그 음악은 역겨웠어요. 욕설과 폭력이 뒤범벅되어 있었죠. 지금 같으면 그런 CD에 신경 쓰지도 않겠지만, 그때 제 아들은 열한 살이었고… 아무튼, 그 중 조시라는 아이는 꼭 피리 부는 사나이 같았어요. 제 아들을 피리 소리로 꾀어내는 것 같았죠. 랜스는 변했어요. 우리에게 숨기는 것이 생겼고, 늘 그 아이들하고만 어울리려고 했어요.

"우리는 그 아이들과의 관계를 끊어야겠다고 결심했어요. 무참히 실패했죠. 우리는 랜스를 앉혀 놓고 이야기했어요. '아버지와 나는 네가 조시를 안 만났으면 한다'고 했죠. 랜스는 내내 울기만 했어요. 랜스는 우리와 조시 중 하나를 결정하라고 강요하는 것으로 느꼈고, 그 애는 조시를 택했죠. 그 애는 저희를 잃는 것 같아서 울었던 거예요.

"랜스는 우리에게 아예 말을 하지 않았어요. 석 달 반 동안 우리는 아무것도 하지 못했어요. 랜스는 학교에서도, 방과 후에도, 주말에도 계속해서 조시를 만났어요. 결국 우리는 물러설 수밖에 없었죠." 랜스의 부모가 깨달은 것은, 또래 문제에 정면으로 맞설 수 없다는 사실이었다. 그들은 애착의 힘이 부족했고, 그로 인해 아들의 또래와의 상호작용을 제한하려는 시도는 실패할 수밖에 없었다. 그들은 처음으로 돌아가 아들을 품 안으로 모으고, 다시 관계를 회복하기 위해 노력해야 했다.

가족 나들이나 휴가를 보호해야 한다. 아이를 품안으로 모으고 관계를 발전시킬 수 있는 그 시간에 아이의 친구들을 같이 데려감으로써 그런 기능을 반감시켜서는 안 된다. 스키장이나 해변 휴양지에서 흔히 보듯 가족을 갈라놓는 휴가를 보내서도 안 된다. 이는 가족의 휴가마저 아이들은 아이들끼리, 어른들은 어른들끼리 보낸다거나, 혹은 휴가 때는 아이들로부터 벗어나 휴식을 취하겠다는 생각에 굴복할 만큼, 우리가 얼마나 또래들에게 의존하게 되었는가를 보여 준다. 우리가 휴식을 더 취할수록, 그만큼 아이들은 더 멀어진다. 그로 인해 아이들을 키우기가 더 어려워지고, 우리는 휴식을 더 필요로 하게 된다!

물론 청소년, 특히 이미 또래지향성이 강해진 아이들의 행동을 제한하는 일은 점점 힘들어지고 있다. 그 아이들은 서로 간의 관계를 추구할 자유를 요구하고, 하늘은 이들을 막는 사람을 돕는다. 빗나간 본능을 따르는 또래지향적인 아이들에게, 그들은 서로 같은 부류이고 부모들은 그들에게 정말 중요한 것을 방해하는 존재라는 사실은 너무나 명백하다. 이런 사실을 알지 못하는 부모와 교사들은 그들과 접촉할 수도 없고, 그들을 이해할 수도 없다.

그러므로 우리에게 그럴 힘이 있을 때 틀을 만드는 것이 중요하다. 이를 운명에 맡기면, 우리의 가족은 개인적 욕구와 사회적 요구, 경제적 압박, 그리고 마침내 아이들의 일그러진 본능에 의해 조각조각 찢어질 것이다. 해결책은 부모-자녀 관계를 촉진하는 틀을 만드는 것이다. 가족 휴가나 가족 잔치, 가족 게임, 가족 활동이 그것이다. 편부모 가정의 경우에는 경쟁적 압박이 더 강하기 때문에 이런 과제가 더욱 중요하다. 과거에 비해 약화되기는 했어

아이의 손을 놓지 마라

도, 결혼제도 안에 아직 남아 있는 문화적 전통은 가족이 해체됨에 따라 종종 방치되곤 한다.

프로방스에 다녀온 이후, 나는 온 가족이 둘러앉아 식사하는 것을 가장 중요한 애착 의식으로 여기게 되었다. 애착과 먹는 행위는 서로 붙어다닌다. 한쪽이 다른 한쪽을 촉진한다. 내 생각에 식사 시간은 의존성을 나누는 시간이어야 한다. 의존적인 아이는 의존해도 될 만한 어른의 보살핌을 받고, 음식이 마음에서 마음으로 전달되는 시간인 것이다. 다른 포유동물에 대한 연구에 의하면, 애착의 맥락 안에서 소화도 더 잘된다고 한다. 학교에서 아이들의 복통 발생률이 높은 것은, 아마도 불안한 애착 때문인 것으로 설명할 수 있다. 많은 또래지향적인 아이가 가족과의 식사를 거부하는 것도 이런 이유 때문일 것이다.

가족 식사는 강력한 품 안으로 모으기 의식이 될 수 있다. 이것이 아니면 무엇이 아이들의 얼굴을 따뜻하게 바라보고, 아이들이 붙잡을 무언가를 제공하며, 아이들이 우리에게 의존하고 싶은 마음이 들게 하는 기회를 줄 수 있을까? 무엇이 아이들의 눈을 모으고, 미소를 짓게 하며, 고개를 끄덕이게 할 수 있는 기회를 줄 수 있을까? 장구한 세월 동안 식사가 인간 구애 의식의 백미였음은 당연하다. 가족 식사가 프로방스 문화의 주춧돌인 이유도 이 때문이다. 정성껏 식탁을 차리고, 차례로 음식을 내오며, 전통을 지키고, 천천히 시간을 들여 식사를 하며, 어떤 방해도 허용하지 않는다. 이런 가족 식사에는 빵집 주인과 정육점 주인, 마을 시장의 상인들을 포함한 수많은 조력자가 있다. 이들은 점심과 저녁 식사 시간에는 일을 중단하고 가게 문을 닫는다. 패스트푸드점은 거의 없고, 혼자 먹거나 서서 먹는 광경도 보기 힘들다. 프로방스 문화는 음식의 문화로 불려왔다. 그러나 내가 볼 때 음식의 소비는 그저 가장 가시적인 부분일 뿐이다. 보다 근본적인 목적은 애착이다. 가족 식사는 우리 가족이 프로방스에 머무는 동안 생활의 중심이 되었다. 집으로 돌아온 후 우리 아이들이 가장 그리워한 것도 그 시간이었다.

이 신세계에서 가족 식사는 절멸 위기의 행사가 되고 말았다. 가족끼리 식사를 하더라도, 그것은 연료를 채우는 형식적인 활동에 가깝다. 가야 할 곳도 있고, 해야 할 일도 있으며, 운동도 해야 하고, 컴퓨터도 해야 하며, 사야 할 것도 있고, 영화관에도 가야 하며, 텔레비전도 봐야 한다. 먹는 것은 다음 일을 준비하기 위한 행위다. 하지만 다른 활동들을 통해서는 아이들을 품 안으로 모을 수 없다. 바로 지금, 그 어느 때보다 가족이 둘러앉아 먹는 식사가 필요하다. 물론 긴장감이 감돌거나, 싸움으로 끝나거나, 식사 예절이나 식탁 정리를 놓고 말싸움을 벌여서는 아이들을 품 안으로 모으는 기능을 할 수 없다. 부모들은 식사 시간을 아이들에게 친근하게 다가가는 시간으로 활용해야 한다.

개별적인 틀 또한 아이들을 품 안으로 모으고 관계를 유지하는데 중요하다. 아이와의 활동을 위한 시간과 장소를 마련해야 하는데, 관계를 구축하고 애착을 유지하기 위해서는 그룹보다 일대일로 대하는 것이 훨씬 효과적이다. 체험 활동이나 산책, 게임, 요리, 책읽기 등 수많은 활동을 구실로 삼을 수 있다. 특히 잠자기 전에 동화나 동요를 들려 주는 취침 의식은 어린 아이들에게는 신성한 애착 상호작용이다. 주 1회 활동만으로도 애착의 목표를 달성하는 데 큰 도움이 된다.

또래 관계에도 틀과 제한을 가하라

●
’ 또래들에 대한 집착을 줄이는 데에도 틀과 제한을 적용할 수
있다. 가능한 간접적으로 접근하는 것이 최선이다. 아이에게 대놓
고 친구들이 제일 문제라고 말하면, 아이는 우리가 정말 이상하고
자신을 이해하지 못한다고 느낄 뿐이다. 우리의 의도를 드러내지
말고, 우리의 목적을 이룰 수 있는 틀과 행사를 만들어야 한다. 방
과 후 시간이 또래 애착의 황금시간대라면, 그 시간에 맞추어 다
른 특별 활동을 계획해야 한다. 친구 집에서 밤새 노는 게 문제라
면, 그 횟수를 제한하는 것이 옳다. 휴대전화나 인터넷과 같은 디
지털 기기가 경쟁자와 상호작용하는 데 쓰인다면, 이런 기기의 사
용을 줄이거나 그에 필적하는 틀을 만들어야 한다. 그러나 아이가
확실하게 또래지향성을 띠게 되면, 또래들과 함께 있으려는 본능
이 너무 강해서 규칙만으로는 행동을 제어하지 못하게 될 수도 있
다. 이런 경우에는 가족 가운데 알코올 문제가 있어서 집에 있는
술을 없애 버리는 것처럼, 제한을 무시했을 때 텔레비전의 전원을
꺼 버리는 것처럼 또래 애착에 쓰이는 디지털 기기를 희생양으로
삼아야 할 수도 있다.

때로는 부모가 아이의 또래들보다 한 발 앞서서 그들과 경쟁할
수도 있다. 또래지향적인 아이들은 종종 무언가를 계획하기 어려
울 때가 있다. 그들은 같이 있고는 싶지만 너무 주도적으로 나서

면 아주 궁해 보일 수 있고, 이 때문에 거절당할 위험에 처할 수 있다. 그들은 간접적인 방식을 터득한다. "안녕, 뭐 할래?" "몰라, 넌 뭐 하고 싶은데?" "몰라." "그럼, 그냥 있지 뭐." "난 상관없어, 뭐든." 이런 식으로 대화는 돌고 돈다. 또래지향적인 아이들은 자신이나 상대를 취약한 영역으로 몰아가지 않으면서 어떻게든 어슬렁어슬렁 떠돈다. 애착은 함께 있으려는 충동을 유발하지만, 취약성에 대한 두려움 때문에 그것을 솔직하게 표현하지 못한다. 이런 점은 부모에게 유리한 기회를 제공한다. 예상할 수 있는 또래들과의 활동 하루 전이나 몇 시간 전에 외식이나 쇼핑, 가족 나들이, 다른 좋아하는 활동을 계획함으로써 아이가 또래 상호작용의 소용돌이 속으로 빨려 들어가는 사태를 막을 수 있다. 또래들과의 유대 시간에 앞서 무언가 계획하는 것이, 또래지향성의 증상에 뒤늦게 대응하는 것보다 훨씬 낫다.

많은 경우 또래 상호작용을 충분히 늦추면, 자연스럽게 자기 선택 과정이 이루어진다. 아이의 친구 중 또래지향성이 더 강한 아이는, 역시 아이들과의 접촉을 중시하는 다른 친구들에게로 옮겨간다. 그리고 누구나 공통된 관심과 가치관을 지닌 사람들과 애착을 형성하려고 하기 때문에, 부모와 관계가 좋은 아이는 마찬가지로 가족을 더 중요하게 여기는 친구들을 찾게 된다. 브리아가 초등학교 6학년과 중학교 1학년 때 바로 이런 과정을 거친 경우다. 브리아보다 또래지향성이 더 강한 친구들은 같은 성향의 다른 친구들을 찾아 떠났고, 그 아이 옆에 남은 친구들은 가족과의 애착이 강한 아이들이었다. 가족과 경쟁하지 않는 친구들이야말로 우리 아이들을 위해, 그리고 우리 자신을 위해 우리가 바라는 바다.

아이의 손을 놓지 마라

물론, 이런 과정이 이미 또래지향성을 지닌 아이에게는 고통스러운 시간이 될 수 있다. 또래지향성이 강한 아이일수록 자신이 하는 만큼 열심히 붙어 있으려고 하지 않거나, 부모가 방해하는 아이들을 너그럽게 봐주지 못한다. 잔인하게 보일 수 있지만, 그럼에도 이것이 아이를 위하는 길이다. 어느 부모도 아이가 따돌림 당하는 것을 보고 싶지 않겠지만, 또래 관계가 부모와의 친밀감을 위협할 때는 이것이 차선택이다. 또래지향적인 아이의 고통을 덜어 주는 방법은 없다. 그 고통을 지금 겪느냐 나중에 겪느냐의 선택만 있을 뿐이다. 단기적으로 우리가 주는 고통은 미래의 훨씬 더 큰 문제를 방지한다.

우리의 통제로 아이가 겪게 될 고통 때문에, 시련을 당할 준비는 해야 한다. 또래들과 무언가 하려는 아이를 통제하게 되면 아이는 심한 좌절감을 느낄 수밖에 없다. 공동집필자인 가보에 의하면, 마약중독자가 요구하는 약물을 처방해주지 않을 때 그와 유사한 절망과 분노를 표출하는 것을 자주 목격한다고 한다. 그와 같은 공격을 개인적인 것으로 받아들이지 않는 것이 현명하다. 또래지향적인 아이에게 삶의 목표는 또래들과의 접촉이라는 점을 늘 명심해야 한다. 그런 욕구를 방해하는 것은 엄청난 애착 좌절을 유발하는 일이기 때문에, 부모들은 적대감 및 공격성과 마주칠 준비를 하는 편이 낫다. 더욱이 또래지향적인 아이들은 자신의 욕구에 갇혀서 포기할 줄 모른다는 점도 기억해야 한다. 그 아이들은 그런 행동의 부질없음을 모르기 때문에 욕지거리가 나오는 지경까지 밀고 나간다. 이를 고집이 세다거나 의지가 강한 것으로 생각하는 것은 착각이다. 자기 안에 갇혀서 필사적으로 용을 쓰는 것일 뿐이다. 또래지향성이 강한 아이들은 또래 애착 이외의 삶은 상상할 수가 없다. 따라서 우리가 정한 틀과 제한이 불러일으킬 반발을 견디고 참을 수 있는 준비를 해야 한다. 이때 우리가 할 일은 흔들리지 않는 것이다. 즉 자신을 제어하지 못하고 아이를 자극하거나 그런 반응에 휩쓸려서는 안 된다. 그래야만 그런 상황에서 목적지에 이를 때까지 아이를 붙잡을 수 있다.

또래 상호작용을 제한할 때 또한 명심해야 할 점은, 이는 절반의 해결책일 뿐이라는 사실이다. 우리의 목표는 단순히 또래지향적인 아이를 그의 또래들로부터 떼어놓는 게 아니라, 애초에 아이를 빼앗기게 된 과정을 되돌리는 것이다. 우리의 통제로 인해 애착 결핍이 생기게 되면, 우리가 그 자리를 채울 준비를 해야 한다. 나는 앞서 외출 금지를 처벌이 아닌 기회로 이용해야 한다고 지적했다(14장을 참고하라). 훈육만으로는 진정한 효과를 얻을 수 없다. 다음 장에서 살펴보겠지만, 훈육을 위한 처벌은 거의 제 역할을 하지 못한다. 그러나 외출 금지를 통해 또래 상호작용을 방해하면, 그 대신 우리와 함께 보낼 시간을 만들 수 있다.

우리는 부모로서 거센 물살에 맞서고, 또래 상호작용을 제한하며, 우리에 대한 아이의 애착을 보존하는 틀을 만들 넉넉한 자신감이 필요하다. 왜 우리가 자신들과 달리 또래들과의 접촉을 중요시하지 않는지, 왜 아이를 좁은 울타리 안에 가두려고 하는지 이해하지 못하는 친구들의 회의적이고 비판적인 반응에 견딜 수 있는 용기도 필요할 수 있다. "능력 있고 성실한 사람들, 가까운 친구들조차 아이가 또래들과 원 없이 놀게 해주고, 주기적으로 친구네 집에서 자고 오는 것도 허용해야 한다는 둥 똑같은 압박을 가해요." 한 젊은 아버지가 말했다. "우리가 왜 그렇게 하지 않는지 설명할 때마다, 본의 아니게 그 친구들의 자존심을 건드리게 돼요. 그 친구들은 우리와 정반대의 입장을 선택한 상태니까요."

무엇보다, 아이들을 위한 최선의 방책으로 우리 자신에 대한 믿음이 필요하다. '우리 두 사람은, 부모들이 자신감과 인내심, 끝까지 따뜻함을 잃지 않을 준비가 되기 전까지는 우리의 제안을 받아들이라고 권하지 않는다. 고작 책 한 권—이 책조차도!—으로 아이의 부모가 되려고 해서는 안 된다.'

우리의 행동과 태도는, 우리가 하는 일이 아이를 위한 최선이라는 강한 자기 확신에서 나와야 한다. 그리고 이는 자신의 통찰력에 대한 확신과, 자신의 신념에 대한 변치 않는 헌신을 필요로 한다.

16

부모와 아이 사이를
이어 주는 훈육

가장 큰 육아 과제 중 하나는 아이의 행동을 통제하는 일이다. 어떻게 하면 스스로 제어하지 못하는 아이를 제어할 수 있을까? 어떻게 하면 아이가 하기 싫어하는 일을 하게 할 수 있을까? 어떻게 하면 형제자매를 때리는 아이를 못하게 막을 수 있을까? 우리의 지시에 저항하는 아이를 어떻게 다루어야 할까?

단기적인 결과에 초점을 맞춘, 성급한 문화에서 가장 중요한 것은 행동 그 자체다. 일시적으로라도 아이가 순응하면, 우리는 그 방법이 성공했다고 생각한다. 그러나 애착과 취약성을 고려하면, 그런 접근법—제재 가하기, 결과 강요하기, 특권 박탈하기—은 자멸적인 방법이다. 처벌은 적대적인 관계를 만들고 감정을 얼어붙

아이의 손을 놓지 마라

게 한다. 훈육을 위한 타임아웃이나 엄한 사랑, '1-2-3 매직'(걸음마 단계의 유아나 어린 아이에게 사용하는 '스트라이크 세 번이면 아웃'이라는 방법으로, 같은 제목의 베스트셀러에서 나온 훈육법이다)은 관계를 훼손하는 방법들이다. 짜증을 내는 아이를 무시하거나, 버릇없이 구는 아이를 격리시키거나, 애정을 거두면 아이의 안정감을 해치게 된다. 보상으로 아이를 매수할 때도 그렇다. 이런 모든 기법은 아이를 또래의 소용돌이로 몰고갈 위험이 있다.

그렇다면 어떤 접근법을 사용해야 할까? 안전하고 자연스럽게 효과적으로 행동을 변화시키는 방법들이 그 외에도 많다. 이런 방법 중 일부는 양육 과정에서 해야 할 일보다 중요한 일, 즉 언제나 애착을 의식하면 자연스럽게 떠오른다. 하지만 행동에 초점을 맞추면 부모의 힘의 기반, 즉 우리와 아이와의 관계를 위협하는 위험에 처하게 된다.

이 장에서는 문제 행동을 다루는 대신, 관계와 감정을 짓밟는 방법들에 대한 대안을 제시하고, 아이와의 관계를 해치지 않는 훈육의 기본 원칙을 설명할 것이다. 여기서 제시하는 지침은 대부분 흔히 사용하는 방법과는 180도 다르다. 어떤 부모에게는 사고와 관점의 중대한 변화가 필요하지만, 다른 부모에게는 지금까지 해온 방법을 검증하는 계기가 될 것이다.

진정한 훈육이란 무엇인가

먼저, 훈육의 개념에 대해 좀더 알아보자. 육아의 맥락에서 훈육이라고 하면 으레 벌을 주는 것으로 생각한다. 그러나 면밀히 들여다보면, 훈육은 많은 뜻을 담고 있는 풍부한 단어다. 훈육은 교육이나 학문 분야, 규칙 체계, 자제력을 가리킬 수도 있다. 이런 의미에서 먼저 훈육을 받아야 할 사람은 부모다.

수년간 부모들과 상담을 해오면서, 나는 이 문제에 대한 생각을 정리하여 '자연적 훈육의 일곱 가지 원칙'으로 체계화했다. 여기서 자연적natural이라는 말은 발달상 안전하고 애착친화적이라는 의미, 즉 부모-자녀 관계와 아이의 장기적인 성숙을 모두 존중한다는 의미에서 사용했다. 이것은 원칙이지 공식이 아니다. 이 원칙은 상황에 따라, 아이에 따라, 부모에 따라, 그리고 아이와 부모의 요구와 현안에 따라 다르게 적용될 수 있다.

지금의 육아서는 육아 기술이나 전략에 대한 요구에만 맞추고 있다. 그런 전략은 육아처럼 복잡하고 섬세한 일에는 너무 한정적이고 제한적이다. 그것은 부모의 지성은 물론 아이의 지성도 모욕한다. 전략은 우리로 하여금 그것을 장려하는 전문가들에게 의존하게 한다. 육아란 무엇보다 관계의 문제이고, 관계는 전략이 아닌 직관에 기초한다. 이 일곱 가지 원칙은 우리가 모두 가지고 있는 육아의 직관을 일깨우거나 뒷받침하는 것이다. 우리에게 필요한 것은 기술과 전략이 아니라 열정과 원칙, 통찰이다. 나머지는 자연적으로 따라온다.

애착 가치를 실행하려다 보면, 대개 자신의 충동적 반응과 미숙함, 내적 갈등과 싸우게 된다. 준비된 부모는 거의 없다. 애착과 순응을 통해 부모가 되어가는 것이다. 물론 애착은 우리에 대한 아이의 애착으로, 이것은 부모 역할을 가능하게 하고 권한을 부여해

아이의 손을 놓지 마라

준다. 우리가 시도하는 일이 뜻대로 되지 않을 때 부질없다는 생각이 들듯이, 순응은 우리 개인의 진화 과정과 관련이 있다. 이런 시행착오의 과정에 지름길은 없다. 하지만 실패를 감지했을 때는 슬픔과 실의를 느껴야만 한다. 정서적 경직은 부모로서의 발달을 멈추게 하며, 우리를 경직되고 무능하게 만든다.

간단히 말하면, 이 자연적 훈육의 일곱 가지 원칙은 '부모를 위한 일곱 가지 원칙'으로도 부를 수 있다. 아이를 효과적으로 다루는 능력은, 다름아닌 우리 자신을 다루는 능력에서 나온다. 아이에게 베풀고 싶은 연민을 우리 자신에게서도 찾아야 한다. 예를 들어, 우리 자신의 자제력이 부족할 때의 해결책은 우리 자신을 벌하거나 잘하라고 훈계하는 것이 아니다. 이런 방법은 아이들에게도 그렇듯이 우리에게도 효과가 없다. 해결책은 우리도 실수를 할 수 있고, 부정적인 감정이 앞설 수도 있다는 사실을 받아들이는 데 있다. 아이에 대한 사랑에도 불구하고 때때로 분노가 치솟을 수 있다. 어떤 상황에서는 사랑의 충동이 다시 표면으로 떠오를 때까지 부모 역할을 내려놓아야 할 수도 있다. 예를 들어, 타임아웃을 하는 동안에는 배우자나 다른 신뢰할 만한 어른에게 양육의 의무를 잠시 맡기는 것이다. 그런 상반된 요소들 속에서 우리는 통제와 균형, 관점과 지혜를 찾는다.

훈육은 적대적이어서는 안 된다. 야생적이고 미성숙한 상태로 태어난 것은 아이들의 잘못이 아니다. 부모의 훈육은 관계의 맥락에서만 효과를 발휘한다. 이따금 내 앞에서 좌절감에 빠져 자기 아이를 흉보는 부모들이 있다. 나는 그들에게 잠시 멈추고 아이의 감정을 느껴 본 뒤, 다시 내게 걱정거리를 말해보라고 한다. 아이의 편에서 방법을 찾으면, 상황은 놀라울 정도로 달라진다.

성숙의 과정에서 살펴본 것처럼, 자연은 우리 편이다. 훈육은 발달 설계안의 일부로, 자연적 과정에 의해 아이는 저절로 교정된다. 부모의 임무는 자연에 거스르지 않고 자연과 함께하는 것이다. 그 중 가장 중요한 역학은 물론 애착이며, 여기에는 창의적 과정(타고난 아이의 자제력)과 순응적 과정(뜻대로 되지 않는 일을 통해 배우는 능력), 통합적 과정(뒤섞인 감정과 생각을 견디는 능력)이 있다. 이런 과정들은 행동을 적절하게 조절하고, 아이가 사회에 더 잘 적응하게 해준다. 이런 과정들이 중단되거나 왜곡될 때는 문제가 발생한다. 특히 9장과 13장에서 설명한 이유들로 인해, 또래지향적인 아이들의 경우 이런 과정들이 멈추어 버린다. 자연적으로 훈육이 이루어지는 역학이 손상되고 왜곡될 때 우리가 할 수 있는 일은 거의 없다.

이 일곱 가지 원칙을 다루면서, 우리는 먼저 자연적 발달에 기댄 접근법을 고려할 것이다. 이 원칙들은 불변의 처방이 아니다. 이 원칙들은 우리가 부모로서 불가피한 좌절감에 부딪혀 '오래되었지만 좋은 훈육' 기법을 택하고 싶은 유혹을 느낄 때 지향해야 하는 가치이며 돌아가야 할 핵심 개념이다.

자연적 훈육의 일곱 가지 원칙

•

9 아이를 교정할 때 분리가 아닌 결합을 이용하라

육아에서 분리는 늘 비장의 카드다. 오늘날 이것은 타임아웃의

옷을 입고 유행하고 있다. 이런 행동 교정 도구들은 회피—격리, 무시, 냉대, 애정의 철회—의 또 다른 형태로, 늘 문제를 해결하기보다는 문제를 더 일으킨다. 그리고 오늘날에는 아이들의 또래지향성을 높이는 데 일조하고 있다.

친밀감을 거두는 것(혹은 그에 대한 위협)은 아이에게 최악의 공포—버림받는다는—를 유발하기 때문에 행동을 제어하는 데에는 효과적인 수단이다. 만일 접촉과 친밀감이 중요하지 않은 유아나 아이라면, 부모와 떨어져도 거의 영향을 받지 않을 것이다. 우리가 접촉을 중단하거나 분리를 시도하는 것은(혹은 아이가 이런 일이 벌어질 거라고 예견하는 것은), 아이의 애착뇌에 비상경보를 울리는 셈이다. '착하게' 행동함으로써 부모와의 접촉을 유지하는 데 익숙한 아이는, 다시는 그러지 않겠다고 절박하게 약속하며 끊임없이 "잘못했어요"를 연발할 것이다. 애교 있는 말이나 몸짓으로 친밀감을 유지해 온 아이는, 부모에게서 애착의 위협을 느낄 때 계속 "사랑해요"라고 말할 것이다. 이는 그 아이가 친밀감을 회복하는 방식이다. 신체적 접촉을 가장 중요하게 생각하는 아이는, 부모가 자기 시야에서 벗어나지 않도록 그 옆에 몇 시간이고 붙어 있으려고 할 것이다. 이런 징후들은 진정한 반성이나 후회가 아니라 '부모와의 관계를 회복하려는 아이의 불안함'을 나타내는 것일 뿐이다.

분리 카드를 사용하는 데에는 불안감이라는 큰 대가가 따른다. 분리라는 수단에 길들여진 아이는 부모의 기대에 부응해야만 부모와의 접촉과 친밀감을 기대할 수 있다. 그런 상황에서 아이는 해방감도, 개성과 독립성을 기르기 위한 자유도 경험할 수 없다.

그 아이가 매우 '착한' 아이가 될지는 모르지만, 창의적인 에너지는 사라지고 아이의 발달은 지체된다.

타임아웃을 이용하는 부모들로서는 받아들이기 힘들겠지만, 이런 분리 기법은 감수성이 예민한 어린 아이에게는 아주 부정적인 결과를 가져온다. 이것은 아이의 취약한 부분─부모와의 애착을 유지하고 싶어하는─을 공격한다. 조만간 아이는 이런 식으로 상처 받는 고통으로부터 자신을 보호하기 위해 감정을 억누를 것이다. 더 정확히는, 아이의 애착뇌가 그렇게 할 것이다(8장의 방어적 억제에 대한 설명을 참고하라).

이런 식으로 아이와의 관계를 이용하면, 애착뇌를 자극하여 우리와 담을 쌓게 되고 사이가 벌어지게 된다. 사실상 우리가 아이로 하여금 다른 곳에서 애착 욕구를 채우도록 유도하는 셈이고, 오늘날 그 결과는 분명하게 드러나고 있다. 타임아웃을 이용하여 분리를 시도하는 방식으로 반응함으로써, 실제적으로는 우리가 아이를 또래들에게 내던지고 있는 것이다.

아이의 뇌는 부모와의 접촉을 거부함으로써 분리에 의한 취약성으로부터 자신을 지킬 수도 있다. 그런 아이는 침대 밑이나 옷장 속에 숨어서 화해를 위한 부모의 제안을 거절할 수 있다. 아니면 말썽이 생길까 봐 자기 방으로 도망가거나 혼자 있으려고 할 것이다. 어떤 식으로든 분리의 경험은 우리와 떨어지려는 아이의 본능을 자극한다.

분리는 공격성에 대한 훈육으로, 처벌의 의미로 사용할 때 특히 해롭다. 10장에서 설명한 대로, 공격성을 부추기는 것은 좌절감이다. 분리를 이용하면 결과적으로는 공격성이 덜해지는 게 아니라

아이의 손을 놓지 마라

더해진다. 타임아웃이나 엄한 사랑, 다른 분리 기술을 통해 이끌어낸 순종은 일시적인 것이다. 부모와의 친밀한 관계가 회복되는 순간, 공격성은 부모가 안겨 준 애착의 좌절감이 더해져 더 큰 힘으로 돌아온다. 공격성의 싹을 잘라 버리려는 서투른 시도는 오히려 그것을 증폭시킬 뿐이다.

아무리 좋은 의도에서 한 일이라도, 아이에게 불필요한 분리를 경험하게 하는 것은 근시안적이고, 자연이 쉽게 용서하지 않는 실수를 하는 것이다. 오늘 약간의 영향력을 얻기 위해 내일 부모로서의 힘을 위태롭게 하는 것은 어리석은 일이다.

분리에 대한 바람직한 대안은 '결합'이다. 결합은 우리의 양육 능력과 영향력의 원천이며, 우리에게 착한 아이가 되고 싶어하는 욕구의 근원이다. 결합은 우리의 단기적 목표인 동시에 장기적 목적이 되어야 한다.

이런 생각에서 나온 기본적인 육아 원칙을 나는 '지시 이전에 결합connection before direction'이라고 부른다. 이것은 아이의 지도와 방향 제시를 위해 아이를 품 안으로 모으는 일이다. 먼저 결합을 공고히 함으로써 저항의 위험을 최소화하고, 우리 자신도 부정적으로 반응할 가능성을 줄일 수 있다. 비협조적인 유아든 반항적인 청소년이든 부모는 순종을 기대하기 전에 정서적 친밀감을 회복하면서 아이에게 가까이 다가가야 한다.

이 단순한 원리를 잘 보여 주는 하나의 사례가 있다. 열한 살의 타일러는 여동생과 몇몇 친구들과 함께 뒤뜰 수영장에서 놀고 있었다. 아이들은 타일러가 자제력을 잃고 플라스틱 줄로 친구들을 때리기 전까지만 해도 즐겁게 놀았다. 엄마가 타일러를 말렸지만,

아이는 말을 듣지 않았다. 화가 난 아버지는 타일러에게 호통을 치며 수영장에서 나가라고 명령했다. 타일러는 그 명령을 거부했다. 결국 아버지는 직접 타일러를 질질 끌고 나간 뒤, 잘못을 뉘우치게 할 생각으로 방에 들어가 자신이 한 일에 대해 생각해보라고 했다. 부모는 타일러의 행동을 도저히 참을 수 없었고, 다시는 그런 짓을 못하게 해야겠다고 생각한 것이다. 그러나 나는 그들에게 아이의 행동을 교정하기 위해 분리를 감행하는 것이 얼마나 위험한 일인지, 그리고 다른 방법을 사용할 수도 있었다는 것을 말해 주었다.

그런 상황에서 부모는 일단 한숨을 돌릴 필요가 있다. 문제가 생겼을 때는 아이와의 거리를 벌리기보다는 좁히는 것이 좋다. 함께 걷고, 함께 드라이브를 하며, 서로 공을 주고받는 것이다. 즉 우리의 뜻을 전달하기 전까지 인간적 결합을 해쳐서는 안 된다. 타일러는 자기 행동에 완전히 빠져 있었다. 그런 상태에서는 부모에게 순응하거나 명령에 따르기가 쉽지 않다. 그럴 때는 아이와의 재결합이 무엇보다 중요하다. "와, 타일러, 재미있나 보구나." 이 한마디면 아이는 그렇다는 뜻으로 미소를 짓고 고개를 끄덕일 것이다. 눈길과 미소, 끄덕임을 끌어낸 다음 단계는 아이를 가까이 데려오는 것이다. "타일러, 우리 둘이 잠깐 할 얘기가 있는데, 이리 와서 앉아 보렴." 일단 아이를 품 안으로 모으면, 부모는 힘과 영향력을 행사할 수 있는 지위를 확보한 셈이다. 부모는 사태를 진정시키고 모두 계속 재미있게 놀 수 있도록 아이를 지도할 수 있다. 게다가 타일러의 애착이 손상되는 것을 막을 수 있는데, 이는 그 아이에게 교훈을 가르치는 것보다 발달상 더 중요한 의미를 갖는다. 타일러의 부모는 일이 터지고 나서 분리를 시도하는 대신 애초에 결합을 이용했어야 했다.

이는 복잡한 춤이 아니다. 사실은, 아주 간단하다. 비결은 처음에 약간의 애착 스텝을 밟는 것이다. 지시 이전에 결합 원칙은 숙제를 하라고 할 때든, 식탁 차리는 것을 도와달라고 할 때든, 옷을 걸어 놓으라고 할 때든, 텔레비전 끌 시간을 알려줄 때든, 형제간의 문제에 직면할 때든 거의 모든 상황에 적용된다. 기본적인 관계가 좋으면, 이 과정은 몇 초면 된다. 근본적으로 애착이 결핍된 상태에서는 아이의 행동을 이끌어내기가 매우 어렵다. 아이를 품 안으로 모으는 데 실패했다면, 행동에 대한 집착을 버리고 관계 형성에 노력과 관심을 기울여야 한다.

처음에 지시 이전에 결합 원칙을 적용하려면 조금 거북할 수 있다. 그러나 이에 익숙해지면, 관계가 손상되는 일이 눈에 띄게 줄어들 것이다. 이에 능숙한 부모들은 요구하기도 전에 미소를 지으며 고개를 끄덕이게 만들기도 한다. 그 결과는 깜짝 놀랄 만한 것이다.

문제가 생겼을 때 사건이 아닌 관계에 주목하라

무언가 잘못되었을 때, 가능한 한 빨리 문제 행동에 맞서는 것이 일반적인 반응이다. 심리학에서는 이를 '즉시성의 원리immediacy principle'라고 하는데, 어떤 행동을 그 자리에서 바로 다루지 않으면 학습 기회가 사라진다는 개념에 기초한다. 아이가 나쁜 짓을 하고도 '무사히 넘기게' 된다는 것이다. 이런 걱정은 근거가 없는 것이다.

즉시성의 원리는 그 주제에 대한 의식도 없고 의사소통 능력도 없는 동물의 학습에 대한 연구에 뿌리를 두고 있다. 우리 아이들을 의식이 없는 생명체와 똑같이 다루는 것은, 그들의 인간성에 대한 깊은 불신과 폄하를 의미한다. 어른들과 마찬가지로 아이들도 자신의 의도를 오해하고 능력을 무시하는 사람은 존중하지 않으며, 이미 대체 애착을 찾을 수 있는 경우에는 특히 그렇다.

혼란한 와중에 상황을 바로잡으려고 하거나 아이에게 '교훈'을 가르치려고 하는 것은 시간 낭비다. 화가 난 아이를 통제하기도 어렵지만, 우리도 아이의 부적절한 행동에 인내심을 갖기가 힘들다. 소용돌이의 한가운데에서는 아이가 수용적인 태도를 취하기도, 우리를 받아들이기도 힘들다.

우리의 화를 돋우고 아이에 대한 우리의 애착 능력을 호되게 시험하는 행동들도 있다. 첫 번째로 꼽을 수 있는 것이 공격성과 대항의지다. 우리가 모욕이나 "엄마 미워"와 같은 언어 공격, 심지어 신체적 공격까지 받는다면, 관계를 해치지 않고 이런 공격에서 살아남아야 하는 과제에 직면하게 된다. 이때는 행동의 성격이나 부정적인 영향에 대해 지적할 때가 아니다. 위협과 제재를 가하거나 아이를 분리시킬 때도 아니다. 다음 단계의 중재를 준비하기 위해 부모로서의 위엄을 지켜야 한다. 삭이지 못한 감정을 분출함으로써 상황을 악화시켜서는 안 된다.

아이의 공격을 감정적으로 받아들이는 대신 그의 좌절감에 주목하는 것이 좋다. 즉 "나한테 화가 났구나," "정말 답답한가 보구나," "이건 너답지 않은 일이야," "나한테 허락받고 싶었는데 내가 거절했구나." 이는 비판적인 말이 아니라 아이의 좌절감을 인정

아이의 손을 놓지 마라

하는 것이고, 방금 일어난 일로 관계가 손상되지 않았음을 말하는 것이다. 아이와의 관계를 유지하려면, 어떻게든 관계가 위태롭지 않다는 사실을 알려주어야 한다.

때로는 반칙 깃발을 올려야 할 때도 있다. "이런 방법은 좋지 않구나. 나중에 다시 얘기하자." 다시 말하지만, 말을 할 때는 단어보다는 위협적이지 않은 친근하고 따뜻한 말씨가 더 중요하다. 우리도 아이도 침착함을 되찾아야 한다. 먼저 아이를 품 안으로 모아야 하고, 그럴 때만 벌어진 사건에서 교훈을 끌어낼 수 있다.

아이가 힘들어할 때 훈계 대신 눈물을 흘리게 하라

어린 아이는 배워야 할 일이 많다. 엄마를 나눠 갖고, 형제에게 방을 양보하며, 좌절감과 실망감을 조절하고, 불완전함을 안고 살아가며, 고집 부리지 않고, 주목받고 싶은 욕구를 버리며, 거절을 받아들여야 한다. 훈육이라는 말의 어원에는 '가르치다'는 의미도 있음을 기억해야 한다. 따라서 부모로서 우리의 임무 중 많은 부분이 아이가 알아야 할 것을 가르치는 일이다. 하지만 어떻게 가르쳐야 할까?

이런 인생의 교훈들은 올바른 사고의 결과라기보다는 순응 adaptation의 결과다. 순응은 우리 뜻대로 되지 않고 바꿀 수 없는 무언가에 맞설 때마다 부질없음을 새기는 것이다. 순응적 과정이 순리대로 진행되면, 교훈은 자연적으로 습득된다. 이는 부모만의 일이 아니다.

순응적 과정은 여러 가지 자연적인 방법으로 아이들을 '훈육'하는 임무를 완수한다. 효과가 없는 일련의 행동을 멈추게 하거나,

부모와 아이 사이를 이어 주는 훈육

한계와 제한을 받아들이게 하거나, 부질없는 요구를 포기하게 함으로써 말이다. 그런 순응을 통해서만 아이는 바꿀 수 없는 환경에 적응할 수 있다. 또한 그런 과정을 통해 아이는 채우지 못한 욕구를 안은 채 살아갈 수 있다는 사실을 발견하기도 한다. 순응을 통해 아이는 정신적 충격에서 벗어나고 상실을 극복할 수 있게 된다. 이런 교훈들은 가슴으로 배우는 것이고, 부질없음을 느껴야 배울 수 있는 것이다.

부모는 부질없음의 대리인인 동시에 위로의 천사가 되어야 한다. 이야말로 최고의, 그리고 가장 도전적인 인간 대위법건축·문학·영화 등에서 두 개의 대위적 양식이나 주제 따위를 결합하여 만드는 작품 기법__옮긴이이다. 순응을 촉진하기 위해 부모는 아이를 눈물로, 포기로, 다시 포기 뒤에 따르는 안도감으로 이끌어야 한다.

이 순응춤의 첫 번째 단계는 아이에게 '부질없음의 벽'을 보여주는 것이다. "네 누나가 싫단다," "그건 안 되겠다," "그렇게 놔둘 수가 없구나," "오늘은 여기까지만 하자," "그 애가 너는 초대하지 않았어," "그 애는 네 말을 듣고 싶지 않았나 보구나," "샐리가 이겼구나." "할머니는 오실 수 없대." 이런 현실은 있는 그대로 분명하게 말해주어야 한다. 모호하게 말하면—이유를 달거나, 설명을 하거나, 변명을 하면—아이가 순응할 무언가를 주지 못한다. 아이가 원하는 대로가 아닌, 있는 그대로의 상황에 순응할 수 있게끔 하는 것이 중요하다.

무언가를 바꿀 수 없을 때 분명한 태도를 보이지 않으면 아이는 현실에서 도피할 방도를 찾게 되고, 따라서 순응적 과정은 좌절된다. 상황을 바꾸려는 것은 헛된 시도라는 사실을 아이가 받아들인

아이의 손을 놓지 마라

후에 이유를 설명해 주어도 늦지 않다.

순응춤의 두 번째 단계는 아이의 좌절감을 함께 느끼고 위안을 주는 것이다. 부질없음의 벽을 세운 뒤에는 아이가 좌절감 이면의 눈물을 찾도록 도와줄 차례다. 과제는 교훈을 가르치는 게 아니라 좌절감을 슬픔으로 전환시키는 것이다. 이 임무를 완수하면 교훈은 자연스럽게 습득될 것이다. 우리는 이렇게 말해 줄 수 있다. 즉 "일이 뜻대로 되지 않으면 너무 힘들지," "네가 정말 원했던 일이라는 거 안다," "나한테 다른 대답을 듣고 싶었던 거 알아," "네가 기대하던 게 아니구나," "이렇게 되지 않았으면 좋았을 텐데." 다시 말하지만, 말보다 훨씬 더 중요한 것은, 우리가 자신과 함께함을 아이가 느끼게 하는 것이다.

때로는 모든 순서를 잘 진행했음에도, 순응적 과정을 준비하는 일에 비참하게 실패하기도 한다. 문제는, 아이가 부모를 애착 위안의 안전한 원천으로 여기지 않기 때문일 것이다. 대개는 순응적 과정이 꽉 막혀 눈물이 흐르지 않는 경우가 더 많다. 이는 아이가 취약성에 대해 지나치게 방어적이기 때문이다. 부질없음을 느끼지 못하는 것이다.

순응은 양방향으로 작용한다. 때로는 우리가 순응력이 부족한 아이에게 적응해야 할 필요도 있다. 자연적 훈육을 촉진하는 과정이 아이에게 먹히지 않을 때 우리는 한 걸음 뒤로 물러서야 한다. 그럴 때는 우리 자신의 슬픔을 찾아내고, 부질없는 기대를 버려야 한다. 뜻대로 되지 않는 일을 놓을 때, 그 일이 더 잘 풀리는 경우가 있다. 순응의 조짐이 보이지 않는다면, 부모는 혼돈에서 질서를 잡을 다른 방법을 찾아야 한다. 다행히도, 다른 방법은 있다.

선한 행동 대신 선한 의도를 일깨워라

네 번째 사고의 전환은 행동에서 의도로 초점을 옮기는 것이다. 의도는 너무 저평가되어 있다. 우리 사회의 지배적 정서는, 의도만으로는 충분하지 않으며 적절한 행동이 따를 때 수용하고 칭찬할 만하다는 것이다. 의도는 가치의 씨앗이고, 책임감의 전조다. 의도는 뒤섞인 감정을 위한 무대를 준비한다. 의도를 경시하는 것은 아이의 경험에서 가장 귀중한 자질을 간과하는 일이다.

우리의 목표는 가능할 때마다 아이 안에 있는 선한 의도를 일깨우는 것이다. 다시 말하지만, 성공하려면 아이가 우리에게 착하게 보이고 싶어해야 하고, 우리의 영향을 받을 만큼 열려 있어야 한다. 늘 그렇듯이, 첫 걸음은 아이를 품 안으로 모으고 우리에게 힘을 부여하는 관계를 다지는 것이다.

그 다음에는 우리의 영향력을 이용해 아이를 바른 방향—혹은 최소한 문제를 일으키지 않는 방향—으로 유도해야 한다. 아이가, 우리가 원하는 바를 아는 것만으로는 부족하다. 우리에게 순응하려는 의도가 있어야 한다. 엄마 말을 듣지 않는 유아의 경우에는, 일단 아이를 품 안으로 모은 다음, 엄마가 원하는 방향으로 갈 수 있도록 준비시켜야 한다. "할머니 안아 드리고 '안녕히 계세요' 할 수 있니?" "누가 이것 좀 차에 같이 실어주면 좋겠구나. 네가 도와줄 수 있니?" 그 비결은 아이의 손에 운전대를 쥐어 주는 것이다. 즉 놀이공원의 꼬마자동차처럼 아이로 하여금 자기가 운전을 하고 있다고 믿게 하는 것이다. 더 좋은 것은 문제가 발생하기 전에 아이의 통제력에 호소하는 것이다. 예를 들어 떠나야 할 시간이 되면, 먼저 아이를 품 안으로 모은 다음 서서히 가려는 의도를 일

아이의 손을 놓지 마라

깨운다. "이제 가야 하는데, 신발 신고 갈 준비할 수 있니?"

나이 든 아이들에게서 선한 의도를 일깨우는 것은, 그들과 가치를 나누거나 가치의 씨앗을 함께 찾는 일이다. 가령, 좌절감과 관련된 자신의 생각을 아이와 나눌 수 있다. "나는 좌절감을 느껴도 남을 탓하지는 않는단다. 너는 어떠니? 너도 그럴 수 있겠니?" 자신의 격렬한 감정에 휘둘리기 쉬운 아이의 경우에는, 아이가 문제를 일으킬 것 같은 행동을 하기 전에 살짝 예방 차원의 개입을 할 수도 있다. "너는 재미있게 놀 때 가끔 너무 몰두해서 다른 사람이 그만하자고 해도 그 말을 못 들을 때가 있어. 이번에는 잘 할 수 있니?"

선한 의도를 일깨우면 저절로 바람직한 행동을 낳게 된다는 뜻은 아니다. 어른들조차 선한 의도가 항상 행동으로 전환되는 것은 아니다. 하지만 아이에게는 출발점이 필요하고, 그것은 곧 바른 방향을 겨냥하는 것이다.

선한 의도를 일깨울 때는 우리의 의지가 아닌 아이의 의지에 대한 관심을 환기시켜야 한다. "난 네가 …했으면 해," "넌 …해야 해," "내가 …하라고 했잖니," "넌 …해야만 해"라고 말하는 대신, 의도를 분명히 말하거나, 적어도 그것을 긍정하는 뜻의 끄덕임을 이끌어내야 한다. 즉 "…를 기대해도 될까?" "한번 해보겠니?" "할 수 있겠니?" "…할 준비됐니?" "이제 할 수 있을 것 같니?" "기억하려고 노력하니?"

선한 의도를 일깨우는 것은 매우 안전하고 효과적인 육아 방법이다. 이 방법은 아이를 완전히 변화시킨다. 이 방법으로 성취하지 못하는 것은 어떤 방법으로도 이룰 수 없을 것이다.

아이를 충동이나 행동, 실패로 규정하는 대신 아이의 긍정적인 의도를 인정하는 것이 필수적이다. 부모라면 최대한 지지하고 격려해주어야 한다. 즉 "괜찮아, 넌 할 수 있을 거야," "네가 일부러 그런 게 아니라니 다행이다. 그게 중요한 거야." 우리가 피할 수 없는 실패의 아픔을 덜어주지 않으면, 아이는 포기하고 싶어질 것이다. 아이의 의도를 조심스럽게 키워 아이가 결실을 맺을 수 있도록 해야 한다.

선한 의도를 일깨우는 첫 단계를 넘지 못했다면, 그것은 아이가 충분히 성숙하지 못했거나, 우리가 충분히 설득하지 못했거나, 아니면 애착 관계에 문제가 있기 때문이다. 우리가 아이한테서 선한 의도를 일깨우지 못할 때는, 이런 근본적인 문제를 파악하고 개선을 위한 조치를 취해야 한다. 우리의 단기적인 실패조차 이런 식으로 긍정적으로 장기적인 목표에 도움이 될 수 있다. 선한 의도를 일깨울 수조차 없는 상태에서 아이의 '나쁜' 행동에 대해 계속 지적하는 것은 본말이 전도된 것이다.

충동적인 행동을 제지하는 대신 뒤섞인 감정을 끌어내라

"때리지 마," "방해하지 마," "그만둬," "날 좀 내버려둬," "아기처럼 굴지 마," "버릇없이 굴지 마," "정신 좀 차려," "너무 흥분하지 마," "바보처럼 굴지 마," "그 애 좀 그만 괴롭혀," "그렇게 못되게 굴지 마." 이런 말들로 아이의 충동적인 행동을 막으려는 것은 화물열차 앞에 서서 멈추라고 명령하는 것과 같다. 아이의 행동이 본능과 감정에 휩쓸려 있을 때는 맞서거나 소리를 질러서는 안 된다.

아이의 손을 놓지 마라

심리학의 역사를 보면, 아이의 뇌는 백지 상태나 빈 서판과 같아서 아이에게는 이런저런 행동을 강제하는 내적 힘이 없다고 여기던 때가 있었다. 그 경우, 아이의 행동은 지도나 결과를 통해 비교적 쉽게 제어할 수 있을 것이다. 비록 많은 부모와 교육자가 여전히 이런 환상에 갇혀 있지만, 현대 과학은 전혀 다른 관점을 확립했다. 인간의 뇌를 연구하는 신경심리학자들은 행동의 본능적 뿌리를 발견했다. 의식적 결정이 아닌 자연적이고 무의식적인 본능과 감정이 아이의 반응을 조정한다는 것이다. 대부분의 상황에서 아이들(그리고 다른 미성숙한 인간들)은 이미 어떤 방식으로 행동하게 하는 내적 명령을 따른다. 무서운 아이는 피하라는 본능적 명령을 따른다. 불안한 아이는 매달리고 붙어 있으라고 강요당한다. 좌절감은 종종 아이로 하여금 떼쓰거나 울거나 공격하게 만든다. 창피한 아이는 숨거나 감추라는 명령을 받는다. 저항하는 아이는 무의식적으로 다른 사람의 의지를 거스른다. 충동적인 아이는 충동의 지배를 받는다. 뇌는 활성화된 감정과 본능에 따라 아이를 움직이는 본연의 임무를 수행할 뿐이다.

　대안은 있다. 자기 통제의 비결은 우리가 한때 생각한 대로 자제력에 있는 게 아니라 뒤섞인 감정에 있다. 상반된 충동들이 서로 섞일 때, 각 충동을 자극하는 명령들은 서로를 상쇄하고 아이를 운전석에 앉힌다. 행동이 충동보다 의도에 근거할 때는 새로운 명령이 나타난다. 이때의 행동은 충동적으로 내몰리지 않아 훨씬 다루기가 쉽다. 우리의 일은 아이 내부의 상반된 감정과 생각을 의식 수준으로 끌어올리는 것이다. 9장에서 설명했듯이, '반죽하다temper'의 어원은 다른 요소들을 섞는다는 뜻이다. 행동을 다루려고 노력하기보다는 아이로 하여금 문제를 일으키는 충동을 누 그러뜨리는 '조절 요소tempering element'를 끌어내도록 해야 하 는 것이다.

예를 들어 공격적인 감정이 가득한 아이라면, 공격과 상반된 감 정과 생각, 충동을 그의 의식으로 끌어내야 한다. 이런 목적은 대 결을 통해서는 이룰 수 없다. 대결은 기껏해야 공허한 순종을 이 끌어 내는 한편, 방어적으로 만들 뿐이다. 대결은 내면의 충동조 절력을 키우지 못한다. 애정이나 보살핌, 경각심은 조절 요소가 될 수 있다. 아이는 상처 입을 것에 대한 걱정이나 문제를 일으키 는 것에 대한 불안을 느낄 수 있다. 아이가 대항의지의 충동에 사 로잡혀 있다면, 우리는 애착의 감정과 기쁘게 해주고 싶은 마음, 기대에 부합하려는 욕구를 의식으로 강하게 끌어내야 한다. 비결 은 뒤섞인 감정을 동시에 의식으로 끌어내는 것이다.

상반된 감정을 의식으로 끌어낼 때는, 문제가 일어난 사건 밖으 로 나와 우리가 주도권을 잡고 있는 관계 안으로 들어가야 한다. 이런 일은 격한 감정이 어느 정도 가라앉은 후에 시도해야 한다.

항상 문제를 일으키는 통제할 수 없는 감정보다 자극적인 충동 을 먼저 아이에게 일깨우는 것이 현명하다. 아이가 따뜻하고 다 정한 마음을 느끼면, 아이에게 이전에 느꼈던 좌절감에 대해 말 할 수 있다. "너와 함께 정말 좋은 시간을 보냈어. 오늘 아침에는 네가 나한테 불만스러웠던 거 알아. 사실 넌 화가 많이 나 있었고, 나도 그것을 분명히 느꼈으니까." 우리는 이런 뒤섞인 감정을 위 한 여지를 주어야 한다. "우리가 사랑하는 사람들한테 그렇게 화 를 낼 수 있다는 게 이상하지 않니?" 대항의지의 감정도 마찬가지다. "지금은 내 부탁을 네가 쉽게 받아들일 것 같은데, 몇 시간 전에는 내가 너를 네 마음대로 한다고 생각했잖니."

조절 요소를 끌어내어 문제 행동에 접근하는 것은 애착을 해치지 않는다. 우리는 부모로서 아이보다 폭넓게 아이 안의 '이런 면'과 '저런 면'을 모두 내다본다. 우리는 상반된 요소들을 끌어내고, 아이 안에 있는 것을 수용한다는 뜻을 전한다. 이런 종류의 훈육은 아이를 밀어내지 않고 우리 쪽으로 끌어당긴다.

우리는 종종 아이들에게 그만두라는 말을 한다. 그들 스스로 심리적 수술을 할 수 있다는 듯이 말이다. 우리는 본능과 감정에 깊이 뿌리박힌 아이의 모든 행동을 단번에 잘라낼 수는 없다. 우리가 살아 있는 한, 충동은 우리를 따라다닌다. 우리가 무감각해지지 않는 한, 우리는 모두 수치심과 불안, 질투, 소유, 공포, 좌절, 죄책감, 대항의지, 근심, 분노와 결부된 충동을 느낄 수밖에 없다. 자연의 답은 무언가를 잘라내는 게 아니라, 문제가 되는 충동을 견제할 수 있는 무언가를 의식에 더하는 것이다.

성숙한 행동을 요구하는 대신 바람직한 행동을 보여 주라

모든 아이가 지금까지 말한 진일보한 훈육 방식을 받아들일 수 있는 것은 아니다. 예를 들어 아직 뒤섞인 감정이 발달되지 않은 아이는, 우리가 아무리 노련하고 아무리 끊임없이 노력한다 해도 충동을 누를 수가 없다.

자제력이 없는 아이들은 자신의 행동의 영향을 인식하거나 결과를 예측하는 능력이 부족하다. 이들은 행동하기 전에 두 번 생각하거나, 자신의 행동이 다른 사람에게 끼치는 영향을 제대로 인식할 능력이 없다. 이들은 자신의 관점과 동시에 다른 사람의 관점에서 생각하는 능력이 부족하다. 사람들은 이런 아이들을 무신경하고, 이기적이고, 비협조적이고, 버릇없고, 몰인정하다고까지 생각한다. 그러나 아이들을 이런 식으로 생각하면, 우리 스스로 이들의 행동에 격분하게 되고, 이들이 할 수 없는 일을 요구할 수밖에 없다. 일차원적인 인식에 갇힌 아이들은 '얌전하게 굴어라, 버릇없이 굴지 마라, 방해하지 마라, 착하게 굴어라, 억지 부리지 마라, 심술부리지 마라, 참아라, 소란 피우지 마라, 친하게 지내라'와 같은 간단한 요구조차 할 수 없게 된다. 우리가 아무리 아이들이 '다 컸다'고 주장한들, 우리는 그들을 실제보다 더 성숙하게 만들지는 못한다. 아이들이 할 수 없는 일을 기대하는 것은 좌절감을 안겨 주고, 더 심하게는 그들에게 어떤 문제가 있음을 암시하는 셈이다. 아이와의 관계를 유지하기 위해서는 비현실적인 요구와 기대를 버려야 한다.

미성숙한 아이들을 다루는 또 다른 방법이 있다. 즉 아이들에게 스스로 성숙한 행동을 보여 줄 것을 요구하기보다, 바람직한 행동에 대한 스크립트를 제공하는 것이다. 이는 무엇을 해야 하고, 또 어떻게 해야 하는지에 대한 신호를 주는 것이다. 아이가 스스로 해낼 수 있는 능력을 아직 갖추지 못했을 때는, 아이가 따르는 누군가가 그의 행동을 조절하고 구성할 필요가 있다. 즉 "아기는 이렇게 안는 거란다," "이번에는 매튜가 할 차례야," "할머니에게 포옹을 하려면, 지금이 좋을 거야," "고양이는 이렇게 쓰다듬어야 해," "이제 아빠가 말할 차례구나," "지금은 조용히 말해야 해."

성공적으로 스크립트를 제공하려면, 아이의 본이 되는 어른이

아이의 손을 놓지 마라

있어야 한다. 여기서도 우리는 기본에서 출발해야 한다. 즉 관계 안에서 일을 진행할 수 있도록, 먼저 아이를 품 안으로 모아야 한다. 물론, 아이의 행동을 지도하는 우리의 능력은 우리에 대한 아이의 애착 정도에 달려 있다. 그것은 모방하고 따라하려는 본능을 일으킬 정도만 강하면 된다.

성공적인 지도를 위해서 무엇을 하고 어떻게 해야 하는지에 대한 신호는 아이가 따라할 수 있는 방법으로 주어야 한다. 부정적인 명령어는 아이에게 무엇을 해야 하는지 실제적으로 알려주지 못하기 때문에 효과가 없다. 실제로 미성숙하고 심하게 지체된 아이들이 기억하는 것은 행동으로 하는 명령이다. "하지 마"는 의식에서 지워지고, 바라던 것과 반대되는 행동으로 이어진다. 우리는 문제를 일으키는 행동에서 바람직한 행동으로 초점을 옮겨야 한다. 아이가 따랐으면 하는 행동의 모범이 되면 더욱 효과적이다. 배우들과 함께 일하는 감독이나 댄서들과 함께 일하는 안무가처럼, 최종 무대의 결과는 먼저 어른의 마음속에서 만들어진다.

바람직한 행동을 얻기 위한 스크립팅scripting의 한 예로 아이에게 스키 타는 법을 가르치는 일을 들 수 있다. 이 경우, 우리는 아이에게 "균형 잡아," "넘어지면 안 돼," "속도 줄여," "방향 꺾어"라고 말해 봐야 소용없다는 사실을 아주 잘 알고 있다. 모두 맞는 말이지만, 적어도 아이가 스키를 배우기 전까지는 요구한다고 되는 것이 아니다. 대신 우리는 아이에게 스키로 알파벳 A를 만드는 방법을 보여 주고 "A를 만들어," "무릎에 손을 올려," "오른쪽 무릎을 낮춰"와 같이 아이가 따라할 수 있는 신호를 보낸다. 그 결과 아이는 균형과 정지·회전을 할 줄 알게 되고, 초보자임에도 스키를 잘 타는 것처럼 보이게 된다. 사실 아이는 그 동작들이 몸에 배어, 마침내 자연적으로 나올 때까지 신호를 따르는 것뿐이다. 스키와는 달리 인간의 상호작용에서는 성숙해지기 전까지는 적절한 행동과 반응이 내면으로부터 우러나오지 못한다.

따라서 사회적 행동에 관한 한, 아이들 사이의 관계에 초점을 맞추어서는 안 된다. 스크립트를 만드는 것은 아이에게 사회적 기술—일반적으로 무의미한—을 가르치기보다는, 성숙과 진정한 사회화가 이루어질 때까지 사회적 상호작용을 조정하기 위한 것이다. 그렇기 때문에 아이들 사이의 관계가 아닌 어른들의 신호에 따르는 것에 초점을 맞추어야 한다.

다음은 교사들의 교육을 맡고 있는, 친한 친구로부터 들은 이야기다. 이 일은 그 친구가 학생들을 잘 인솔하기로 소문이 난 한 초등학교 2학년 교사를 관찰하던 중 일어났다. 볼일이 급했던 한 학생이 화장실에 다녀오겠다고 했다. 교실로 돌아온 그 학생은 이번에는 자기 혼자서 했다고 흥분한 목소리로 말했다. 그 아이는 자기 바지와 속옷이 아직 발목에 걸려 있다는 것을 전혀 모르고 있었다. 그런데 놀라운 일이 일어났다. 그런 상황에서 나올 법한 웃음소리 대신, 학생들이 일제히 선생님 쪽을 바라본 것이다. 교사는 진심으로 박수를 보냈고, 학생들도 그대로 따라 했다.

이 상호작용은 매우 세련되고 놀라울 정도로 자애로운 것이었다. 다른 사람의 취약성을 감지하고 그것을 보호해주기 위해서는 성숙함과 기술이 필요하다. 그리고 그 성숙함과 기술은 학생들이 아닌 교사에게 있었다. 이 경우 사회적 능력은 그저 신호를 따르는 것이다. 답은 학생들 사이의 관계가 아닌 각 학생과 교사와의

아이의 손을 놓지 마라

관계에 있다. 미성숙한 존재들이 사회적 상호작용에서 자기 방식대로 하도록 내버려두어서는 안 된다.

공평하게 하기와 도와주기, 나누기, 협력하기, 대화하기, 친절하게 하기, 배려하기, 사이좋게 지내기와 같은 많은 유형의 행동을 스크립트로 만들 수 있다. 이렇게 스크립팅을 통해 아이들이 문제에 말려들지 않도록 돕는 것은, 애착을 보호하는 동시에 양방향으로 효과가 있다. 즉 우리에 대한 아이들의 애착과 아이들에 대한 우리의 애착에 도움이 된다.

아이를 바꿀 수 없다면 아이의 세계를 바꾸어라

훈육이 덜 필요한 아이일수록, 어떤 방법이든 더 효과적일 것이다. 이 말은 뒤집어도 진리다. 즉 훈육이 필요한 아이일수록, 일반적인 훈육 방법은 그만큼 효과가 떨어질 것이다.

안타깝게도 힘을 동원하는 방법은 역효과를 부른다. 즉 강압은 대항의지를 끌어내고, 처벌은 보복을 불러오며, 고함소리는 귀를 닫게 하고, 제재는 공격성을 유발하며, 타임아웃은 정서적 탈애착으로 이어진다. 훈육을 위한 시도가 뜻대로 되지 않을 때는 훈육의 강도를 높일 게 아니라 다른 훈육 방법을 찾아야 한다.

강압적인 기술은 근본적으로 자멸적인 방법임을 감안할 때, 우리는 이제 자연적인 훈육법 중에서 마지막으로 정말 중요한 도구를 만날 차례다. 그것은 바로 아이의 환경을 정리하는 것이다. 이때 목적은 '나쁜' 행동을 변화시키거나 근절하는 게 아니라, 행동을 일으키는 경험을 바꾸는 것이다.

이런 방식의 훈육을 위해서는 부모가 다음의 세 가지를 갖추어야 한다. 즉, 첫째 다른 훈육 방법의 무의미함을 깨닫고 그런 방법을 포기하는 능력, 둘째 아이의 환경에서 문제 행동을 일으키는 요소를 찾아내는 능력, 셋째 그런 부정적인 요소를 바꾸거나 통제할 수 있는 능력이 그것이다. 행동에 대한 끊임없는 잔소리의 무익함을 알고, 아이의 충동적인 행동과 같은 부모가 바꿀 수 없는 일에 대한 폭언을 멈추기 위해서는 부모의 순응성이 정말로 필요하다. 바꾸어 말하면, 부모가 먼저 아이를 바꾸려는 시도를 접어야 한다.

열쇠는 통찰력이다. 아이가 무엇에 반응하는지를 보려면, 일단 문제 행동에서 벗어나야 한다. 우리가 문제를 바라보는 관점에 따라 궁극적으로 문제를 해결하는 방법이 결정된다. 아이가 제멋대로 군다고 생각하면, 우리가 싫어하는 아이의 행동을 고치는 데에만 지나치게 집중하게 된다. 대신에 아이가 단순히 자신의 충동에 휩쓸리는 것임을 인정한다면, 애초에 그런 충동을 유발한 상황을 바꾸려고 할 것이다. 아이가 짜증을 내거나 누군가에게 주먹질을 하는 행동만을 보면, 공격성에 초점을 맞추기 쉽다. 대신에 아이가 좌절감을 감당하지 못하고 있다는 것을 알아챘다면, 그를 좌절하게 만든 상황을 바꾸려고 할 것이다. 방으로 들어가 자라는 요구에 아이가 저항한다고 생각하면, 우리는 이를 반항의 문제로 다루게 된다. 대신에 어린 아이가 분리나 어두움을 두려워하고 있다는 것을 알아챘다면, 우리는 잠자리에 드는 아이의 두려움을 덜어주려고 할 것이다. 아이가 시키는 대로 하지 않고 반항한다고 생각하면, 우리는 당장 버릇을 고쳐주고 싶어진다. 대신에 아이가 느끼는 압박감 때문에 대항의지가 분출된 것으로 인식한다면, 우리는 가하는 압박의 수위를 낮출 것이다. 대화를 거부하는 아이를 단순히 어른에게 버릇없이 구는 것으로 여기면, 우리는 그의 '나쁜' 버릇을 놓고 아이와 맞서게 된다. 대신에 아이의 타고난 수줍음 때문에 낯선 사람들과의 상호작용을 힘들어한다는 것을 알아챈다면, 우리는 아이를 편안하게 해주려고 할 것이다. 아이를 거짓말쟁이로 보면, 우리는 비판적이고 엄격한 태도로 그의 거짓말에 맞서게 된다. 대신에 우리의 사랑에 대한 불안감이 너무 커서 우리의 분노와 실망을 감수하지 못하고 진실을 감추는 거라는 점을 헤아릴 수 있는 지혜가 있다면, 우리는 아이를 절대 안심시키기 위해 모든 노력을 다할 것이다. 프리드리히 니체는 이렇게 썼다. "거짓말을 해서라도 현실에서 벗어나려고 하는 사람은 누구인가? 바로 현실로부터 고통받고 있는 사람이다."

이런 모든 상황에서 문제를 올바로 바라볼수록 우리의 개입도 효과적이다. 아이를 둘러싼 환경이 그의 행동에 영향을 미치고 그 행동이 아이와 우리 모두의 통제 밖에 있다면, 초점을 아이의 행동에서 그 행동을 일으키는 요인으로 옮기는 것이 맞다.

우리는 뒤섞인 감정을 발전시키거나 선한 의도를 일깨우기 위해서, 언제든 좌절감을 부질없음의 감정으로 전환할 수 있도록 아이를 도와주어야 한다. 다만 우리가 아이의 긍정적인 변화를 도모할 수 있다면, 아이의 세계를 변화시키려고 해서는 안 된다.

여기서 잠깐 앞장에서 설명한 틀에 대해 되짚어보려고 한다. 틀과 일상적인 일과의 활용은 아이의 행동과 세계에 질서를 부여하는 강력한 방법이다. 다른 훈육 방법이 잘 통하지 않는 아이일수록, 그만큼 아이의 생활의 틀을 짜는 것으로 보완해야 한다. 틀은 아이의 환경을 예측할 수 있게 하고, 필요한 의식과 일과를 부여한다. 이는 문화의 전통적 기능 중 하나였지만, 풍습과 전통이 잠식되면서 생활의 틀은 무너지고 혼란은 가중되었다. 이런 분위기에서 미성숙한 아이들은 혼란을 겪고 있고, 부모들은 더욱 명령적이고 강압적인 방식으로 대응한다. 이런 조합은 재앙을 부른다.

식사와 수면을 위해, 분리와 결합을 위해, 위생과 물건들을 치우기 위해, 가족의 친밀함과 상호작용을 위해, 연습과 숙제를 위해, 창의적이고 자기주도적인 놀이와 창조적인 고독을 위해 틀을 만들 필요가 있다. 좋은 틀은 그 자체나 그 밑에 깔린 계획에 집중하게 하지 않으며, 지시와 강압을 최소화한다.

아이가 곤경에 빠져 있을수록 틀은 더욱 중요해진다. 틀은 그런 아이가 본능적으로 갈망하는 익숙함을 제공하고, 좋은 습관을 만들어 준다. 무엇보다 틀은 불필요한 충돌을 예방하는 동시에, 어른들의 입장에서 지시하고 강압할 필요를 줄여 준다.

이 장에서 우리는 아이를 우리한테서 밀어내는 방법들을 피해왔다. 예전의 부모들이 그런 방법들을 피해갈 수 있었던 것은, 오늘날의 부모들이 직면하고 있는 경쟁 애착을 두려워할 이유가 없었기 때문이다. 아이들을 가족 밖으로 끌어내는 또래지향성이 없었던 것이다. 오늘날 우리는 아이와의 관계를 보호하고 아이의 성숙을 촉진하는 훈육 방법을 사용해야만 한다. 성숙—훈육 문제에 대한 궁극적인 해결책—은 하룻밤 사이에 이루어지지 않지만, 그 인내심에 충분한 보상을 받을 것이다. 그리고 단기적으로는 부모들이 아이들을 자극하지 않고도 충분히 다룰 수 있게 된다.

아이의 손을 놓지 마라

Part 5

아이에게
필요한 것은 친구가
아니다

진정한 우정이 가능해질 때까지 아이에게는 애착이 필요할 뿐, 친구들이 필요하지는 않다. 그리고
아이에게 필요한 유일한 애착은 가족과, 아이를 함께 책임지는 사람들과의 애착이다.

17
또래지향성의
덫

더는 우리를 대신해 아이의 또래들을 앞세우지 말아야 한다. 물론, 적은 아이의 또래들이 아닌 또래지향성임을 명심해야 한다.

고대의 트로이인들이 트로이의 목마에 속아 넘어간 것처럼, 우리는 또래지향성에 속아 왔다. 그 거대한 목마를 신의 선물로 생각한 트로이인들은, 그것을 성 안으로 들여옴으로써 파멸을 자초했다. 오늘날의 부모와 교사들도 때이른 또래 상호작용을 긍정적인 관점에서 바라보며 같은 실수를 하고 있다. 우리는 그런 상호작용이 어른들의 지도와 개입 없이 일어날 때 발생하는 위험을 인식하지 못한 채 그것을 장려하고 있다. 우리는 의식 있고 자상한 어른들의 지도 아래 형성되는 또래 관계와, 애착 결핍 상태에서 이루어지는 또래 접촉을 구분하지 못한다. 은연중에 우리는 우리에 대한 아이들의 애착을 방해하는 또래지향성을 조장하고 있다. 만약 트로이인들이 그 위장물 안에 그리스 적군이 매복해 있음을 알았다면, 그렇게 속지 않았을 것이다. 이것은 오늘날 우리의 문제가 되었다. 또래지향성이라는 트로이의 목마를 위협이 아닌 선물로 인식하고 있는 것이다.

겉보기에는 또래지향적인 아이들이 더 독립적이고, 덜 달라붙으며, 학교생활에 잘 적응하고, 사회성이 좋으며, 세련되어 보인다. 그것의 작동 기제와 장기적인 손실을 의식하지 못할 때는 속는 것도 당연하다. 그렇다면 어떻게 그 덫을 피해야 할까?

또래지향성의 첫 열매에 속지 마라

●

' 많은 어른에게 또래들과 같이 어울리며 즐겁게 지내는 아이의 능력은 해방감을 느끼게 한다. 또래들이 아이의 훌륭한 보모처럼 보인다. 특히 부모들이 더는 조부모나 확대가족, 육아일을 분담할 수 있는 지역 공통체에 의존할 수 없기 때문에, 또래들은 지치고 피곤한 부모와 교사들에게 휴식을 주는 신의 선물로 보일 수 있다. 주말을 편히 쉬게 해줌으로써, 혹은 불가피한 업무를 위해 꼭 필요한 시간과 공간을 허락해 줌으로써 우리를 해방시켜 준 아이 친구의 초대를 감사하게 생각하지 않을 부모가 몇이나 될까? 나중에 이런 일들이 얼마나 많은 시간과 에너지, 비용, 교정을 위한 노력을 요구하게 될지 우리는 상상도 하지 못한다.

아이에게 필요한 것은 친구가 아니다

어른지향적인 아이들에 비해 또래지향적인 아이들은 좀더 성숙해 보인다. 그것은 더는 무언가를 함께 하자고, 자신에게 관심을 가져 달라고, 자신의 걱정거리를 들어 달라고, 자신의 문제를 도와 달라고 우리를 압박하지 않기 때문이다.

하지만 그 아이들은 단지 서로를 붙들고 있기 때문에 우리를 놓아 줄 수 있는 것이다. 장기적으로 그들은 심리적 미성숙 상태에 빠질 가능성이 더 높다. 그들은 스스로 생각하지 못하고, 스스로 진로를 정하지 못하며, 스스로 결정하지 못하고, 스스로 의미를 찾지 못하며, 독립적인 사람이 될 가능성도 훨씬 적다.

우리를 자기만족에 빠지게 하는 것은, 적어도 초기에는 또래지향적인 아이들이 더 학교에 잘 적응하는 것처럼 보인다는 점도 있다. 이런 착각으로 인해 13장에서 다룬 학습 능력의 상실이라는 대가를 치러야 한다. 또래지향성은 아이가 습득 중인 분리의 영향 때문에, 일시적으로 아이가 학교와 잘 맞는 것처럼 보이게 한다. 학교는 부모지향적인 아이들을, 애착을 형성하고 있는 어른들한테서 분리시켜 집 밖으로 끌어낸다. 이런 아이들의 경우, 강한 분리불안과 함께 학교에서 심각한 방향감의 상실을 겪을 것이다. 어린 아이들은 대개 이런 방향감의 상실을 견디지 못하고, 그로 인해 고조된 불안감은 학습을 방해한다. 불안감은 아이의 학습 능력을 떨어뜨리고, 기능적인 지능지수IQ를 낮춘다.

학교에 들어갈 때 이미 또래지향적인 아이들은 그런 딜레마에 직면하지 않는다. 유치원 입학 첫날에는 또래지향적인 아이들이 더 영리하고, 더 자신감 있으며, 더 많은 것을 배울 것처럼 보인다. 반면에 분리불안으로 위축된 어른지향적인 아이들은 잘 적응하지도 못하고 따라가지도 못하는 것처럼 보인다. 적어도 교사와 안정된 애착 관계를 형성하기 전까지는 그렇다. 또래지향적인 아이들은 어른들은 부족하고 또래들은 넘치는 환경에서 우위에 서게 된다. 숱하게 많은 또래들 사이에서 애착 대상을 쉽게 찾을 수 있기 때문에, 아이는 절대 방향감을 잃거나 따라할 수 있는 신호를 놓칠 염려가 없다.

물론, 장기적으로는 불안감이 줄면서 얻은 학습의 긍정적인 효과가 점차 또래지향성의 부정적인 영향에 의해 상쇄된다. 따라서 취학 전 교육의 초기 이점은 시간이 흐르면서 퇴색된다는 연구 결과들이 뒤따르고 있다.[주1] 또래지향적인 아이들은 배우기 위해서가 아니라 친구들과 함께 있기 위해서 학교에 간다. 이 친구들도 배우기 위해 가는 게 아니라면, 학업 성적은 떨어질 수밖에 없다.

불안감은 다시 돌아와 또래지향적인 학습자들을 괴롭히기 시작한다. 또래 애착은 본질적으로 불안정하기 때문에, 불안감은 만성적이 된다. 또래지향적인 아이들은 쉽게 흥분하고, 끊임없이 불안해하며, 늘 겁에 질려 있다. 또래지향적인 아이들에게 둘러싸여 있으면, 공기 중에 떠도는 긴장감을 느낄 수 있다. 불안감이라는 취약한 감정에 무감각해진 또래지향적인 아이들은 그것의 생리적인 측면, 즉 흥분과 초조함만 느끼게 된다. 의식적으로 느끼든 못 느끼든, 겁에 질린 상태에서는 정상적인 학습이 불가능하다. 또래지향성은 처음에는 학습 능력을 향상시키는 듯하지만, 궁극적으로는 학업을 방해한다.

흥미롭게도, 요즘 일부 유명 대학에서는 홈스쿨링 학생들을 선호하고 있다.[주2] 캘리포니아 스탠퍼드대학교의 입학관리처장인 존

아이에게 필요한 것은 친구가 아니다

라이더는 "홈스쿨링 학생들은 고등학교에서는 잘 키울 수 없는 특정한 역량—동기 부여와 호기심, 학습에 대한 책임감—을 가지고 있기 때문에" 호감이 가는 지원자들이라는 것이다.[주3] 바꾸어 말하면, 우리 교육 체계에서는 애착의 중대한 역할을 등한시하기 때문에 출발은 취학 전 교육을 받은 아이들이 더 유리해도, 결과는 홈스쿨링을 한 아이들이 더 좋다는 것이다.

그러나 취학 전 교육이 주요 문제는 아니며, 홈스쿨링이 궁극적인 답도 아니다. 핵심 요인은 애착의 역학이다. 아이를 또래들에게 의존하게 해서는 좋은 결과를 기대할 수 없다. 우리는 아이들이 어른들과의 애착을 기반으로 학교 경험을 하도록 해야 한다.

수줍음은 문제가 아니다

우리는 대개 수줍음을 아이들이 극복하기를 바라는 부정적인 성격으로 생각한다. 그러나 발달적 관점에서는 이런 약점도 유용한 기능을 한다. 수줍음은 안전한 관계를 벗어난 사람들과의 상호작용을 방해함으로써, 아이를 사회적으로 보호하도록 만들어진 애착의 힘이다.

수줍음이 많은 아이는 애착을 형성하지 않은 사람들에게는 소심하다. 어른지향적인 아이들은 적어도 초기에는 사회성이 떨어지고 또래들과 잘 어울리지 못하는 것으로 보인다. 반면에 또래지향적인 아이들은 사회성 면에서는 성공적으로 보인다. 이것이 그들의 강점이다. 그들은 어떤 것이 멋있고 어떤 것이 그렇지 않은

지, 무엇을 입고 어떻게 말해야 하는지를 알고 있다. 그 아이들은 또래들에게 어떤 존재가 되고 어떻게 행동해야 하는지에 대한 신호를 읽는 데 자신의 지능을 총동원하는 것이다.

또래지향적인 아이들의 사회성은 대부분 수줍음을 잃은 결과다. 또래들이 어른들을 대신하게 될 때 수줍음은 전도된다. 아이는 어른들과 있을 때는 수줍어하다가도, 또래들과 어울릴 때는 사교적으로 변한다. 이런 성격의 변화는 놀라워서 또래 상호작용을 쉽게 신뢰하게 된다. 설마, 그런 바람직한 결과가 문제가 있는 무언가에서 나올 리가 없다고 스스로에게 말한다! 그러나 장기적으로 볼 때 진정한 사회적 통합과 실질적인 사회적 능력—다른 사람들을 배려하고 자기가 모르는 사람들의 감정도 살피는—은 또래지향적인 아이들의 특성이 되지 못한다.

어른지향적인 아이들은 또래들 사이에서 아주 천천히 수줍음을 벗는다. 이런 수줍음을 누그러뜨리는 것은 또래지향성이 아니라, 강한 자의식과 뒤섞인 감정을 키우는 심리적 성숙이다. 수줍음을 다루는 가장 좋은 방법은, 아이를 보살피고 지도하는 어른들과의 따뜻한 관계를 장려하는 것이다. 애착을 생각하면 우리가 그토록 염려해야 하는 것은 수줍음이 아니라, 오히려 많은 아이가 보여주는 수줍음의 결핍이다.

애착의 부재가 보육시설 스트레스를 낳는다

최근 통계에 따르면, 미국 워킹맘의 대다수가 아이가 만 한

아이에게 필요한 것은 친구가 아니다

살이 되기 전에 직장으로 복귀한다.[주4] 보육시설은 특히 미국에서와 같은 방식으로 접근할 때 위험한 사업이다. 최근 연구 결과에서도 볼 수 있듯이, 아이들은 보육시설에서 스트레스를 받는다. 집보다 보육시설에 있는 아이들이 스트레스 호르몬인 코르티솔의 수치가 더 높다.[주5] 수줍음을 타는 아이일수록 보육시설에서 받는 스트레스는 증가한다. 우리가 보았듯이, 수줍음은 정서적 관계의 결핍을 반영한다. 수줍음을 타는 아이도 집에서 자신을 돌보는 사람과 함께 있을 때는 수줍어하지 않는다. 따뜻한 관계가 없을 때, 아이는 부모로부터 분리되면서 자신의 자연적 본능이 거부하는 사람과 강제로 같이 있어야 하는 이중의 스트레스를 받는다.

또 다른 연구는, 미취학 아동들이 함께 더 많은 시간을 보낼수록 또래들에게 더 많은 영향을 받는다는 사실을 보여 주었다.[주6] 그 영향은 불과 몇 달 안에도 나타날 정도다. 남자아이들은 여자아이들보다 훨씬 더 또래지향성의 영향을 받기 쉬운데, 이는 남자아이들이 부모와의 애착이 덜 발달되어 있는 경우가 많다는 사실과 일맥상통한다. 따라서 남자아이들은 더 쉽게 부모를 또래들로 대체하는 경향이 있다. 보다 중요한 사실은, 남자아이들이 또래들과 동질감을 느낄수록 책임이 있는 어른들과의 접촉에 더 많이 저항한다는 점이다.

또래지향성의 씨앗은 보육시설과 유치원에서 뿌려진다. 이 주제에 대한 광범위한 연구가 출생부터 유치원까지 1천 명이 넘는 아이들을 대상으로 진행되었다.[주7] 보육시설에서 더 많은 시간을 보내는 아이일수록, 집과 유치원에서 공격성과 불순종을 보이는 비율이 더 높았다. 앞장에서 말한 대로, 공격성과 불순종은 또래지향성의 여파다. 그런 아이들일수록 말다툼과 말대꾸, 지시 거부로 나타나는 대항의지를 더 많이 드러내기도 했다. 아이들이 짜증 내고, 싸우고, 때리고, 다른 아이에게 잔인하게 굴고, 자기 물건을 부수는 것은 고조된 좌절감을 암시한다. 그런 아이들은 애착 행동에도 더욱 필사적이었다. 즉 애착이 제대로 작동하지 않을 때 예측할 수 있는 대로 자랑하고, 떠벌리고, 끊임없이 떠들고, 관심을 끌려고 애썼다.

애착의 렌즈를 통해 볼 때, 이런 연구 결과는 어린 아이가 보육시설과 유치원에서 또래지향적으로 변할 위험성을 매우 명확하게 지적하고 있다. 가장 분명한 해결책은 아이들, 특히 수줍음이 많고 쉽게 상처 입는 아이들이 부모와의 분리에서 오는 스트레스를 충분히 감당할 수 있을 만큼 성숙할 때까지 집에 데리고 있는 것이다. 이런 연구 결과에 대응하여 스탠리 그린스펀Stanley Greenspan과[8] 엘리너 맥코비Eleanor Maccoby를[9] 포함한 수많은 전문가는 부모에게 경제적 여유가 있다면 그렇게 하라고 조언했다. 다만, 이 조언은 자료상으로 일리는 있지만 요점을 놓치고 있다. 아이들이 집에 있을 필요가 있는 게 아니라, 그들을 책임지는 사람들과 함께 집에 있는 것처럼 느낄 수 있는 환경이 필요한 것이다. '집'은 애착의 문제이고, 애착은 우리가 만들 수 있는 것이다. 보육에서 중요한 것은 '연계'가 아니라 '관계'다.

보육시설과 유치원이 위험해서는 안 되며, 위험을 줄이려면 애착에 대해 알아야 한다. 부모로서 할 수 있는 하나의 해결책은, 아이가 우리와 신체적으로 떨어져 있어도 정서적 친밀감을 유지할 수 있을 때까지, 혹은 애착과 무관하게 독립적으로 기능할 수 있

아이에게 필요한 것은 친구가 아니다

을 만큼 충분히 성숙할 때까지 집에 데리고 있는 것이다. 또 하나의 해결책은, 아이가 자신을 돌보는 어른이나 교사들과 애착을 형성하게 하는 것이다. 그렇게 되면 아이들(그리고 아이들을 돌보는 어른들)을 스트레스로부터 보호할 수 있고, 우리도 조기에 대체되지 않을 수 있다.

또래들과 어울린다고 사회성이 발달하지는 않는다

아이들이 서로 어울리며 적응하는 법을 배울 수 있도록 일찌감치 또래들과 접하게 해야 한다는 신념은 거의 보편화되었다. 많은 부모가 걸음마를 하는 아기를 데리고 놀이터를 찾는다. 유치원에 갈 나이가 되면, 강박적으로 자기 아이와 또래들과의 접촉을 주선하려고 한다. 한 유아교육자는 나에게 이렇게 말했다. "유치원의 모든 기초는 아이들이 사회적 기술을 습득하도록 돕는 거예요. 유치원에 들어갈 때까지 친구들을 사귀지 못한 아이들은 나중에 사회성뿐만 아니라 자존감과 학습에서도 여러 가지 문제를 겪게 되죠." 아이들이 또래들과 어울리지 못할수록, 그 문제를 교정하기 위해 또래들과의 상호작용을 처방할 가능성이 크다. 일반적으로 우리 사회에서 부모와 교사들은 자신의 아이와 학생들이 서로 사귈 수 있도록 길을 비켜 준다.

만약 또래들과 사귐으로써 서로 어울리며 사회의 책임 있는 구성원이 될 수 있는 거라면, 아이들이 또래들과 보내는 시간이 더늘어날수록 관계가 더 좋아져야 할 것이다. 현실은, 아이들이 같이 보내는 시간이 늘어날수록, 아이들은 그만큼 사이좋게 지낼 가능성이나 시민사회에 잘 적응할 가능성이 줄어든다. 사회화에 대한 가정을 극단적으로 적용하면—고아원 아이들, 거리에서 방황하는 아이들, 폭력집단과 연루된 아이들에게—사고의 오류가 분명히 드러난다. 사교가 사회화의 핵심이라면, 거리의 아이들은 모범적인 시민이 될 것이다.

코넬대학교의 유리 브론펜브레너Urie Bronfenbrenner 박사와 그의 연구팀은, 여가 시간에 또래들을 찾는 아이들과 부모를 찾는 아이들을 비교했다. 이 6학년 학생 중에 부모와 함께 시간을 보내는 것을 좋아하는 아이들이 긍정적인 사교성의 특징을 더 많이 드러냈다. 또래들끼리 대부분의 시간을 보내는 아이들은 문제를 일으킬 가능성이 가장 높았다.주10

분명히 사교는 아이의 진정한 사회 통합을 가능하게 해주는 역할을 하지만, 그것은 마무리 작업에 불과하다. 아이는 무엇보다도 다른 사람들과 상호작용을 할 때 자아감을 잃지 않고 자신을 다른 사람들과 분리된 개인으로 인식할 수 있어야 한다. 이는 어른에게도 쉬운 일이 아니다. 아이가 자신의 마음을 알고 다른 사람의 마음을 소중히 여길 때, 비로소 자신의 자의식에 매달릴 준비가 되고 다른 사람의 자의식을 존중하게 된다. 일단 이 발달 목표를 달성하게 되면, 사회적 상호작용을 통해 아이는 개성을 키우고 관계의 기술 또한 연마하게 될 것이다.

아이가 친구들을 사귀면서 유익함을 얻을 수 있는 단계까지 성장하도록 돕는 것은 정말 어려운 일이다. 주요 애착 대상인 어른들의 개입 없이 무차별적으로 너무 일찍 어울리다 보면, 한 아이

아이에게 필요한 것은 친구가 아니다

가 다른 아이를 지배하려고 하거나 지배당하지 않으려고 저항하는 과정에서 충돌이 일어나거나, 혹은 다른 아이들에게 인정받기 위해 자신을 억누르면서 모방하기에 이른다.

이 시점에서 많은 독자가 궁금해할 것이다. "하지만 사이좋게 지내는 법을 배우는 건 중요하잖아요?" 나는 사이좋게 지내는 것의 유익함에 대해 이의를 제기하는 것이 아니다. 사교를 우선순위에 두는 것은 본말이 전도된 일임을 말하고자 하는 것이다. 사이좋게 지내는 것을 미성숙한 존재를 위한 최대의 현안으로 삼음으로써, 그것을 순응과 모방·복종의 양식으로 강요하고 있는 셈이다. 아이의 애착 욕구가 강하고 또래들을 향해 있다면, 아이는 그 욕구를 채우기 위해 자신을 억누를 것이다. 아이는 개성을 잃어버리게 된다. 어른인 우리도 누군가와의 관계에 너무 절박하게 매달리면 유사한 위험에 빠진다. 즉 다른 사람과의 관계에서 우리 자신은 없어지고, 너무 빨리 굴복하며, 충돌을 피해 물러서고, 불화는 무조건 피하게 되는 것이다. 더욱이 아이들은 다른 사람들과의 상호작용에서 자신을 지키기가 훨씬 더 힘들다. 아이들이 사이좋게 지낸다고 칭찬받는 자질은, 어른의 세계에서는 스스로 체면을 떨어뜨린다거나, 자신을 과소평가한다거나, 혹은 자신에게 솔직하지 못하다고 말하는 것들이다.

우리가 발달의 청사진에 보조를 맞춘다면, 아이들이 서로 사이좋게 지내는 문제에 대해 그렇게 염려하지 않아도 될 것이다. 아이들이 다른 사람들과의 상호작용에서 자신을 지킬 수 있는 능력에 더 높은 가치를 부여해야 한다. 사회성이 세상의 전부라 해도, 결코 아이를 그런 지경에 이르게 할 수는 없다. 보살펴 주는 어른들과의 살아 있는 관계만이, 우리가 부모로서 아이에게 가장 원하는 자질인 진정한 독립과 개성을 낳는다. 그 맥락에서만 자신을 존중하고 다른 사람들의 인간성을 소중히 생각하는 인간으로서 온전히 성숙할 수 있다.

아이에게 필요한 것은 친구가 아니다

하지만 아이들에게도 사회적 욕구가 있지 않을까? 내가 만나는 부모와 교육자들의 가장 큰 고민 중 하나는, 아이의 친구들에 관한 문제다. "아이에게는 친구들이 있어야 해요"라는 말은, 어린 아이를 또래들로 둘러싸인 환경에 두기 위해 흔히 하는 주장이다.

미성숙한 사람에게 우정이란 개념은 무의미하다. 어른으로서 우리는, 우리를 배려하지 않거나, 경계를 인정하지 않거나, 한 개인으로 존중하지 않는 사람은 진정한 친구로 여기지 않는다. 진정한 친구는 그것이 관계에 어떤 영향을 미치든 우리의 발전과 성장을 지지한다. 이런 개념의 우정은 상호 존중과 개성이라는 견고한 토대에 기초하고 있다. 따라서 일정 수준의 성숙에 도달하고 사회 통합 능력을 갖추기 전에는 진정한 우정은 불가능하다. 대부분의 아이에게 이런 우정은 거의 가능하지 않다.

진정한 우정이 가능해질 때까지 아이에게는 애착이 필요할 뿐, 친구들이 필요하지는 않다. 그리고 아이에게 필요한 유일한 애착은 가족과, 아이를 함께 책임지는 사람들과의 애착이다. 아이에게 정말로 필요한 것은 보살펴 주는 어른들과의 관계에서만 발전하

아이에게 필요한 것은 친구가 아니다

는 성숙이며, 진정한 우정은 그것의 결실인 것이다. 아이들 사이의 관계에 집착하기보다 어른들과의 관계를 발전시키는 데 시간을 들이는 것이 보다 현명한 일이다.

우정에 대해 한마디만 더 덧붙이면, 발달상 아이들은 또래들과의 관계보다 자신과의 관계가 훨씬 더 필요하다. 즉 자의식과 내적 경험의 분리가 일어나야 한다(9장을 참고하라). 사람은 자신의 생각과 감정을 성찰할 수 있는 능력을 가져야 하며, 이런 능력도 성숙의 산물이다. 누군가 자신과 관계를 맺을 때 그가 자신과 동행하는 것을 좋아할 수도 있고, 자신에게 동의하거나 동의하지 않을 수도 있으며, 자신에게 찬성하거나 반대하는 등의 일을 할 수도 있다. 사람은 혼자 있는 게 불안할 때 다른 사람들과 더 함께 있으려고 한다. 혹은 텔레비전이나 게임과 같은 오락기기에 집착하게 된다. 또래지향적인 관계는 텔레비전 문제와 같이 자신과의 관계를 발전시키는 데 방해가 된다. 아이가 자신과의 관계를 확립하기 전에는, 다른 아이들과 진정한 관계를 맺을 준비가 되어 있지 않다. 이때는 보살펴 주는 어른들과의 상호작용이나 혼자서 창의적인 놀이를 하며 시간을 보내는 것이 훨씬 낫다.

또래는 지루함에 대한 해답이 아니다

또래들에게 미친 세상에서, 또래들은 아이를 괴롭히는 모든 것에 대한 만병통치약이 되었다. 또래들은 지루함이나 유별남, 자존감 문제에 대한 해법으로 추천되곤 한다. 한 자녀 가정의 부모들에게 또래들은 형제자매를 대신할 수 있는 존재로 보일 수 있다. 여기서도 우리는 바보의 금fool's gold, 즉 겉만 그럴 듯한 가짜를 찾는 셈이다.

"심심해" 혹은 "지겨워"는 너무 익숙한 아이들의 후렴구다. 많은 부모가 이런저런 또래 간의 상호작용을 도와줌으로써 아이의 지루함을 덜어 주려고 애쓴다. 하지만 지루함의 진짜 원인은 무엇일까? 아이들은 애착 본능이 충분히 채워지지 않았을 때, 그리고 이 공허함을 채우는 자의식이 형성되지 않았을 때 지루함을 느낀다. 이는 마치 생명이 시작되기를 기다리며 무성 상태로 멈추어 있는 것과 같다. 이런 빈자리를 느끼는 아이들은 외로움이나 그리움, 분리의 감정에 대해 말하게 된다. 아니면 창의성의 부재를 말로 표현하기도 한다. 즉 "뭘 해야 할지 모르겠어요," "재미있는 게 아무것도 없어요," "좋은 생각이 떠오르지 않아요."

바꾸어 말하면, 보통 지루함으로 느끼는 빈자리는 애착과 창의성의 이중 공백의 결과다. 아이는 애착과 편안함을 느낄 수 있는 누군가와 함께 있지 않은데다, 한편으로는 스스로 창의적으로 시간을 보낼 수 있는 호기심과 상상력이 부족한 것이다. 예를 들어, 교실에서 지루함을 느끼는 아이는 교사와의 관계에도 관심이 없고, 진행되는 수업에도 흥미가 없다. 교사에 대한 애착과, 스스로 동기 부여를 하는 경이감이나 호기심도 없다. 취약성에 대한 심리적 방어로 인해 아이는 내면의 이런 공허함을 있는 그대로 받아들이지 못한다. 아이는 지루함이 자기 밖에서 기인하며, 자기가 처한 상황이나 환경의 특질 혹은 속성이라고 생각한다. 아이는 집에 와서 "학교는 너무 재미없어요," 또는 "너무 지루해요, 할 일이 아

아이에게 필요한 것은 친구가 아니다

무엇도 없어요"라고 말한다.

　이런 역학은 특히 청소년기 초기에 심각해지는데, 어른에 대한 애착이 충분히 깊지 않고 창의적 자아가 발달하지 않은 경우에 더욱 그렇다. 그러나 아이의 나이에 상관없이 부모인 우리는 이 공허함을 아이의 또래들로 채우려고 한다. 우리는 어린 아이를 위해 놀이 약속을 잡거나, 또래들과 어울리라고 부추긴다. 우리는 "아무개랑 놀지 그러니?"라고 말한다. 하지만 아이가 지루해하는 바로 그때, 우리와 경쟁하게 될 애착을 가장 형성하기 쉽다. 그런 아이에게는 또래 상호작용을 부추길 게 아니라, 어른들과의 관계를 발전시키거나 혼자서 시간을 보낼 수 있도록 도와주어야 한다.

또래 접촉은 언제, 얼마나 허용해야 하나

●

'　언제, 어떤 상황에서 아이들이 함께 어울리도록 허용해야 할까? 아이들이 보육시설에서, 유치원에서, 운동장에서, 학교에서 함께 시간을 보내는 것은 당연하다. 요점은 또래 상호작용을 철저히 금지해야 한다는 게 아니라, 적당히 기대해야 한다는 것이다. 다른 아이들과 노는 시간은 재미있다는 것, 이것이 전부다. 놀고 난 후에는 항상 반드시 아이들을 품 안으로 모아야 한다.

　놀이는 어떤 종류가 좋을까? 나는 과학기술에 의존하는 놀이는 장려하지 않는데, 그것은 독창성과 창의력을 가로막기 때문이다. 그러나 아이들에게 어떻게 놀아야 하는지 일일이 설명할 필요는 없다. 아이들은 항상 노는 법을 알고 있다. 우리는 아이들의 창의적이고, 호기심 가득하고, 의욕적이고, 상상력이 풍부한 자아가 또래지향성에 의해 갇히지 않을 정도로, 우리에 대한 그들의 애착을 충분히 강화하기만 하면 된다.

내가 이 장에서 계속 지적하는 대로, 우리 사회의 문제는 단순히 아이들이 붙어다니는 데 있는 게 아니라, 그것을 사회화나 지루함·자존감 같은 문제에 대한 해답으로 보면서 폭넓은 또래 접촉을 장려하고 있다는 데 있다.

또래들은 '유별남'에 대한 해답이 아니다

또래 상호작용은 또 다른 목적, 즉 우리 취향에는 너무 유별난 아이들의 거친 면을 다듬기 위해 일상적으로 처방된다. 어른인 우리도 매우 또래지향적이어서 자신의 개성을 표출하기보다는, 서로에게서 어떤 사람이 되고 어떤 행동을 해야 할지에 대한 신호를 찾는다. 우리는 눈에 띄지 않음으로써 창피당하지 않을 안전장치를 찾는 것이며, 아이들도 이런 식으로 생각하는 것은 놀라운 일이 아니다. 유감스러운 점은, 어른인 우리가 이런 동질화의 역학을 존중하고 따름으로써 그럴듯한 가치를 부여한다는 것이다.

아이들이 수용적인 어른들에게 더 많이 의존할수록 개성과 독창성을 발휘할 수 있는 가능성이 커지고, 또래들의 편협함에도 영향을 덜 받게 된다. 아이들을 또래들에게 던져 놓음으로써 우리는 어른 애착의 보호막을 잃어버렸고, 아이들은 또래들의 편협함에 더 취약해졌다. 아이들은 우리와 멀어질수록, 그만큼 또래들과 잘 어울려야 한다. 따라서 아이들은 달라지지 않으려고 더욱 안간힘을 쓰게 된다. 아이들은 이런 식으로 자신의 '유별남'을 벗어 던질 수 있지만, 우리가 환영하는 발전은 실은 강한 불안감에서 기인한 것이다.

또래들이 아이의 자존감을 높여주지는 않는다

' 또 다른 보편적인—그리고 치명적인—신화는 또래 상호작용이 아이의 자존감을 높인다는 것이다. 대중 문헌으로 인해 우리는 또래와의 놀이가 아이의 자존감을 형성하는 데 중추적 역할을 한다고 믿게 되었다. 아이들이 자긍심을 갖기 위해서는 자신을 좋아하는 친구들과의 교제가 필요하다는 것이 주된 내용이다. 마찬가지로, 우리는 또래들한테 외면당하거나 거부당하면 심각한 자기 불신에 빠지게 된다고 믿게 되었다. 또래들로부터 인정받지 못한 아이들의 삶이 어떻게 피폐해지는지를 보여 주는 언론 보도나 대중 잡지의 기사들은 충분하다. 이전에 발달심리학 교재를 집필했던 한 저자는, 아이의 자존감은 부모가 아이를 어떻게 바라보는가와 상관없이 아이가 또래 집단에서 어떤 지위를 차지하고 있는가에 달려 있다고 결론지었다.[주11]

오늘날의 부모들은 자기 아이가 배척당할지도 모른다는 두려움에 사로잡혀 있다. 대부분의 부모가, 아이가 친구들을 사귀고 그들을 붙잡는 데 필요한 상호작용을 북돋는다. 그런 접근은 바람직해 보이지만, 바람직해 '보이는' 것뿐이다. 또래 상호작용에 기초

한, 그런 자존감은 건강하지 못하다.[주12]

무엇보다 우리는 자존감의 개념을 피상적으로 이해하고 있다. 자존감의 핵심은 자신에 대해 얼마나 긍정적인가가 아니라 '다른 사람들의 판단과는 독립적으로 자신을 평가하는' 것이다. 자존감 문제에서 가장 힘든 일은 다른 사람들에게 존중받지 못할 때도 자기 존재를 소중하게 여기고, 다른 사람들이 의심할 때도 자신을 믿으며, 다른 사람들이 비판할 때도 자신을 인정하는 것이다. 가치 있는 자존감은 성숙의 열매다. 실제로, 건강한 자존감의 핵심은 독립된 개인으로서의 생존 감각이다. 아이가 혼자 무언가를 깨달았을 때, 혼자 일어섰을 때, 혼자 무언가를 감당했을 때 우리는 아이 내부에 우뚝 솟은 자부심을 볼 수 있다. 따라서 자존감의 진짜 쟁점은 자기 존재의 가치와 타당성에 대한 결론과 결부되어 있다. 진정한 자존감을 위해서는 책임감 있는 어른들과의 따뜻하고 애정어린 관계에서만 성장하는 정신적 성숙이 필요하다.

또래지향적인 아이들은 성장에 어려움이 있기 때문에, 자신에 대한 다른 사람들의 생각에서 스스로 벗어나지 못할 가능성이 크다. 이들의 자존감은 조건적일 것이고, 다른 사람들의 호의에 따라 달라질 것이다. 따라서 그것은 사회적 성취나 외모, 수입과 같은 외적이고 덧없는 요소들을 바탕으로 할 것이다. 그것은 자존감의 척도가 아니다. 진정한 자존감은, 나는 이것도 저것도 할 수 있기 때문에 가치 있는 사람이라고 말하지 않는다. 내가 이런저런 것들을 할 수 있든 없든 나는 가치 있는 사람이라고 선언하는 것이다.

이런 독립적인 자존감의 공백을 긍정과 지위, 성취와 같은 대체

아이에게 필요한 것은 친구가 아니다

물로 채우려는 노력은 무익하다. 아무리 긍정적인 경험을 한다 해도 남는 것은 없다. 즉 칭찬을 받을수록 칭찬에 더 굶주리게 된다. 인기를 얻을수록 더 많은 인기를 얻으려고 분투하게 된다. 경쟁에서 이길수록 더 경쟁적인 사람이 될 뿐이다. 우리는 모두 이 사실을 직관적으로 알고 있다. 우리가 할 일은, 아이들이 자기 자신에 대해 생각하고 느낄 때 인기나 외모, 성적, 성취에 의존하는 방식에서 벗어나도록 그들에게 영향력을 행사하는 것이다.

이런 것들과 무관한 자존감만이 진정으로 아이에게 힘이 될 것이다. 어른들이 줄 수 있는 무조건적이고 애정 어린 수용만이 타인들의 호감과 소속감의 신호에 집착하는 아이를 자유롭게 해줄 수 있다.

또래들은 형제자매의 대체물이 아니다

또래들을 해법으로 생각하는 또 하나의 인식은, 외동아이와 관련된 문제다. 외동아이를 둔 부모들은 자신들이 처한 상황에 대해 고심하는 경우가 많으며, 다른 아이들과의 놀이 약속이나 모임을 적극적으로 주선함으로써 빈자리를 채워주려고 한다. 이 아이들이 어떻게 놀이친구도 없이 노는 법이나 친구들과 사이좋게 지내는 법을 배울 수 있겠는가? 부모들은 이렇게 생각한다.

무엇보다 또래들은 형제자매와 같지 않으며, 형제자매는 놀이친구 이상의 의미를 갖는다는 점을 이해해야 한다. 형제자매는 같은 나침반을 공유한다. 형제자매와의 특별한 애착은 부모와의 애착의 자연적인 결과다. 예외적인 경우도 있지만, 형제자매와의 애착은 내재된 갈등 없이 부모와의 애착과 공존한다. 형제자매 관계는 같은 태양을 중심으로 도는 행성들의 관계와 같아야 한다. 형제자매에 대한 보다 적절한 대체물은 또래들이 아닌 사촌들이다. 사촌들이 없거나 만나기가 힘들거나 좋지 않은 영향을 끼친다면, 어른들이 서로의 아이들에게 대리 삼촌이나 이모 역할을 해줄 수 있는 다른 가족과의 우정을 키우는 것이 더 적절할 것이다.

그래도 아이들은 서로 어울려 놀아야 하지 않을까? 여기서 우리는 아이들이 원하는 것과 필요로 하는 것의 차이를 구분해야 한다. 건강한 발달을 위해 아이들에게 필요한 것은, 사회적 놀이가 아닌 창의적 놀이다. 창의적 놀이(혹은 창의적 고독)는 다른 사람들과의 상호작용을 필요로 하지 않는다. 어린 아이들의 경우, 애착을 형성한 사람과의 접촉과 친밀감은 당연한 것으로 여겨질 정도로 안정적이어야 한다. 그런 안정감이 아이로 하여금 상상력이나 창의성의 세계로 발을 내딛어 모험을 하게 한다. 놀이친구들이 있다면, 그들은 캘빈의 홉스나, 크리스토퍼 로빈의 푸와 그 친구들처럼 아이의 상상 속에서 튀어나온 존재들이다. 부모는 애착의 닻으로서 언제나 이런 놀이에 가장 좋은 대상이다. 물론, 창의적 놀이가 사회적 놀이로 변질되지 않도록 부모 역시 이런 역할에 지나치게 개입해서는 안 된다. 또래와의 사교를 지나치게 강조하는 탓에 창의적 놀이—세상에 대한 아이의 호기심과 상상력, 창의성에서 나오는 놀이—는 사라질 위기에 처해 있다.

아이들을 서둘러 사회화하려고 하는 가운데, 아이들은 우리와 함께 지내거나 혼자서 창의적인 놀이를 할 시간이 거의 없다. 우

아이에게 필요한 것은 친구가 아니다

리는 아이들의 여가 시간을 놀이 약속으로—혹은 비디오나 텔레비전, 게임으로—채우고 있다. 우리는 아이가 자아를 드러낼 수 있는 여지를 훨씬 더 많이 남겨두어야 한다.

그리고 이는 형제자매의 대체물로서의 또래들이라는 문제를 다시 생각하게 한다. 아이들에게는 다른 아이들보다 어른들이 훨씬 더 필요하다. 부모들은 형제자매가 없는 외동아이를 안쓰러워할 이유도, 무리하게 또래들로 그 빈자리를 채워 주려는 강박감을 느낄 필요도 없다.

우리가 처음부터 또래지향성의 진정한 유산—대항의지의 강화, 부모의 권위에 대한 존경과 경의의 상실, 성숙의 지체, 공격성의 증가, 정서적 경직, 보살핌이나 가르침에 대한 수용 능력의 결여—을 겪었다면, 우리는 신속히 그 문제를 해결하려고 했을 것이다. 그러나 또래지향성의 첫 열매가 너무 좋아 보인 탓에, 우리는 무엇이 기다리고 있는지 전혀 눈치채지 못했다. 우리는 또래들을 우리 앞길에 놓인 수많은 육아 문제에 대한 해법으로 믿고 있다. 우리는 값비싼 대가를 치루게 될 수 있다. 우리는 우리 벽 안의 이 트로이 목마를 환영하고 싶은 유혹을 떨쳐내야 한다.

18
새로운
애착 마을의 건설

　40대 혹은 그 이상의 어른들은 대부분 애착 마을이 현실로 존재했던 어린 시절을 보냈다. 이웃들은 서로를 알고 서로의 집을 드나들었다. 부모의 친구들은 서로의 아이들에게 대부모 역할을 했다. 아이들은 친숙한 어른들의 보호를 받으며 거리에서 놀았다. 애착 마을은 문화와 가치가 한 세대에서 다음 세대로 수직으로 전달되고, 그 안에서 좋든 싫든 아이들이 어른들의 지도를 따르던 어른지향성의 공간이었다.

　우리에게 그런 애착 마을은 더는 존재하지 않는다. 전통 문화를 뒷받침하던 사회적·경제적 기반도 사라졌다. 우리 중 대부분은 우리도 아이도 만난 적이 없는 어른들과 아이 키우는 일을 분담해

　　　　　　　　아이에게 필요한 것은 친구가 아니다

야 한다. 아이들을 또래지향성에서 되찾아 오거나, 아이의 또래지향성을 방지하려면 선택은 하나뿐이다. 아이를 양육할 수 있는 기능적 애착 마을을 되살리는 것이다.

우리는 애착 마을의 맥락에서만 아이들을 위한 진정한 의미의 가정을 만들 수 있다. 가정과 마을은 모두 애착에 의해 만들어진다. 마을을 마을답게 만드는 것은 사람과 사람 사이의 관계다. 가정도 관계에 의해 만들어진다. 우리는 애착을 형성한 사람들과 함께 있을 때만 진정으로 '집에 있는 것 같은 편안함'을 느낀다.

아이는 자신을 책임지는 사람들에게서 편안함을 느낄 때만 자신의 발전 잠재력을 온전히 실현할 수 있다. 우리가 아이를 맡기는 어른들과 아이가 편안함을 느끼도록 돕는 것은, 그가 자랄 수 있는 애착 마을을 만드는 것과 똑같은 일이다. 전통적인 애착 공동체에서는 아이가 어디를 가든 그곳이 집이었다. 오늘날의 아이도 충분히 성숙할 때까지 돌보는 어른들에게서 집과 같은 편안함을 느낄 수 있어야 한다.

우리가 비전과 추진력을 갖춘다면 애착 마을을 만들 수 있다. 애착처럼 마을을 만드는 것도 의도적으로 해야 한다. 더는 존재하지 않는 것에 대해 슬퍼할 이유는 없지만, 잃어버린 것을 회복해야 할 이유는 충분하다.

조력자를 찾아라

●

' 우리는 아이들에게 관심을 보이는 성인 친구들을 중요하게 생각하고, 그들과의 관계를 발전시키는 방법을 찾아야 한다. 우리는 또한 아이들과 확대가족을 연결하는 관습과 전통을 만들어 내는 일도 장려해야 한다. 인연을 맺는 것만으로는 부족하다. 진정한 관계를 맺어야 한다. 안타깝게도 조부모들도 대부분 애착 위계에서 자신들의 역할을 해내기에는 지나치게 또래지향적으로 변했다. 많은 조부모가 손주들보다는 친구들과 어울리려고 하고, 사회가 파편화되면서 멀리 떨어져 살고 있다. 확대가족과의 접촉이 불가능하거나 어떤 이유에서든 아이들에게 도움이 되지 않는 경우, 우리는 기꺼이 그 자리를 채워 줄 어른들과의 관계를 발전시켜야 한다.

우리의 사교 방식도 바꾸어야 한다. 요즘은 여러 세대가 한 자리에 있을 때도 또래 중심으로 활동한다. 즉 어른들은 어른들끼리, 아이들은 아이들끼리 어울린다. 애착 마을을 만들기 위해서는 세대 간 연결을 조성해야 한다. 프로방스에서 머무는 동안, 나는 그들이 사교 활동에 늘 아이들을 데리고 다니는 것을 보았다. 그들은 이 점을 염두에 두고 식사 준비를 하고, 활동을 선택하며, 소풍을 계획했다. 아이들의 삶에서 돌보는 어른들의 수가 많아질수록, 그들은 또래지향성에 더 강한 면역력을 갖게 된다. 그것이 종교 시설이든, 스포츠 활동이든, 문화 행사든, 혹은 일반적인 지역사회이든 가능한 한 많이 아이들을 어른들과 연결하는 공동체 활동에 그들과 함께 참여해야 한다.

모든 부모에게는 조력자가 필요하고, 자연적인 조력자가 적을수록 더 적극적으로 찾아야 한다. 보모를 구할 때는 그가 믿을 만하고 필요한 교육 과정을 이수했다는 것만으로는 충분하지 않다.

아이에게 필요한 것은 친구가 아니다

아이가 나침반으로서의 부모의 대리인으로 받아들일 수 있고, 그 사람과 함께 있을 때 집에 있는 것처럼 편안하게 느낄 수 있어야 한다. 이런 유의 관계는 준비하고 관리해야 한다. 가능성 있는 후보자를 가족 활동에 부분적으로 참여시키거나 가족 식사에 초대하는 것은, 연결을 준비하는 틀이 될 수 있다.

오늘날에는 한부모가정은 말할 것도 없고, 양부모 모두 일을 해야 하는 가정이 많다. 우리는 부모 중 한 사람, 대개는 엄마가 아이들이 다 자랄 때까지, 혹은 적어도 학교에 들어갈 때까지 집에 있었던, 어느 면에서는 이상적이었던 과거로 되돌아갈 수 없다. 경제적으로나 문화적으로나 우리는 전혀 다른 단계에 접어들었다. 그러나 반드시 아이들이 우리를 대신할 어른들과 굳건한 관계를 맺을 수 있도록 해야 한다.

공동집필자인 가보는 최근에 처음으로 멕시코를 방문했다. 그는 그 여행길에서 빈곤한 마야의 마을에 사는 아이들에게서 순수한 행복을 발견하고 깊은 인상을 받았다. "그 아이들은 기쁨으로 얼굴에서 빛이 났어요. 북미의 아이들에게서 볼 수 있는 소외감과 공격성 같은 것은 전혀 찾아볼 수 없었죠. 부모들의 거친 삶에도 불구하고, 아이들은 순수하고 천진난만했어요." 마야인은 어느 곳의 토착민과 마찬가지로 자연스럽게 '애착 육아'를 실천하고 있었다. 그들은 아이가 태어난 처음 몇 년 동안은 어디를 가든 아이를 안고 다니고, 전통적인 애착 마을에서 아이를 키웠다. 부모가 어린 아기와 떨어진다는 발상은 그들로서는 기이한 것이다. 이와 유사한 사례로, 최근 한 신문 보도를 보면 케냐의 나이로비에서 젊은 엄마들을 대상으로 유모차 매장을 연 사업가가 매출이 부진한 이유에 대해 이렇게 설명했다고 한다. "이곳 여자들은 아이를 태워서 밀고다니는 기구가 왜 필요한지 이해를 못해요. 어디를 가든 그냥 아기를 안고 다니는 거예요." 그리고 아프리카를 찾은 사람들은 아프리카 아이들의 순순한 자발성과 자연스러운 미소, 거리낌없는 행동에 주목하게 된다. 이는 애착 마을의 애정 어린 어른들과의 친밀한 접촉에서 연유한다. 유감스럽게도, 이제는 많은 곳에서 전쟁과 기근으로 파괴되고 있는 문화다.

이런 사례를 드는 것은 우리 문화를 비난하기 위해서가 아니라, 우리가 잃어버린 애착 기반의 육아를 직관적으로 보여 주기 위해서다. 그런 관습을 되돌릴 수는 없지만, 우리가 할 수 있는 방법을 다해 잃어버린 것을 보충해야만 한다. 그러므로 나는 우리 능력이 닿는 한, 우리 상황이 허락하는 한 최선을 다해 애착 마을을 되살려야 한다고 주장하는 것이다.

나는, 아이가 몇 살쯤 되면 부모가 다시 일을 시작하거나 아이를 두고 휴가를 떠나는 정도의 분리를 감당할 수 있느냐는 질문을 자주 받는다. 내 대답은 거의 항상 조력자의 상황이 어떤지 물어보라는 것이다. 애착만이 부모를 대체할 수 있으므로, 우리는 아이와 그들과의 애착 관계를 구축해야 할 필요가 있다. 우리가 애착을 의식하고 이 역할을 맡게 되면, 다음과 같은 대화가 오가게 될 것이다.

"사만다 보모 구하는 일은 잘 돼가요?"

"괜찮은 사람을 구한 것 같아요. 지금 둘이 부엌에서 요리하고 있어요. 사만다를 잘 파악한 것 같아요. 둘이 함께 시간을 보내면서 사만다가 보모에게 완전히 적응했으면 좋겠어요. 그렇게만 되

아이에게 필요한 것은 친구가 아니다

면 걱정이 없을 것 같아요."

어른과의 애착은 청소년기에 특히 중요하다. 성숙 과정의 청소년들이 그렇듯이, 부모로부터 멀어질 때 대체할 어른이 있다면 아이가 또래들에게로 돌아서지 않게 지켜 줄 것이다. 그러나 그들이 그런 역할을 할 수 있으려면, 아이가 청소년기에 이르기 훨씬 전부터 관계를 다져놓아야 한다. 우리가 대체되어야 한다면, 우리가 미리 엄선한 대리인이 그 자리에 서는 게 훨씬 나을 것이다.

믿을 만한 어른들과 짝지어 주라

오늘날 우리 아이들을 맡겨야만 하는 어른들―예를 들면, 교사들―에 대한 선택의 폭은 매우 좁다. 이런 상황에서 아이들을 믿을 만한 어른들과 짝지어 주는 것은 아주 힘든 일이다. 때때로 아이들은 보육시설 직원이나 교사, 보모, 조부모와 같이 자신을 맡고 있는 어른들과 자연적으로 애착을 형성한다. 그러나 그런 경우가 아니라면, 멍하니 방관하고 있어서는 안 된다.

가장 중요한 수단 중 하나가 소개다. 소개는 친근한 첫인상을 만들 수 있는 기회다. 이것은 우리가 애착을 인정하는 자연스러운 방법이기도 하다. 그 사람이 보육시설 직원이든, 유치원 교사이든, 피아노 강사이든, 스키 강사이든, 담임교사이든, 교장이든 우리가 배턴을 넘겨 줄 사람과 친근하게 상호작용하는 모습을 아이에게 보여주어야 한다. 비결은 아이를 맡길 어른과 친해질 때 부모가 주도권을 잡고 소개를 진행하는 것이다. 이는 짝지어주기의 황금 같은 기회다.

짝지어주기의 또 다른 중요한 수단은 서로 좋아하게 만드는 것이다. 칭찬을 전해 주든, 혹은 감탄의 표시를 해석해 주든 중매쟁이의 목적은 서로 좋아하게 만드는 것이다. 부모인 우리는 너무 자주 이런 단계를 생략하고, 곧바로 걱정거리나 잘못된 일에 대해 논의하기 시작한다. 관계는 아이와의 문제를 풀어나가기 위한 맥락이고, 따라서 가장 우선해야 할 일이다. 예를 들면, 교사에게 이렇게 말할 수 있을 것이다. "딸아이한테 선생님이 꽤 인상 깊었나 봐요." "우리 애가 선생님을 정말 좋아하고, 실망시켜드리지 않으려고 열심이에요." "우리 아들이 선생님이 안 계시니까 선생님에 대해 묻더라구요. 그 애가 정말 보고 싶어했어요." 또한 아이에게는 이렇게 말할 수 있을 것이다. "선생님이 네 칭찬하시더라." "네가 선생님에게 중요하지 않다면, 너한테 그런 관심을 쏟으실 리가 없지." "선생님이 네가 보고 싶다고 빨리 낫길 바란다고 하셨어."

모든 아이는 애착의 갈라진 틈으로 추락하지 않게 해줄 어른과의 연결이 필요하다. 아이가 집에서 놀이터로, 보육시설로, 학교로 이동하면서 의지할 수 있는 어른들이 충분히 있으면, 또래지향성이 뿌리를 내릴 위험성이 거의 없다. 우리의 임무는 아이가 언제나 어른들과의 살아 있는 애착에 둘러싸여 있게 하고, 애착 릴레이팀으로서의 기능을 다하는 것이다. 우리는 아이를 넘기기 전에 애착의 배턴을 성공적으로 전달했는지 확인해야 한다.

짝지어 주는 방법은 무궁무진하다. 멜 십맨Mel Shipman 박사가 1980년대에 제창한 학교 기반 프로그램은 토론토 동부 지역에서 노인과 초등학교 아이들을 짝지어 주는 것으로 시작되었다. 이 프

아이에게 필요한 것은 친구가 아니다

로그램에는 일주일에 딱 한 시간의 만남이 포함되어 있었는데, 세대 간 상호작용의 긍정적인 영향은 전체 학교에 파급 효과를 가져왔다. 여기에 참여한 많은 노인이 그랬던 것처럼, 많은 학생이 이 관계를 인생을 바꿀 만한 경험으로 여겼다. '리버데일 세대 간 프로젝트'의 성공은, 현재 세대 간의 다정한 관계를 촉진하는 수백 개의 기관이 참여하는 주 전체의 운동으로 확산되었다.[주1] 이 프로그램은 동부 해안 지역의 여러 주로 확산되기도 했다.

학생과 살아 있는 관계를 형성한 교사는, 그 아이를 맡고 있는 다른 교사나 교직원들과의 관계를 원활하게 해주는 중매쟁이로서의 힘을 갖는다. 사랑하는 애커버그 선생님은 초등학교 1학년 시절 내게 가장 큰 행운이었지만, 만약 그분이 2학년 선생님과 관계를 맺어 주고 애착 배턴을 넘겼다면, 내가 기댈 수 있는 또 다른 선생님과의 애착을 위해 5학년 때까지 기다리지 않아도 되었을 것이다.

다른 애착과 경쟁하지 마라

우리는 애착 경쟁이 가득한 세상에 살고 있다. 학교는 애착 간의 경쟁을 일으킨다. 이혼과 재혼 역시 애착 간의 경쟁을 일으킨다. 현존하는 애착 마을들은 종종 애착 간의 경쟁으로 와해되고, 아이들은 또래지향성에 더욱 더 노출된다.

때때로 애착 경쟁 대상은 이혼한 부모나 양부모, 위탁 부모와 같은 부모 중 한쪽이 되기도 한다. 그럴 가능성이 높은 만큼, 아이에게 한쪽 부모와 함께 산다고 해서 다른 쪽 부모와 멀어져야 하는 것은 아니라는 점을 분명히 전해야 한다. 이것 아니면 저것을 택해야 하는 관계를 이것과 저것을 모두 택하는 관계로 전환할 필요가 있다. 함께 살지 않는 다른 부모에 대해 호의적으로 말하고, 그 부모와 자주 만나게 함으로써 그렇게 할 수 있다. 때로는 두 부모가 친근한 관계를 유지하고 있다는 인식을 아이에게 심어 주는 것으로도 경쟁이 줄어든다. 즉 아이의 학교 행사에 나란히 참석하기도 하고, 아이의 야구 경기를 함께 응원하기도 하며, 아이의 음악발표회에 함께 가서 격려하기도 하는 것이다.

실제적 혹은 잠재적 경쟁 대상은 다른 어른들이 아닌 아이의 또래들인 경우가 대부분이다. 이런 불화를 해소하는 방법은 수없이 많다. 우선, 우리 스스로 아이 친구들과의 관계를 발전시키고, 그들과의 관계에 우리도 포함되어 있음을 확실하게 인식시킨다. 예를 들어 전화를 받으면, 전화를 건 아이 친구의 이름을 부르며 인사를 하고, 때로는 대화에 살짝 개입하기도 하는 것이다. 아이의 또래지향성이 상당한 경우에는 마치 우리가 없는 것처럼 굴기도 한다. 이에 대처하는 유일한 희망은 우리가 존재함을 강조하는 것이다. 물론, 우호적인 방식으로 말이다. 친구들이 집에 올 때도 마찬가지다. 아이의 친구들을 인기척 없이 들어오게 하면, 가족의 인사나 소개라는 정상적인 애착 의식을 피해가게 된다. 집 안에 부모와 떨어져 아이들끼리만 있을 수 있는 고립된 공간을 만들어 주어서도 안 된다. 연결을 유지할 수 있는 일반적인 생활 공간으로 아이들을 끌어들여야 한다. 애착에 관한 한 우리와 관계가 없는 사람들이 우리의 경쟁자가 되기 쉽다. 그들을 가족 식사에 초

아이에게 필요한 것은 친구가 아니다

대하는 것도 때로는 그들을 우리와의 관계 안으로 끌어들이는 계기가 될 수 있다.

셋째 딸 브리아가 청소년기에 이르렀을 때, 나와 아내는 아이의 친구들을 초대해 푸짐하게 대접했다. 나는 메뉴를 바비큐로 결정했는데, 그 덕에 손님들에게 무엇을 어떻게 구워 줄지 일일이 물어 볼 수 있었다. 그 사이에 아이들의 얼굴을 따뜻하게 바라보고, 가능한 한 눈을 맞추며, 미소와 긍정의 끄덕임을 이끌어 내고, 이름을 묻고 그 이름을 기억하려고 애쓰며, 나도 소개할 수 있었다. 그리고 브리아의 남동생들이 일을 거들게 했다. 여기서 전하는 메시지는 분명하다. 즉 브리아와 관계를 맺는다는 것은, 브리아의 가족과 관계를 맺는 일이라는 것이다.

잠재적인 경쟁을 완화하는 또 다른 방법은, 아이 친구들의 부모와 관계를 맺는 것이다. 이전의 애착 마을에서는, 우리 아이가 어울리는 아이들의 부모와 이미 알고 지냈을 것이다. 우리는 그런 세계에 살고 있지 않기 때문에, 유일한 선택은 처음부터―아이의 또래들부터 그들의 부모들까지―그 마을을 다시 세우는 것이다. 이 일에 실패한다면, 아이들의 애착 세계는 여전히 쪼개지고 부서지고 내재된 경쟁이 가득한 상태로 남게 된다. 누가 우리 아이의 친구가 될지는 통제할 수 없을지 몰라도, 아이 친구의 부모들과 친밀한 관계를 형성한다면 아이의 애착 세계는 조화와 통일을 이룰 것이다.

애착 세계가 분열되면 또래와 부모들은 서로 다른 별에 살게 된다. 우리의 과제는 아이와 애착을 형성하고, 부모를 대체시키지 않고도 아이가 또래들과 더불어 살 수 있는 애착 마을을 만드는 것이다.

  우리 사회에서는 미성숙함이 지배하는 아동기가 길어지고 있
다. 이와 동시에 진정한 부모가 되는 것은 관계의 문제이고 아이
가 우리에게 적극적으로 애착을 형성하는 동안에만 가능한 까닭
에, 실질적인 양육 기간은 급속히 짧아지고 있다. 여기에 또래지
향성이 끼어들고 있다. 애착이 빗나가면 우리는 아이를 양육할 수
없게 된다. 아동기가 끝나기도 전에 부모 역할을 하지 못하게 된
다면, 그것은 부모와 아이 모두에게 재앙이다. 아이들은 미성숙한
채로 성장을 위해, 그리고 삶이 제공하는 자유로운 즐거움을 누리
기 위해 필요한 순수함과 취약함, 어린아이다운 솔직함을 빼앗긴
다. 아이들은 인간으로서의 최고의 유산을 사취당하는 것이다.
  누가 우리 아이들을 기를 것인가? 자연의 섭리에 따른 유일한
대답은, 우리—부모와 아이들을 돌보는 어른들—가 아이들의 멘
토이며, 안내자이며, 양육자이며, 모범이 되어야 한다는 것이다.
우리의 임무를 완수할 때까지 아이의 손을 놓아서는 안 된다. 이
기적인 목적을 위해서가 아닌 아이가 과감히 앞으로 나아가게 하
기 위해서, 아이를 제지하기 위해서가 아닌 필연적인 발달을 성취
하도록 하기 위해서 아이의 손을 놓아서는 안 된다. 아이가 홀로
설 수 있을 때까지 아이의 손을 놓아서는 안 된다.

　　　　　　　　　　아이에게 필요한 것은 친구가 아니다

Part 6

인터넷과 휴대전화,
게임에 물든
디지털 세대를 위한 추록

인간의 삶에서 애착이 얼마나 중요한가를 인정하지 않고서는 소셜 미디어의 열광적인 인기나
사이버 폭력의 역학, 비디오 게임이나 온라인 포르노물의 유혹을 설명할 수 없다.

19
일그러진
디지털 혁명

이 책을 처음 출간한 이후 참으로 대단한 일이 일어났다. 돌이켜보면 이 책이 앞날을 예견했다고 말할 수 있지만, 디지털 혁명의 영향을 완전히 예측하지는 못했다. 그사이 디지털 혁명의 영향이 우리와 아이들의 세계를 지배하게 되었다. 그 영향은, 그야말로 비참한 것이었다. 기술의 진보는 과거나 지금이나 엄청난 잠재력을 지니지만, 그 대신 문화적으로는 커다란 후퇴를 불러왔다. 우리가 정신을 제대로 차리지 않는 한, 디지털 변혁의 영향은 세대를 거듭하며 아이들의 건강한 발달을 저해할 것이다.

2010년에는 10대의 73%가 적어도 한 개의 온라인 소셜 네트워크의 회원으로 가입한 상태였고, 2012년에는 전 세계의 페이스북 가입자 수가 10억 명에 달했다. 연구들에 따르면, 페이스북은 13세 이전에는 가입을 금지하고 있지만, 이미 수백만 명의 10대 초반 아이들이 페이스북에 가입해 있다. 평균적으로 10대들은 한 달에 3천 건의 문자 메시지를 보낸다.[주1]

2011년《소아과학Pediatrics》은 "지난 5년 동안 소셜 미디어 사이트를 이용하는 청소년기 이전과 청소년기 아이들의 수가 폭증했다"고 강조했다. "최근의 설문 조사에 따르면, 10대의 22%가 하루 열 번 이상 즐겨 찾는 소셜 미디어 사이트에 접속하고, 청소년의 절반 이상이 하루에 한 번 이상 소셜 미디어 사이트에 접속한다. 10대의 75%가 휴대전화를 소유하고 있고, 그 중 25%가 휴대전화로 소셜 미디어에 접속하며, 54%가 휴대전화로 문자 메시지를 보내고, 24%가 휴대전화로 실시간 메시지를 보낸다." 명망 있는 이 학술지는 "따라서 자라나는 세대의 사회적 · 정서적 발달의 상당 부분이 인터넷과 휴대전화 상에서 일어나고 있다"는 불길한 결론을 내렸다.[주2]

여기에 인터넷 포르노물과 사이버 폭력, 만연한 게임까지 보태면, 8세에서 18세 사이의 청소년들이 이런저런 형태의 디지털 기기를 사용하는 시간이 하루 평균 10시간이 넘는다는 사실이 꽤나 걱정스럽다.

우리 두 사람은 디지털 매체가 아이들에게 미치는 영향을 걱정하며, 컴퓨터와 게임, 다른 디지털 기기를 어떻게 통제하고, 언제부터 아이들에게 이런 기기들을 허용해야 하느냐고 묻는 부모들을 자주 만난다. 이번 장과 다음 장에서는 이런 문제들을 다룬다. 하지만 전반적인 양육 문제에서처럼, 이는 구체적인 지침이나 권장 사항의 문제가 아니다. 우리는 이 책에서 양육은 기술과 행동 지침이 아니라 결국 '관계'라는 점을 내내 강조했다. 이 책 첫머리에 인용한 문구처럼, 관계를 이해하지 않고서는 어떤 행동 계획도 갈등만 낳을 뿐이다. 우리는 이 책에서 명확한 행동 지침이 아닌, 개괄적인 안내와 함께 원리와 설명을 제공한다. 이를 자신의 아이와 가정에 어떻게 적용할지는 자녀와의 관계를 발전시키는 부모의 능력에 달려 있을 것이다. 우리는 연령별 권고 사항을 제시하지도 않는다. 아이가 부모와 어떤 관계를 맺고 아이의 정서적 성숙도가 어느 정도인지에 따라 무엇을 해야 할지가 결정될 것이다. 누구에게나 맞는 정해진 규칙을 제안하는 것은 부질없는 일이다.

그렇다면 디지털 혁신이 아이들에게 미치는 영향을 어떻게 가늠할까? 그 영향은 매우 크지만, 우리가 그 중심에 있는 현상을 제대로 이해하는 것은, 우리를 뒤덮고 있는 구름의 모양을 알아내려고 하는 것과 같다. 가장 두드러진 인간의 욕구 즉 '애착'에 대한 실제적인 지식이 없이는 무슨 일이 일어났는지 설명할 길이 없다.

애착은 디지털 혁명이 가정한 모습을 설명하는 열쇠이며, 특히 이에 대한 자세한 정보를 설명하기 위해서는 또래지향성을 이해해야만 한다. 그런 이해 없이는 이 정보가 당황스러울 것이다. 인간의 삶에서 애착이 얼마나 중요한지를 인정하지 않고서는 소셜 미디어의 열광적인 인기나 사이버 폭력의 역학, 비디오 게임이나 온라인 포르노물의 유혹을 설명할 수 없다. 디지털 시대를 다룬 이번 장과 다음 장에서 이런 문제들을 더 자세히 파고들 것이다.

이 책이 탄생한 문화적 배경에는 이미 아이들의 또래지향성의 증가라는 특징이 자리하고 있었지만, 그때는 페이스북과 트위터가 등장하기 전이었고, 비디오 게임이 아이들을 사로잡고 온라인 포르노물이 인터넷 활동의 30%를 차지하기 전이었으며, 몇 년 안에 8~16세 아동의 90%가 온라인으로 포르노물을 보게 되리라고는 예측하지 못했다. 의사들은 모니터 앞에 있는 시간이 아이들의 건강에 미치는 해로운 영향에 대한 우려를 표명하지도 않았고, 인터넷 중독의 경고문을 발표하지도 않았다.

포르노물은 제쳐두고, 어떤 이들은 "아이들이 정보를 검색하거나 머리를 식히려고 온라인에서 많은 시간을 보내는 게 잘못된 건가요? 그게 정말 문제가 됩니까?"라고 물을 수 있다.

디지털 매체가 정보를 관리하기 위한 목적으로 처음 등장했을 때, 우리는 이것이 비즈니스나 교육, 엔터테인먼트 용도로 사용될 거라고 가정했다. 과학자들은 복잡한 정보를 신속하고 효율적으로 전달하기 위한 수단으로 웹을 개발했다. 휴대전화가 첫 번째로 겨냥한 사용자는 기업인 반면, 컴퓨터의 경우는 학교였다. 결국 우리는 과학 연구나 비즈니스 활동을 위해 정보가 필요하고, 학교는 학생들에게 정보를 전달한다. 2004년, 전 세계 정보를 체계화하고 세계인 누구나 검색하고 이용할 수 있게 한다는 명분하에 구글Google이 모습을 드러냈다. 정보화 시대가 공식 출범한 것이다. 이런 배경 속에서 디지털 매체가 아이들의 손에 쥐어졌다.

기본적인 오류, 애착을 무시하다

'   디지털 혁명을 몰고 가는 가정들에는 기본적인 오류가 있었다. 마음속 깊은 곳에서 인간이 본질적으로 추구하는 것은 세상에 대한 정보가 아니며, 오락은 더더욱 아니다. 우리 뇌의 주의력 메커니즘에서 정보나 오락은 중요하지 않다. 사실, 뇌가 얼마나 중요하게 생각하는가의 관점에서 본다면, 정보는 그 서열이 아주 낮다. 다시 말해, 뇌가 정보에 주의를 기울이지 않을 가능성이 더 크다. 뇌는 매순간 대부분의 감각과 인지 데이터의 핵심 정보를 놓치지 않기 위해 이를 걸러내 뇌에 저장한다.

지금까지 살펴보았듯이, 우리의 일차적이고 가장 중요한 욕구는 연대감이다. 이는 세상에 관한 사실적인 정보가 아니라, 우리가 추구하는 연결이다. 많은 경우 인간은, 어른들도 그렇지만 특히 미성숙한 아이들은 세상에 관한 정보가 아니라 애착 상태에 대한 정보를 간절히 원한다. 우리는 자신에게 중요한 사람들에게 속해 있다는 확신을 원한다. 우리는 자신이 중요하게 생각하는 사람들과 비슷하게 보이는지, 그들에게 자신이 중요한지, 그들이 자신을 좋아하는지, 그들이 자신을 원하고 이해하는지에 관심이 있다. 우리는 다른 사람들에게 자신의 존재감을 드러내기 위해 행동하며, 곧 그럴 것이라는 희망으로 자신을 내보인다.

비즈니스는 우리의 최우선 순위가 아니며, 학습도 오락도 마찬가지다. 직접 만나든, 우편이나 전화·인터넷을 통해 소통하든 우리의 상호작용에서 가장 중요한 요소는 애착이다. 기술은 새로운 것이지만, 이 역학은 인류의 역사만큼 오래되었다.

애초에 정보를 위해 설계된 기술이 연결을 위한 서비스가 되어버린 것은 놀랍지 않으며, 이 책의 관점과도 일치한다. 그리고 기술은 오락과 기분 전환의 수단으로 아이들의 좌절된 애착 욕구를 보상하는 역할도 해왔다. 그러나 보상으로는 근본적인 이 문제가 결코 해결되지 않고 악화될 뿐이다. 아직 영글지 않은 사람들에게 디지털 매체는 중독성이 있다. 아이들은 배우기보다는 관계를 형성하고 유지하기 위해, 문제를 해결하기보다는 문제에서 도망치기 위해 이 수단을 훨씬 더 많이 이용한다.

연대감의 욕구를 이해한다면 '떨어져 있는 사람들과 어떻게 친해질까?'라는 인간의 기본적인 딜레마가 분명해진다. 이 문제에는 다음과 같은 여러 가지 측면이 연관되어 있다. 즉 떨어져 있는 사람들과 유대감을 느끼는 방법, 실제로 내가 필요하지 않을 때도 친밀감을 느끼는 방법, 내가 중요하다는 느낌을 얻는 방법, 나에게 중요한 사람에게 내가 중요하지 않다고 느낄 때 스스로 중요하다고 느끼는 방법이 그것이다.

우리는 진정한 친밀감 없이 페이스북에 우리를 '좋아할' 수십, 수백 명의 '친구'를 만들어서 문제를 '해결할' 수 있다. 이런 시나리오들은 우리가 그토록 원하는 느낌을 순식간에 선사하기 때문에 믿을 수 없을 정도로 매혹적이다. 그것들은 아름다운 노랫소리로 선원들을 유혹한, 현대의 사이렌이다. 그것들은 위험을 숨긴 채 우리가 가고 싶은 곳에 우리를 데려간다. 그런 애착 해결책은 실제보다 더 매력적으로 보일 수 있고, 많은 젊은이에게 그래 왔다. 예를 들어, 젊은 부모들이 문자 메시지나 다른 디지털 통신을 사용하는 중에 아이들을 등한시하는 경우는 드물지 않다.

청소년들을 디지털 시대로 인도하는 안전하고 유용한 방법이 있을까? 다음 장에서 설명하겠지만, 이는 시기의 문제다. 우리는 어린이와 청소년들이 안전하게 기술에 접근하게 할 수 있지만, 그들이 준비가 되어 있어야 한다. 기술의 사용으로 성장이 저해되기보다 향상될 정도로 충분히 발달한 상태여야 한다. 그동안 우리가 할 일은 그들을 유혹으로부터 보호하는 것이다.

아이들이 준비되기 전까지는, 디지털 세상은 그들에게 필요한 것을 제공하지 않는다. 다음 절에서 설명하겠지만, 실제로는 그들을 방해한다.

또래지향적인 아이들은 떨어져 있을 때도 디지털로 소통하며 어울린다

전통 사회는 또래 애착이 아닌 다세대의 위계적인 애착을 중심으로 형성되었다. 가정은 가족을 품었고, 마을은 애착을 지원하는 역할을 했다. 내가 프로방스의 호느에서 안식년을 보낼 때, 나는 그 지역 사람들에게 그들이 왜 소셜 네트워킹을 거의 사용하지 않는지 물어 보았다. 그들은 너나없이 "그럴 필요가 있나요? 우리는 항상 함께 있는 걸요"라고 대답했다. 자신에게 가장 중요한 사람들이 이미 옆에 있을 때는 디지털로 소통할 필요가 없다. 우리는 최근 발리에서도 비슷한 경험을 했다.

그러나 서구 문명에서 또래지향성이 뿌리를 내리면서 문제가 생겨나기 시작했다. 학교는 또래지향성의 번식처가 되었고, 또래들에게 의존하는 아이들이 모이는 장소가 되어 왔다. 또래들과 어울리는 쉬는 시간과 점심시간, 방과 후 활동은 가족 식사와 가족 산책, 가족 놀이, 가족 독서 시간을 대체하는 애착 틀이 되었다. 대부분의 또래지향적인 아이는 친구들의 세계를 알기 위해서가 아니라 친구들과 함께 있기 위해 학교에 간다.

또래지향적인 아이들은 주말이나 공휴일에 또래들과 어떻게 친밀감을 유지할까? 하교 후에는 어떻게 할까? 우리 모두 경험한 바와 같이, 애착을 느끼는 사람들과 떨어지는 것보다 심리적으로 더 강력한 영향을 주는 것은 없다. 그로 인해 불안과 공포가 엄청나게 커져 가까이 지낼 사람을 필사적으로 찾게 된다. 그래서 우리는 누군가와 가까워지려고 노력하는 데 모든 에너지를 소모하게 된다.

이런 역학 때문에 지금 우리가 마주하는 디지털 혁명의 모습이 일그러졌다는 것이 내 생각이다. 애착은 우주에서 가장 강력한 힘이라는 점을 명심하라. 학교와 기업을 위해 고안된 디지털 기기는 그 용도가 바뀌어 또래지향적인 아이들을 서로 연결하는 도구가 되어 버렸다. 디지털 혁명은 사실상 사람들을 연결하는 하나의 현상이 되었다.

통계를 보면 이런 사실을 확인할 수 있다. 보고에 따르면 현재 12~24세 연령층의 100%가 인터넷을 사용하고, 그 시간의 25%를 소셜 미디어를 이용하는 데 소비한다. 앞서 언급했듯이 8~18세의 연령층이 디지털 기기를 사용하는 시간이 하루 평균 10시간 45분이라면, 이는 상당히 긴 시간이다.

페이스북과 리턴RETURN(중국의 페이스북 유사 매체)에서는 기본적으로 끝없이 놀 수 있다. 아이들은 이제 하루 종일 서로 어울려 놀 수 있다. 이 소셜 네트워킹 사이트는 원래 대학교에서 또래지향적인 학생들을 만족시키기 위해 만들어졌지만, 이제는 전 세계적으로 또래지향적인 사람들을 연결하는 도구가 되었다.

또래지향성이 아이들을 지배하기 전에, 그리고 이동성과 일자리의 부족, 이혼율의 증가로 우리가 사랑하는 사람들과 멀어진 이후에 디지털 혁명이 일어났더라면 무슨 일이 벌어졌을지 나는 종종 궁금해진다. 또래지향성이 없었다면, 아마도 우리 사회는 아이들이 부모와 교사, 삼촌과 숙모, 할머니와 할아버지, 디지털로 연결되도록 진화했을 것이다. 아마도 집을 떠난 부모들은 디지털 기기를 이용해 잠들기 전 아이들에게 동화책을 읽어 주고, 교사와 학생들은 연결 가능한 환경을 만들어 학습을 촉진하며. 멀리 있는 조부모들은 손주들과 소식을 주고받을지 모른다.

이와 관련해 여담을 하나 하자면, 우리 부부는 짧은 안식휴가차 발리에 머물 때, 인터넷을 연결해 스카이프Skype로 며칠 간격으로 손자들과 소식을 주고받았다. 그런데 우리가 사용하는 인터넷과 연결된 안테나에 새들이 앉는 통에 연결이 자꾸 끊겼다. 나는 지구 반대편에 있는 손주들과 연락하고 싶은 마음이 굴뚝같았기에 돌던지기의 명수가 되었다. 아직도 나는 스카이프 신호음을 들을 때마다 멀리 있는 가족들과의 만남을 기대하며 가슴이 벅차오르는 멋진 조건 반응이 일어난다. 많은 사람이 이런 목적으로 디지털 기기와 소셜 미디어를 사용하고 있으며, 이는 박수를 보낼 일이다. 그러나 밝혀진 사실과 통계 수치를 보면, 이런 식으로 소셜 네트워킹을 사용하는 사람들로 인해 이런 현상이 생긴 게 아니라는 것을 알 수 있다. 인터넷 물결을 지배하는 이들은 또래지향적인 사람들이다.

디지털 혁명은 또래지향성을 부추긴다

●

' 또래지향성이 디지털 혁명을 만들었다면, 디지털 혁명은 또래지향성을 지원하고 부추긴다. 첫째, 디지털 기기와 이를 이용할 수 있는 능력을 가진 사람들은 서로 연결될 가능성이 높다. 경험은 풍부하고 박식하지만 복잡다단한 신형 리모콘 사용에는 서툰 어른들을 보면 알 수 있듯이, 이런 디지털 효과는 젊은이들 간의 관계를 상호 지원한다. 이와 비교해, 가족이 한데 모여 밥을 먹는 일은 세대 간 애착에 도움이 되었다.

둘째, 디지털 기술뿐만 아니라 본질적으로 소셜 네트워킹 사이트는 정서적이고 심리적인 친밀감보다는 피상적인 접촉에 유리하다. 특히 디지털 기기와 소셜 미디어에서는 보통 다른 사람과 마음을 공유하기가 쉽지 않기 때문에 속마음에 전혀 신경을 쓰지 않는다. 우리가 공유하는 내용은 종종 만들어지기도 하고 깊이도 없다. 문자 메시지로는 기쁨과 즐거움을, 반짝이는 눈빛과 따뜻한 목소리를 전달하기 어렵다. 그 대신 동일성이라는 피상적인 역학이 강조된다, 다시 말해, 우리는 동일한 사물과 동일한 사람들을 좋아한다. 우리는 속마음을 털어놓지 않는다. 이런 연결에서 중요한 것은, 상처 입을 위험을 감수하며 타인의 세계에 초대받고자 진정한 자신을 내보이는 게 아니라, 상대에게 좋은 인상을 주는 것이다. 이처럼 기술은 미성숙하고 발달이 미흡하며 피상적인 애착을 지닌 또래지향적인 사람들을 유혹하고 그들에게 보상한다.

MIT의 심리학자인 셰리 터클Sherry Turkle은《함께 외로운Alone Together》의 집필을 위해 인터넷이 생활화된 수백 명의 젊은이를 인터뷰했다. 《뉴스위크Newsweek》의 기사에서도 나오듯이 "사람들은 휴대전화와 노트북이 삶에서 '희망의 장소'이자 '달콤함을 맛볼 수 있는 곳'이라고 말했다."

셋째, 디지털 세상에는 역사적으로 가족과 세대 간 애착을 보호하기 위해 진화한 전통과 의식, 금기가 적용되지 않는다. 세대 간의 관계가 여전히 존중되는 전통적인 문화에서는 누가 누구에게 말하고, 어떤 종류의 접촉이 허용되며, 누가 누구와 식사를 할 수 있고, 누구에게 비밀을 털어놓을 수 있는지 등에 관한 관습이 넘쳐난다. 이런 활동은 애착을 조장하고, 따라서 반드시 관리되어야 한다. 문화를 재생산하고 아이를 효과적으로 양육하기 위해서는 위계적 애착을 보존해야 한다. 디지털 세상에는 상대적으로 가족의 애착과 서열 관계를 보호할 수 있는 관습이나 의식, 금기가 없다. 정보는 중요성이나 타당성의 순서대로 배열되지 않는다. 모든 것이 수평적이고, 평등이 원칙이다. 대문자마저 사라지고 있다.

따라서 또래지향성은 디지털 혁명의 원동력이 되었을 뿐만 아니라 궁극적인 결과이기도 하다. 우리는 합리적인 이유로 디지털 기기를 아이들의 손에 쥐어 주었을지 모르지만, 그들은 결국 이 기기를 개인과 집단 수준에서 서로 연결하는 용도로 재사용해 왔다. 그 결과, 인간의 건강한 발달이 더욱 처참하게 무너져 버렸다.

디지털 친밀감은 공허하다

어린이와 청소년들이 디지털 기기로 서로 연결되는 것을 우리가 그토록 염려해야 하는 이유는 무엇일까? 이런 연결이 그들에게 불필요하더라도, 그들이 삶에서 진정으로 필요한 것을 어른들로부터 얻는 한 괜찮지 않을까? 디지털 교류는 그저 한 종류일 뿐, 다른 종류의 애착 활동이 가능할 수 있지 않을까?

이 추론은 충분히 논리적으로 보인다. 그렇다면 좋겠지만, 문제는 기기를 이용하는 아이들의 애착 활동이 결국 끊임없이 자라나 다른 식물들을 모두 몰아내는 정원의 잡초 같은 역할을 한다는 점이다. 걱정스럽게도 디지털 기기를 이용한 교류는 아이들에게 진정으로 필요한 것을 방해한다.

애착의 순수한 목적은 애착에 갈급할 필요가 없도록 안도감을 얻는 것이다. 이 휴식의 장소에서 성장이 시작된다. 휴식을 얻지 못하면 발달에 방해를 받는다. 애착 활동이 충족감을 주지 못하면, 성숙이 진행되지 않는다. 이때 불안감이 아주 커지고, 취약성이 감당하기 힘든 수준을 넘어서게 된다. 정서적 성장을 위해 아이들은 취약한 상태를 유지할 필요가 있고, 취약한 상태를 유지하려면 안전하게 느껴야 한다.

무의미한 추구와 공허한 관계로 인해 갈망이 더 커진 아이들은 더욱 다급하게 강박적으로 웹에 집착한다. 음식을 부실하게 먹으면 음식을 더 찾게 되는 것과 같다. 나는 이런 일이 소셜 네트워킹에서 일어난다고 생각한다. 역설적이게도 페이스북은 매우 효과적이지만, 그 반대의 이유로 성공적이지 못하다. 추구나 친밀감이 결코 충족될 수 없기 때문이다. 웹에 푹 빠져 애착을 갈구하는 청소년의 허기는 만족되지 않기에 중독성이 있다. 연구자들은 인터넷 중독자들의 뇌에서 약물이나 알코올 의존성이 있는 사람들의

뇌에서 보이는 것과 유사한 생화학적 변화와 백질 변성을 발견했다.[주3]

문제의 근원은, 디지털 친밀감이 별 볼일 없다는 데 있다. 여기에는 본질적으로 결실을 맺는 데 필요한 요소가 없다. 인체에 필요한 영양소가 부족한 쿠키처럼, 이것은 부실한 음식일 뿐만 아니라 인체에 필요한 식욕을 빼앗는다.

디지털 친밀감이 공허한 여섯 가지 이유

❚ 디지털 교류에서는 애착 초대장이 전달되지 않는다

디지털 친밀감의 공허함은, 특히 어린 소녀와 어머니들이 직접 통화를 한 경우와 문자 메시지로만 연락을 주고받은 경우의 생리적 효과를 비교한 연구로 설명된다.[주4] 소녀들은 시험으로 스트레스를 받은 상태에서 음성이나 문자 메시지로 어머니와 연락을 취하라는 요청을 받았다. 어머니와 직접 통화한 경우에만 소녀들의 스트레스 호르몬이 감소하고, 마음을 편안하게 하는 애착 호르몬이 생성되었다.

디지털 연결이 효과가 없는 이유는 무엇일까? 그것은 우리가 원하는 것, 즉 우리가 타인의 세계에 초대받는다는 확인과 연관이 있다. 이 메시지는 실패나 부적응에 직면했을 때 특히 중요하다. 이 메시지는 어떻게 전달될까? 말은 메시지의 일부일 뿐이므로 아마도 그 자체로는 매우 부족할 텐데, 문자 메시지의 특징인 축약적 표현에서는 특히 그럴 것이다. 우리는 보통 상대방의 목소리에서 느껴지는 따뜻함과 미소를 머금은 눈빛에서 자신이 초대되었음을 알 수 있다. 우리가 찾고 있는 것을 발견하면, 우리는 그 초대가 안전하다는 것을 알고 다시 세상을 받아들일 수 있다. 그 순간 경계심은 사라지고, 아드레날린과 코르티솔이 줄어들며, 애착 회로는 사랑의 호르몬인 옥시토신으로 흠뻑 젖는다. 디지털이 매개하는 연결은 대부분 관계의 따뜻함을 제공할 수 없기 때문에 제 역할을 하지 못한다. 어떤 형태의 디지털 연결(예를 들면, 스카이프)은 건강한 애착을 제공할 수 있다. 문제는 그것을 누가 어떤 목적으로 사용하는가에 있다. 그러나 대체로 디지털 연결은 진짜 애착의 불만족스러운 대체품일 뿐이다.

보호받지 못하는 교류에는 방어막이 필요하다

충족감은 타인의 세계에 초대받았음을 충분히 인식했을 때만 가능하다. 정서적인 충족감은 본질적으로 취약한 경험이다. 충족감이 곧 상처로 바뀔 수 있기 때문이다. 따라서 상처 입을 가능성에 대비한 방어책이 있다면, 충족감을 느낄 수 없다.

디지털 친밀감이 바로 그렇다. 이것은 본질적으로 보호받지 못한다. 어른들과의 따뜻한 관계가 주는 안전성이 부족하기 때문이다. 따라서 감당하기에는 너무 벅찬 취약성을 낳는다. 뇌는 상처 입을 준비를 할 수밖에 없다.

목표가 심리적 친밀감—서로 속마음을 털어놓고 이해받는 것—이라면 상처 입을 가능성이 매우 크기 때문에, 진행을 하는 것이 안전한지 최선을 다해 확인해야 한다. 심리적 친밀감은 이런 면에서 성적 친밀감과 유사하다. 안전하고 헌신적인 관계 안에서도, 우리는 대부분 무턱대고 성적 교류를 하지 않는다. 부지불식간에 우리는 수집과 테스트 과정을 거친다. 초대의 눈빛과 미소, 끄덕임을 얻지 못하면, 진행이 안전하지 않다는 것을 안다. 일상적인 교류에서도 우리는 진행하기 전에 눈빛과 미소, 끄덕임을 수집한다. 이는 상대방의 애착 본능을 자극해서 그가 우리에게 친절하고, 우리를 보살피며, 우리를 위해 일을 하고, 우리에게 동의하며, 우리를 두둔하고, 우리의 비밀을 지키며, 우리에게 도움이 될 가능성을 크게 높인다. 이런 부드러운 의식 절차 없이 진행을 한다면, 무례함과 비열함, 심술궂음, 상처, 모욕, 온갖 형태의 괴롭힘 등의 탈이 생긴다.

기본적인 문제는 디지털 친밀감이 갑자기 생겨난다는 점이다. 이는 가짜 친밀감이다. 상호작용을 준비하게 하는 애착의 전 단계가 없으므로, 계속 진행하는 것이 안전한지 테스트할 수 없다. 소셜 미디어의 소모품인 자기소개는 차치하고, 이는 문자 메시지와 이메일에서 매일같이 일어나고 있다.

이 방정식에 익명성이 더해질 때, 애착의 어두운 면을 방지하기는 매우 힘들다. 대부분의 아이는 심하게 불안감을 느끼지 않는 한 기본적으로 착하지 않다는 사실을 명심하라. 아이들은 일반적으로 애착이 약속된 상황에서 착해진다. 인터넷은 애착의 관습이나 인간적인 관계가 아주 부족한 곳이다. 그 결과로 발생하는 끔찍함은 놀라운 일이 아니며, 그에 비하면 고등학교 복도는 지루할 정도다.

아이들은 그런 환경에 어떻게 적응할까? 무의식적으로 그들의 뇌는 수시로 감정의 차단이나 무심함이라는 방어책을 이용해 상처를 주는 환경에 대비한다. 문제는 치러야 할 대가다. 우리는 감정적으로 차단하거나 분리하는 동시에 충족할 수는 없다. 아이들의 뇌는 자신을 보호하는 일과 충족감을 느끼는 능력을 동시에 유지할 수 없다. 결국, 아무리 연결을 해도 충분치 않다. 성취도 없고, 순화도 없으며, 해방감도 없다. 또래지향적인 아이들은 채워지지 않는 허기에 사로잡힌 채, 서로를 향한 디지털 추구의 인질로 잡혀 있다. 더 많이 추구할수록, 그들은 더 얻지 못한다.

앞으로 설명하겠지만, 취약성을 이런 식으로 방어하다 보면 사이버 폭력이나 비디오 게임 중독, 포르노에도 노출될 수 있다.

자기소개는 일대일로 해야 한다

페이스북에서는 우리에게 중요한 사람들이 우리를 좋아할 거라는 기대를 안고 자신을 소개한다. 자신을 한 번만 소개하면 되기 때문에 효율성 면에서는 최고다. 동일한 정보를 많은 사람에게 동시에 보낼 수도 있다. 이에 대한 반응은 받은 사람에게 달려 있다. 이렇게 기막힌 효율성이 바로 문제의 본질이다. 심리적 친밀감은 이런 식으로 작동하지 않는다.

속마음을 털어놓는 느낌은 내밀하고 사적인 관계에서만 가능하다. 책이나 강의, 심지어 유튜브에서조차 속마음을 털어놓는 느낌을 받지 못한다. 우리의 상대자는 집단을 향한 이 공개를 조금도 특별하게 여기지 않는다. 심리적 친밀감의 상대는, 사랑을 나눌 때와 마찬가지로, 상대가 구체적으로 선택되고 자신이라는 선물이 그에게 특별히 주어졌다는 느낌을 가져야만 한다. 그 외의 것은 상호작용의 가치를 떨어뜨린다. 자신을 표현하는 일은, 그것이 개인적으로 의도된 경우에만 자신과 상대 모두에게 의미가 있다. 내밀하고 사적인 관계에서 벗어나 자신을 다른 사람들에게 공개하기로 결정할 때, 그 자기 공개는 그야말로 의미가 없다.

이런 이유로 진정한 심리적 친밀감을 중요시하는 사람들은 대부분 페이스북에 참여할 수가 없다. 나라면 그런 식으로 성인이 된 내 아이들의 글을 읽거나 그들을 알고 싶지 않을 것이다. 나는 그들에 대해서가 아니라, 진정으로 그들을 알고 싶다. 여기에는 엄청난 차이가 있다. 그러기 위해서는 그들이 자발적으로 아버지인 나에게 스스로를 공개해야 한다. 그것이 내가 원하고 기대하는 것이다. 그렇지 않다면 양쪽 모두 공허함을 느낄 것이다.

이미지 관리는 만족감을 해친다

대부분의 어린이와 청소년에게 소셜 미디어는 또래들에게 감흥을 주고 그들 사이에서 자신의 지위를 높이려는 목적으로 자신의 이미지를 관리하는 수단이 되었다.

그 결과, 뉴스위크의 기자인 토니 도쿠필Tony Dokoupil은 셰리 터클의 연구를 인용해 이를 '진정한 자아의 증발'이라고 불렀다. 한 10대는 터클 박사에게 "고등학교에서 배운 건 프로필, 프로필, 프로필, 다시 말해 나를 만드는 법이었어요"라고 말했다.

물론, 우리는 모두 사랑받고 싶어한다. 그러나 우리가 타인의 의견에 영향을 미치려고 할수록, 그 의견에 덜 만족하게 된다. 우리가 좋은 의견을 얻는 데 성공할 때는, 우리의 진정한 자아가 아닌 호감을 주는 행동을 하거나 좋은 인상을 주었을 때뿐이다. 그래서 불안감이 커지고 그와 함께 이미지 관리에 더욱 집착하게 된다. 이런 악순환은 눈덩이처럼 커져간다. 우리는 왜 아이들에게 이런 신경증을 안겨 주는 것일까?

아이들은 점점 이미지 관리에 집착하게 되겠지만, 조금만 성숙해져도 목적지 없는 지름길의 유혹에서 벗어날 수 있다. 약속과 유혹에도 불구하고, 이미지 관리는 모든 면에서 실패자들의 게임이다. 그 속성상 이것으로는 원하는 결과를 얻지 못한다.

인터넷을 많이 이용하는 청소년일수록 정서적 문제로 고통받기 쉬운 것은 당연한 일이다. 캘리포니아 주립대학교 도밍게즈 힐즈 캠퍼스의 심리학과 교수인 래리 로젠Larry Rosen 박사는 자신의 연구에서 '청소년들의 인터넷 사용, 실시간 문자, 이메일, 채팅과 우울증의 밀접한 관계'와 '비디오 게임과 우울증의 밀접한 관계'를 밝혔다.

우리가 줄 수 있는 한 아이들은 오랫동안 순수함을 지녀야 한다. 사회적인 세련됨 즉 우리가 '쿨함의 질병'이라고 부르는, 결과에 무관심한 척하는 태도는 아이들의 정서적인 성숙을 방해한다.

원하는 것보다 적게 받으면 충족감이 없다

앞에서 지적했듯이, 애착 관계를 키우는 핵심 요소는 원하는 것보다 더 받아야 한다는 것이다. 충족감은 평등함이나 보상, 요구에 따른 접촉의 문제가 아니다. 포옹이 더 큰 포옹을 낳고, "사랑해"가 더 큰 것으로 돌아오며, 확인받고자 하는 욕구가 충족되지 않는 한 상호작용은 불완전하고 무익하다. 하지만 또래지향적인 상호작용, 혹은 특히 평등하고 중립적이고 냉냉한 방식으로 이루어지는 인터넷이나 디지털 상호작용에는 대개 이와 같은 특성이 결여되어 있다. 누군가의 세계에 열렬한 초대를 받는 일은 아이들을 책임지는 어른들의 영역에서 일어난다. 디지털 교류에는 그런 것이 없다.

디지털 친밀감은 아이에게 정말 필요한 욕구를 없앤다

앞서 언급했듯이, 디지털 친밀감의 공허함은 실제로 아이의 발달에 필요한 욕구를 없앤다는 사실 때문에 더 심각하다. 또래지향성과 중독성을 부추기는 디지털 친밀감은 건강하고 성숙한 관계를 대체하기 때문에, 아이들이 인간의 상호작용에 대한 기본적인 욕구를 느끼지 못하게 한다.

쥐의 보상 회로에 계속해서 전기 자극을 가하면, 쥐가 먹이를 찾지 않아 굶어 죽는다. 디지털 기술로 아이들의 뇌를 자극하면, 마찬가지로 뇌의 성장이 정상 궤도를 벗어난다.

비디오 게임과 포르노, 디지털 교류의 가장 부정적이고 교활한 효과의 배후에는 이런 역학이 존재한다. 이런 활동은 아이들의 뇌의 애착 보상 중추를 직접적으로 자극해, 진정한 성취와 충족감으로 이어질 수 있는 상호작용에 무관심하게 만든다. 페이스북에서 이루어지는 자기소개조차 애착 보상 회로를 망가뜨린다.[주5] 이런 애착 해결책은 진정으로 성장을 촉진하고 충족감을 줄 수 있는 상호작용의 욕구를 잠재운다.

지난 10년 동안 가족과 보내는 시간의 3분의 1이 줄었다는 사실은 새삼스러운 일도 아니다. 그 이전 수십 년 동안에는 이 시간에 큰 변화가 없었거나,[주6] 비디오 게임을 많이 하는 아이일수록 부모에게 덜 긍정적인 태도를 보이지만 말이다.[주7] 호주의 연구에 따르면, 페이스북 사용자는 가족과의 친밀도가 현저히 떨어진다. 무엇이 먼저인지는 이 연구에서 밝히지 않았지만, 이 결과로 관계의 중요한 속성을 알 수 있다.[38]

우리는 대부분 모니터에 아이들을 빼앗기고 있다고 느낄 수 있다. 이를 입증하는 연구는 필요 없다. 우리가 알아야 할 것은, 모니터에서는 진정으로 필요한 것을 얻을 수 없다는 사실이다. 아이들에게는 여전히 우리가 가장 안전하고 확실한 방책이다.

아마도 세계 최고의 외로움 전문가인 존 카시오포John Cacioppo는 2008년에 출간한 《외로움Loneliness》에서 다양한 종류의 접촉이 외로움을 줄이는 데 미치는 영향을 비교했다. 그 결과는 명백했다. 온라인 상호작용의 빈도가 높은 사람들이 가장 외로웠고, 얼굴을 맞대고 상호작용하는 비율이 가장 높은 사람이 가장 외롭지 않았다.

셰리 터클은 그의 책 《함께 외로운》에서 디지털 친밀감의 공허함을 정확히 설명한다. 그리고 제목에서 보여 주듯이, 그녀는 문제의 요지를 분명하게 설명한다. "관계를 불안해하고 친밀감에 조바심을 내는 요즘, 우리는 관계를 맺는 동시에 관계로부터 자신을 보호하기 위한 기술을 찾는다." 그녀는 이어서 "인터넷으로 형성된 유대의 끈은 결국 우리를 이어주지 못한다"라고 말한다. 사실, 그것은 마음을 빼앗는 끈이다.

디지털 친밀감은 불완전하기 때문에, 우리는 이를 강박적으로 추구하게 된다. 18~34세의 페이스북 사용자 중 거의 절반이 일어나서 몇 분 후에, 대부분은 일어나기도 전에 어딘가에 접속한다는 사실로 이 문제의 시급함을 알 수 있다.[39] 디지털 친밀감이 담

인터넷과 휴대전화, 게임에 물든 디지털 세대를 위한 추록

배나 술보다 중독성이 높다는 사실은 놀랍지 않다.^{주10}

따라서 궁극의 아이러니는 다음과 같다. 즉 디지털 기기는 인간의 기본적인 문제, 곧 떨어져 있으면서도 친밀감을 유지하는 방법에 대한 해결책으로 보일 수 있지만, 친밀감에 대한 끝없는 욕구로부터 우리를 해방시키기에는 충분치 않다는 것이다. 비참하게도 또래지향적인 사람들에게는 디지털 교류가 중요한 사람들과 연결할 수 있는, 취약성을 드러내지 않고도 연결할 수 있는 유일한 방법이 되었다.

애착 현상으로서의 게임과 사이버 폭력, 포르노

●
' 비디오 게임은 순수한 추구처럼 보일 수 있지만, 충족되지 않은 애착 욕구에 유사 만족을 제공하기 때문에 엄청난 중독성을 지닐 수 있다.

진정한 자존감은 우리를 아끼는 사람들과의 관계를 발전시킬 때만 발달할 수 있다. 이것은 건강한 애착의 결과다. 또래지향적인 아이들은 이런 욕구를 충족할 수 없기 때문에, 허세와 환상을 통해 보상받는다. 창의적인 판타지와 달리, 예를 들어 게임은 즉각적인 보상과 함께 중독을 부추기므로 엄청난 몰입을 유도한다. 우리는 가상현실에서 '운명의 주인공'과 '승자'가 될 수 있다. 가상현실은 또한 불만족스러운 애착의 결과인 억눌린 공격성을 실행할 수 있는 장소가 된다.

11장에서 설명했듯이, 따돌림을 포함한 괴롭힘은 또 다른 비정상적인 애착 현상이다. 관계에서 우위를 차지하려는 우리의 알파 본능은 취약한 사람들을 돌보는 데 사용되어야 한다. 그러나 알파 본능을 지닌 사람이 보살핌과 책임에 따른 취약성을 거부할 때, 취약한 사람을 착취하고 공격하게 된다. 나는 이런 전환을 '빗나간 알파'라고 부른다. 그는 비난받는 사람들을 옹호하고 취약한 사람들을 보살피며 순진한 사람들을 방어하기보다는, 그들을 비난하고 난처하게 하며 깔아뭉갬으로써 자신의 우위를 과시한다. 특히 인터넷에서는 잠재적인 괴롭힘에 익명성이 보장되기 때문에, 이런 일이 우리 눈앞에서 벌어지고 있다.

불행히도 성적 모욕과 성소수자에 대한 비난 등을 포함한 괴롭힘은, 소셜 네트워킹 사이트와 온라인 대화창에 심각하게 만연하고 있다.

우리는 어린 시절의 상호작용이 대부분 친근감의 추구라는 애착의 역학을 반영한다는 사실을 알고 있다. 성 역시 친밀감이 핵심이다. 우리의 성 능력은 친밀감의 능력 범위를 넘어설 수 없다. 애착 발달에 장애가 있을 때, 그에 상응하는 성적 문제가 발생한다. 이상적으로 사랑의 행위는 독점적일뿐만 아니라 안전한 친밀감의 초대에 대한 응답이어야 한다. 그렇지 않으면 상처 입을 가능성이 너무 크다.

애착이 때 이른 성관계로 이어질 때, 또래지향적인 아이들이 그렇듯이, 애착 욕구에 대한 해답은 그것이 환상일지라도 성적 상호작용의 형태로 나타날 수 있다.

지금 아이들은 가상 놀이 공간에 노출되어 있고, 이런 곳에서 미성숙한 성과 괴롭힘 문제가 결합하는 모습을 목격하게 된다. 괴롭히는 쪽에서는 취약한 쪽을 악용할 기회가 너무 많다. 이런 조건에서 사람은 깊은 정서적 관계보다는 소유하거나 소유당하고 싶은 욕망에서 성관계를 하게 될 가능성이 크다. 친밀감에 대한 열망이 아니라, 환상이 지배와 착취로 이어질 가능성이 더 크다. 포르노의 안전한 유혹에 이끌리는 미성숙한 어른들은 말할 것도 없이, 사이버 성폭력이 어린이와 청소년 사이에 만연한 것은 새삼스러운 일이 아니다. 사람들은 이제 전혀 상처 입을 걱정 없이 강렬한 성적 흥분을 느낄 수 있다. 물론 이는 디지털 매체 없이도 가능할 수 있지만, 인터넷의 비인격성과 즉각성, 익명성이 이를 한층 부추긴다.

사이버 세상에 아이들을 빼앗긴 탓에, 우리는 더는 그들을 늑대들로부터 보호할 수 없다.

20

시기의 문제

디지털 기기가 본질적으로 나쁜 것일까? 아이들이 이것을 사용하지 못하도록 막아야 할까? 물론, 아니다. 그리고 우리가 노력한다 해도 막을 수 없다. 디지털 혁명은 되돌릴 수 없다. 이런 기기들은 본래 전혀 나쁠 게 없다. 문제는 사용, 특히 아이들이 사용한다는 데 있다. 그러면 언제 허용하고, 언제 금지해야 할까?

한 사회가 주요한 기술적 진보에 적응해서 그 혜택을 극대화하고 위험을 최소화하는 관행과 관습, 규제를 만드는 데는 오랜 시간이 걸린다. 휴대전화와 컴퓨터, 구글Google, 소셜 네트워킹은 고사하고, 우리는 영화와 텔레비전조차 따라잡지 못했다. 이미 발생한 피해를 고려할 때, 이를 바로잡을 시간은 많지 않다.

좋은 것이고 피할 수 없는 것이기도 하지만 아이들에게는 잠재적으로 해로울 수 있는 것들을 다루기 위해서 참고할 선례들은 많이 있다. 성을 예로 들어 보자. 성은 좋은 것이지만, 아이들에게는 좋지 않다. 성은 뇌에서 초강력 접착제인 화학물질을 방출해 유대감의 극치를 경험하게 함으로써, 생식과 양육을 위한 짝짓기를 도모한다. 성을 가지고 놀아서는 안 된다. 우리는 발달상 준비가 될 때까지 성행위를 통제해야 한다.

술은 의식과 축제의 일부로서 사교의 윤활유가 될 수 있지만, 아이들에게는 좋지 않다. 술은 우리를 곤경에서 지켜 주는 경보 시스템을 마비시킨다. 술은 어디에나 있지만, 부모로서 우리는 아이가 충분히 성숙할 때까지 접근을 통제하려고 한다.

쿠키는 맛있다. 다른 디저트처럼 쿠키도 매우 감질 나는 것일 수 있다. 아이들의 세계는 단 것과 쿠키, 디저트로 가득하다. 우리는 대체로 아이들에게 단 음식을 적절히 통제한다. 우리는 상대적으로 영양가가 부족한 디저트를 일체 금하기보다, 먹는 시간을 통제한다. 아이들은 저녁 식사 이후에나 디저트를 먹을 수 있다. 적어도 아이들이 건강을 생각해 충동을 자제할 수 있을 만큼 성장할 때까지는 그렇다. 달리 말해, 아이들이 건강한 음식을 충분히 먹는 한, 쿠키는 괜찮은 것이다. 아이들이 쿠키를 덜 찾을수록 영양가 없는 이 음식은 덜 해롭다.

시기는 언제나 건강한 발달의 핵심 요소다. 모든 것은 때가 있다. 잠재적인 위험을 지닌 경험을 다룰 때 금지는 해결책이 아니다. 금지는 무용지물이 될 수 있고, 강력한 반발을 초래할 수 있다.

위험을 줄이는 비결은 시기에 있다. '우리는 아이들이 입맛을

버리기 전에 정말로 필요한 음식으로 배를 채우기를 바란다.'

성은 관계를 맺는 능력이 충분히 발달하기 전까지는 분명 때가 아니다. 정서적·심리적 친밀감을 느끼는 배타적인 관계가 형성되기 전까지는 아니다. 쿠키를 너무 일찍 먹기 시작할 때처럼 성을 너무 일찍 경험하면 진짜 욕구, 즉 깊고 헌신적인 사랑의 욕구를 상실한다.

술은 두려움에 맞설 용기를 키우기 전까지는 때가 아니다. 술을 조절하는 법을 배우고 이를 유지할 수 있기 전까지는 아니다. 술은 취약하다는 느낌을 줄여 주기 때문에, 그 목적을 위해 쉽게 오용할 수 있다. 역경과 상처투성이인 현실을 끌어안고 공허함이나 상실감을 받아들이지 않는 한 술의 유혹을 뿌리치기 힘들 것이다. 때 이른 음주의 문제는, 이로 인해 현실의 욕구를 상실하게 된다는 데 있다.

성숙해 가는 어린 사람들을 잠재적인 유혹에 노출하는 과정에서 이런 위험을 다루는 두 가지 원칙이 있다. 즉 이런 노출은 충분히 준비가 되고, 이와 관련한 결정들을 감당할 만큼 성숙했을 때 이루어져야 한다는 것이다. 우리는 수천 년 동안 쿠키와 단 것을 이런 식으로 다루어 왔다. 지금 우리는 낭비할 시간이 별로 없다. 우리는 앞에 놓인 새로운 도전에 배운 것을 적용해야 한다.

우리는 할 수 있을 때 아이들이 디지털 세상에 접근하는 것을 감독해야 한다. 시기를 통제하기 위해서다. 우리는 아이와 디지털 세상 사이에서 완충제 역할을 해야 한다. 아이가 세상과 만나면서 해야 하는 결정들을 감당할 만큼 성숙하고 충족감을 주는 상호작용을 하기 위해서는, 우리가 시간과 공간을 관리해야 한다. 우리는 속도를 줄이고 어느 정도 여유를 가져야 한다.

부모나 교사 공동체 안에는 이런 의식이 없다. 남캘리포니아대학교 조사에 따르면, 오늘날 부모의 89%는 자녀가 인터넷에 소비하는 시간을 문제로 보지 않는다.[주1]

장 자크 루소Jean-Jacques Rousseau는 부모의 가장 중요한 책임 중 하나를 아이와 사회 사이에서 완충제 역할을 하는 것이라고 했다. 오늘날의 부모들은 사회의 완충제가 아닌 대리인이 되었다. 대부분의 부모는 아이가 또래들과 어울려야 하고, 지루함을 해소하기 위해서는 오락을 할 수밖에 없으며, 정보에 즉각적으로 접근할 수 있어야 한다고 생각한다. 인터뷰에 응한 부모의 10%는 아이가 인터넷 사용에 소극적이라고 염려했다.[주2] 그들은 아이가 뒤쳐질까 봐 두려워했다. 오늘날의 부모들은 자연스러운 발달보다는 디지털 사회에 아이들을 맡기려고 한다.

우리가 완충제 역할을 상실하고 이제 사회의 대리인으로서 활동하기 때문에, 아이들이 유혹에 빠질 가능성이 더 크다. 우리가 주방에 쿠키를 쌓아 두고, 선반에서 술을 꺼내며, 성적 접촉을 제한하지 않는다면 어떤 일이 벌어질까? 우리는 아이들 침실에 텔레비전을 놓아 주고, 주머니에 휴대전화를 넣어 주며, 디지털 기기에 무제한으로 접근할 수 있게 한다.

어른들도 인터넷을 적절히 조절하지 못하는 마당에, 과연 아이들이 조절할 수 있을까?

그웬Gwenn Schurgin O'Keeffe이 2010년에 작성한 보고서에 따르면, 생계가 빠듯한 가정조차도 "아이들이 사회의 일부가 되기를 바라기 때문에 자녀에게 디지털 기기를 사준다"고 한다.[주3]

부모들은 아이들이 인터넷을 하지 않으면 사회 부적응자가 될까 봐 너무들 걱정한다. 우리는 아이가 인간으로서의 잠재력을 실현하도록 돕는 일에 훨씬 더 많은 관심을 기울여야 한다.

디지털 기술에 대한 이런 맹목성은, 또래지향성 현상에 대한 맹목성과 유사하다. 우리는 자연스럽거나 건강한 것이 아닌 일반적인 것을 정상으로 판단한다. 이런 맹목성은 기술에 대한 우리의 열광과 어른들에게 좋으면 아이들에게도 좋다는 순진한 가정으로 인해 악화되어 왔다.

사람들은 종종 비평가들이 쓸데없이 불안을 조장한다고 일축한다. 그렇다면 아이들에게 성숙을 위한 시간과 공간이 필요하다고 부모와 교사들을 어떻게 설득할 수 있을까? 오늘날에는 이를 사회에 기대할 수 없다. 우리 스스로 해야 한다. 그래서 우리는 집단적 의식과 함께 서로 소통할 수 있는 언어가 필요하다.

디지털 교류에는 때와 시기가 있다

● 그 '시기'는 아이가 어른들과 접촉하여 충족감을 느낀 이후여야 한다.

아이가 좋은 음식을 충분히 먹는다면, 디저트를 먹는 즐거움은 상대적으로 무해하다. 그때 우리는 좀더 편하게 통제할 수 있다. 애착 허기와 마찬가지로 말이다. 우리가 할 수 있는 최악의 일은, 허기진 채로 아이를 떠나보내는 것이다. 그렇게 되면 또래지향성과 함께 미성숙한 아이가 또래들과 접촉할 수 있는 디지털 기기를 널리 사용하는 발판이 마련될 뿐이다.

우리는 아이들의 눈과 미소와 끄덕임을 끌어낼 수 있는 반복적인 의식과 일상의 습관, 활동이 필요하다. 다름 아닌, 아이를 충족시키고 그의 친구들을 괴롭히는 애착 중독에 대처하기 위해서다. 아이들은 아침에 등교하기 전에 충족감을 주는 결합이 필요하다. 이는 집에 돌아온 후에도, 가족 식사와 특별한 가족 시간에도, 자러 가기 전에도 필요하다. 우리의 임무는 아이가 다른 곳을 찾을 필요 없이 우리의 품으로 들어오라는 초대장을 건네는 것이다. 디지털 기기의 사용에 대한 최상의 예방 접종은, 아이가 충분히 만족하고 애정에 허기지지 않도록 하는 것이다.

디지털 연결의 '시기'는, 아이가 자신의 인격을 유지할 만큼 충분히 발달하고 성숙했을 때 온다. 이 시기가 언제인가는 정해져 있지 않으므로, 아이에 대한 부모의 가장 직관적인 정보에 달려 있다.

우리가 아이와 더 깊은 관계를 맺을수록, 아이는 더 깊은 차원에서 우리를 더 많이 의지할 수 있다. 이때 소셜 네트워킹은 거의 쓸모없어진다. 우리는 디지털 기기의 사용 문제에 대한 해결책을 자연스럽게 마련함으로써 디지털 연결의 필요성을 줄일 수 있다. 자연은 떨어져 있을 때도 친밀감을 유지하는 방법에 대한 해답을 이미 갖고 있다. 앞서 강조했듯이 사랑받고, 소유하며, 같은 편이 되고, 소중한 존재가 되며, 깊은 애착을 느끼고, 마지막으로 누군가에게 속마음을 털어놓는 느낌이 그것이다. 그러나 이런 자연적 애착 방식이 발달하려면, 조건이 필요할 뿐만 아니라 시간이 걸린다. 우리는 인내심을 갖고 이런 일이 일어나기를 기다려야 한다.

우리가 없을 때 아이가 우리와 연결된 끈을 놓지 않을 수 있다면, 걱정할 일이 거의 없다.

아이들의 친구 관계도 마찬가지다. 아이들의 관계 능력이 충분히 발달하면, 같은 정도의 친밀감을 지닌 친구를 스스로 선택하는 경향이 있다. 또 아이들이 서로에게 깊은 애착을 느낄수록, 떨어져 있을 때도 서로를 놓지 않을 수 있다. 이런 경우에는 소셜 네트워킹의 매력이나 중독성이 줄어든다.

친밀감의 능력과 페이스북 사용의 역관계는 버팔로와 조지아 대학교의 연구에서 밝혀졌다. 기본적인 발견은, 깊은 정서적 관계를 가진 사람일수록 페이스북에 소비하는 시간이 적다는 사실이다.[4] 소셜 네트워킹의 기본 기능을 이해한다면, 이는 이치에 딱 들어맞는다. 디지털 연결이 더는 필요치 않으며, 그에 대한 매력도 떨어질 것이다. 아이가 적절히 발달할수록 디지털 연결에 대한 갈망이 줄어들 것이다. 따라서 디지털 친밀감에 강박적으로 몰두하는 일을 예방하는 최선의 방법은, 건강한 관계 능력을 발달시키는 것이다. 나중에 디지털 연결이 필요한 시기가 되면, 이는 자연스럽게 이루어질 것이다. 우리의 임무는 아이들이 우리에게 애착을 가능한 용이하게 느낄 수 있도록, 이 과정에서 산파 역할을 하는 것이다.

애착에 집착하는 문제에 대한 궁극적인 해결책은, 애착에 너무 의존하지 않고 기능하는 것이다. 유일한 길은 개별적인 존재로 살아가는 것이다. 이는 발달의 최종 목표이지만, 이를 위해서는 많은 시간과 조건이 따라야 한다. 아이가 좀더 독립적이 될수록, 그리고 정서적으로 자립할수록 점점 흩어져 가는 사회가 만들어 낸

인터넷과 휴대전화, 게임에 물든 디지털 세대를 위한 추록

디지털 해결책이 덜 필요하다.

홀로서기의 지름길은 없다. 인성이 자라야 한다. 또래들과 함께 있을 때 자신을 꾸미지 않고 진정 스스로를 의지할 수 있는 아이들은 소셜 네트워킹이 필요하지 않다. 소셜 네트워킹이 덜 필요할수록, 이로 인해 해를 입을 가능성이 적다. 그러나 아이들이 이 발달 단계에 이르려면, 우선 우리가 그들을 놓지 말아야 한다. 독립성을 기르기 위해서는, 의존성이 선행되어야 하는 것이다.

디지털 접근을 어떻게 제한하나

아이들에게 바람직한 상호작용이 일어나는 공간을 만들고, 그들이 더는 디지털 연결의 필요성을 느끼지 않을 때까지 시간을 벌기 위해서는, 아이들이 유혹을 멀리하도록 해야 한다.

가능하면 일찍부터 시작하는 것이 최선이다. 텔레비전 시청을 하루 30분으로 제한하는 것처럼, 디지털 접근을 제한하는 규칙이나 습관을 만들어야 한다.

쉬운 해답이 있는지는 모르겠다. 이 시점에서 모든 부모가 자신만의 방식을 찾아야 할 것 같다. 그러나 우리는 부모로서 텔레비전 문제에서조차 개선할 여지가 많다. 통계를 보면, 우리가 그리 잘하고 있는 것 같지는 않다. 64%의 가정이 식사 중에 텔레비전을 켜 놓는다. 45%의 가정은 대부분의 시간 동안 텔레비전을 켜 놓는다. 아이들의 응답에 의하면, 71%의 아이들이 침실에 텔레비전이 있고, 50%는 비디오 게임 플레이어가 있다. 28~30%의 아이들만이 부모가 정한 텔레비전 시청이나 비디오 게임 사용 규칙이 있다. 아이들의 컴퓨터 사용 시간을 제한하는 부모는 30%에 불과하다.[5]

다시 한 번 반복하지만, 디지털 연결을 허용하는 가장 좋은 시기는 따뜻하고 충족감을 주는 결합이 일어나고 나서다. 근본적인 욕구는 해결하지 않은 채 그저 제한만 해서는 안 된다. 이런 충족감을 주는 결합의 시간을 보호하기 위해 집과 일과 중에서 디지털 프리존을 만들어야 한다. 아이들에게 정말로 필요한 결합의 공간을 제공하고 강박관념을 늦추기 위해서는 식사 시간과 가족 시간, 저녁 시간과 수면 시간에는 디지털 활동을 제한하는 것이 무엇보다 중요하다.

나이 든 아이들을 다룰 때는 우리가 만든 틀과 제한을 존중하는, 선한 의도를 일깨우는 점이 중요하다(16장에 아이의 선한 의도를 일깨우는 내용이 들어 있다). 인터넷의 속성과 대부분의 아이가 인터넷에 접속할 줄 알기 때문에, 이를 위해서는 아이의 호응이 필요하다. 고민과 좌절감으로 힘들 때가 아니라, 부모-자녀 관계가 가장 좋고 가장 영향력이 클 때 아이를 올바른 방향으로 인도해야 한다. 부모가 아이의 선한 의도를 효과적으로 일깨운다면, 적어도 아직은 문제가 심각하지 않다.

아이가 자기 의사를 표현하지 못하거나 어떤 일을 부적절하게 다루는 경우, 문제는 부모와 아이의 관계에 있으며, 이는 반드시 해결해야 한다. 이는 아이의 애착 중독이 통제 불능이고, 아이에게 우리의 고함이 아닌 도움이 필요하다는 신호다.

통제 불능인 아이를 강압적으로 통제하면 좌절과 대항의지가

인터넷과 휴대전화, 게임에 물든 디지털 세대를 위한 추록

더해져 문제만 커진다. 우리는 스스로 통제하지 못하는 아이를 통제할 수 없다. 이 문제는 디지털 활동을 아이와 우리를 연결시킬 활동으로 대체하는 방식으로 해결해야 한다. 그리고 가능한 한 모니터와 기기가 필요하지 않은 활동을 제공함으로써, 간접적으로 디지털 접근을 제한해야 한다. 이는 시간을 벌어 관계의 문을 열기 위한 조치다. 우리는 우리에 대한 아이들의 애착에 온기를 불어넣어 그것을 키워야 한다. 우리가 아이들의 허기를 채워 줄 때만 그들의 디지털 연결 욕구가 줄어들 수 있다.

중독성 있는 애착 행동이 나타날 때, 증상과 전쟁을 벌이기보다는 뒤로 물러나 근본적인 문제를 해결해야 한다. 언제나처럼, 첫 번째 고려 사항은 관계다. 전략과 방법은 그것으로부터 나온다.

비디오 게임을 언제부터 허용해야 하나

비디오 게임이 특정 인지 기능의 향상에 도움이 된다는 주장에도 불구하고, 이런 장점이 비디오 게임의 고유한 특성이라거나 정상적인 발달에 의해서는 나타나지 않는다는 증거는 없다. 더 나아가, 게임을 하면 뇌력이 증가한다거나 뇌가 발달한다거나 심리적으로 성숙한다는 증거도 전혀 없다. 하지만 모니터 앞에서 시간을 보냄으로써 발생하는 생리적인 부작용과 발달상의 부작용에 관해서는 많은 우려가 있다. 수면 주기와 시력 발달, 신체 발달 등에 미치는 악영향에 관해서는 매월 새로운 증거가 나오고 있다.

앞에서 설명했듯이, 비디오 게임은 대표적인 애착 활동이다. 게임을 할 때 활성화되는 뇌의 보상 중추는, 정확히 아이들을 관계로 이끌기 위한 것이다. 전통적으로 애착의 기본 체계는 문화에 의존해 구축된다. 그러나 게임 문화는 양육을 전제로 진화하지 않았다. 따라서 비디오 게임은 기본적으로 경쟁적인 애착 활동이다. 아이들은 비디오 게임을 할 때 가족과의 친밀감을 추구하지 못하고, 오히려 이 활동으로 인해 가족 관계에 대한 욕구가 훼손된다.

게임은 언제나 발달에 중요한 역할을 했다. 그러나 이는 몸을 움직이고, 삶의 기술을 익히며, 세대를 연결하고, 협동을 촉진하는 등 성장과 발달에 중요한 게임들이다. 오늘날의 비디오 게임은 대부분 이런 기능을 수행한다고 보기 어렵다.

게임의 중요한 기능 중 하나는 패배와 상실, 결핍을 느낄 때 아이들이 회복력을 발휘할 수 있도록 돕는 것이다. 인생은 좌절로 가득 차 있으며, 게임은 아이들에게 한 발짝 뒤에서 이런 경험에 적응할 수 있는 기회를 제공한다. 카드 게임에서 지든, 단어 게임에서 지든, 축구 경기에서 지든, 볼링 시합에서 지든 모두 삶과 인간관계에서의 상실과 결핍에 대처할 준비를 하게 한다.

인생에서 피할 수 없는 상실과 패배를 연습하고 이에 적응하기 위해서는 상실의 슬픔과 공허함을 느끼고 받아들여야 한다. 오늘날의 비디오 게임은 이런 면에서 한참 부족하다. 공허함은 느낄 새도 없이 금세 사라지므로, 꼭 필요한 적응력과 탄력성을 발휘할 수 없다. 대신 아이는 다음 라운드, 다음 단계, 다음 도전에 나설 것이다. 게임에서는 대개 눈물을 흘리지 않기 때문에, 아이가 인생의 게임을 준비하는 데 거의 도움이 되지 않는다. 극복할 수 없는 패배도 없고, 완전한 실패도 없다. 그래서 배움과 적응도 없다.

그렇다면 비디오 게임은 진정한 놀이가 아니고, 아이들은 놀 필요가 없는 것일까? 아이들은 반드시 놀아야 한다. 건강한 발달에서 놀이가 중추적 역할을 한다는 증거는 계속 쌓이고 있다. 어린 포유류는 모두 놀 수 있을 뿐만 아니라, 노는 일은 중요하다. 발달론자들은 놀이가 뇌 발달의 주 원동력이고 성장 과정에서 매우 중요하다고 믿는다. 대리행위감이 처음으로 생겨나고, 내적 갈등을 처음으로 경험하며, 순응이 처음으로 시작되는 것이 놀이다. 건강한 발달을 위해서는 놀이가 절대적으로 중요하다.

비디오 게임은 그 명칭과 놀이 도구라는 사실에도 불구하고 우리 뇌가 놀이로 여기지 않는다는 데 문제가 있다. 결과를 중심으로 하지 않는 활동이 진정한 놀이다. 진정한 놀이에서는 최종 결과가 아니라, 활동 자체에서 재미를 느낀다. 진정한 놀이는 승리나 득점이 아니라, 놀이 자체를 위한 것이다. 일부 예외적인 게임이 있기는 하지만, 대부분의 게임은 그렇지 않다. 패배하는 사람 없이 매혹적인 탐구에 몰입하게 하는 미스트Myst는 진정한 놀이로 간주되는 비디오 게임의 좋은 예다.

비디오 게임은 아이의 삶에서 일어날 수 있는 놀이 장소를 대신한다. 발달적 관점에서 가장 중요한 놀이는 창의력을 키우는 놀이다. 이때 아이의 참되고, 창의적이고, 호기심 많고, 자신감 있는 자아가 드러난다. 이것은 충족감을 주는 애착 활동을 수행한 후에 나타나는 멋지고 모험적인 종류의 놀이다. 청소년을 포함한 아이들은 창의적 놀이가 많이 필요하며, 따라서 충족감을 주는 애착 활동을 많이 해야 한다.

비디오 게임의 영향을 고려할 때, 이를 위한 가장 좋은 시간은 아이에게 유익한 놀이를 하고 난 후다. 게임과 놀이에서 비디오 게임이 주가 되어서는 절대 안 된다. 그러면 아이에게 탈이 생긴다. 아이가 비디오 게임에 덜 끌릴수록, 정신의 균형과 발달을 덜 걱정해도 된다.

현실로부터 벗어날 수 있는 곳은 있지만, 그 탈출구는 우리가 돌아왔을 때 현실을 받아들일 준비가 되어 있는 경우에만 가능하다. 많은 아이가 자기 자신으로 돌아가는 것을 선호하거나 현실을 이상적인 상태로 받아들이기 전에 비디오 게임을 시작한다. 영화와 디지털 혁명 이전 시대에는, 아이들이 때때로 현실에서 도피하는 데 필요한 것은 상상력이 전부였다. 뇌는 실제와 실제가 아닌 것을 쉽게 구분할 수 있다. 그 경계가 디지털 혁명 탓에 흐려졌다. 이제는 무엇이든 실제처럼 보이거나 느끼게 할 수 있다. 상업적인 기업들은 아이들의 상상력을 자극하는 제품들을 만든다. 클릭 한 번이면 다음 탈출구로 들어갈 수 있기 때문에, 적어도 잠시 동안은 현실로 돌아갈 필요가 없다. 현실에서 탈출하고 싶은 욕구는 현실의 삶에 부적응한 정도와 정확히 비례한다.

아이가 본래 자리로 돌아가는 것을 선호할 만큼 성숙할 때까지, 즉 현실을 받아들일 준비가 되어 스스로를 제어할 수 있을 때까지, 우리는 최선을 다해 아이가 비디오 게임과 디지털 오락에 빠져 자신을 잃어버리지 않게끔 해야 한다. 현실은 언제나 주요 과목이고, 현실 도피의 무익함은 배워야 할 교과 내용이다. 아이는 현실을 자신의 기대에 맞게 바꾸려고 해봐야 부질없다는 것을 알고 한탄할 수 있어야 한다. 그런 무익함을 충분히 이해한 후에야 때때로 현실을 벗어나는 것이 재미있고 무해하다.

하지만 일부 부모들이 걱정하듯이, 아이가 비디오 게임이나 인터넷을 하지 않을 경우, 또래들에게 놀림이나 따돌림을 당하지 않을까? 실제로, 아이는 불편할 수 있다. 그러나 거듭 말하지만, 미성숙한 또래들에게 비웃음을 당하는 것보다 더 나쁜 일이 있다. 어른들과 긴밀하게 연결되어 정서적으로 안정된 아이는 또래들의 의견에 의존하지 않기 때문에 그런 괴롭힘을 탈없이 견뎌낼 수 있다. 건강한 발달이라는 장기적 목표는 또래들의 단기적 징벌보다 언제나 우선되어야 한다.

온라인 정보를 단속하지 않아도 되는 때와 시기가 있다

정보화 시대에는 심오하고 혼란스러운 역설이 존재한다. 인간, 그 중에서도 확실히 아이들은 디지털 혁명 이전에도 흡수하는 정보량을 처리하지 못했다. 우리 뇌가 정보를 처리할 수 있는 유일한 방법은 감각 입력의 95~98%를 조정하는 것이다. 인간의 문제는 정보가 충분하지 않다는 게 아니라, 오히려 활용할 수 있는 양보다 훨씬 많은 정보를 가지고 있다는 점이다. 정보에 대한 접근성을 높이는 궁극적이고 역설적인 방법은 정보를 차단하는 것이다.

오늘날 아이들에게 만연한 주의력 문제와 그들에게 쏟아지는 정보의 맹공격이 평행선을 그린다는 사실은 우연이 아니다. 특히 미성숙한 발달 단계에서의 주의력 메커니즘은 이런 정보량의 과부하를 처리하지 못한다. 이런 과부하는 집중력 문제나 기억력 문제, 재생 문제, 주의 산만 문제를 일으키는 것으로 잘 알려져 있다. 정보의 끊임없는 공격을 처리하는 동안에는 주의력 체계가 제대로 발달할 수 없다. 연구를 살펴보면, 유입된 정보를 통합하기 위해서는 자극으로부터 벗어나 휴식할 시간이 필요하다는 사실을 알 수 있다. 매체에 지속적으로 노출되면, 정보를 흡수할 수 있는 능력이 향상되기보다는 감소한다.

또 다른 관점에서 보면, 소화하기 힘든 양을 섭취해서는 안 된다. 이는 음식에 대한 모든 유아의 기본 규칙이다. 음식을 소화하는 아이의 능력이 발달함에 따라 우리는 통제를 늦출 수 있다. 어른인 나도 내 몸이 편안히 흡수할 수 있는 양보다 많이 섭취했을 때 몸에 독소가 쌓이는 것을 느낀다. 이와 같은 원칙이 정보에도 적용된다. 아이가 소화할 수 있는 양보다 많은 정보를 섭취하면, 주의력 메커니즘이 스트레스를 받아 결국 제대로 발달하지 못한다. 스트레스 상태의 미성숙한 주의력 체계의 증상으로는 집중력과 기억력, 재생, 주의 산만 문제가 나타난다. 우리는 대부분 우리가 처리할 수 있는 양보다 정보가 많을 때 이런 유의 주의력 장애를 겪는다. 우리가 정보를 처리하고 활용하지 못한다면, 그것은 우리에게 필요한 정보가 많아서가 아니라 오히려 적기 때문이다.

입수한 정보가 도움이 되기 위해서는 많은 발달상의 준비가 필요하다. 아동기는 이런 준비가 발달해야 하는 시기다. 지금이 어른들에게는 정보의 시대라 할지라도, 아이들에게는 정보의 시대가 되어서는 안 된다. 세상을 이해하는 데에는 지름길이 없으며, 이를 서두를 경우 치러야 할 대가가 크다. 아동기는 기본적으로 세상을 이해하는 게 아니라 아이답게 살아야 하는 시기다. 정보가

인터넷과 휴대전화, 게임에 물든 디지털 세대를 위한 추록

유입되면, 최초로 솟아나는 창의적 아이디어가 가로막힌다. 맨 먼저 호기심이 발동하고, 배우고자 하는 의지가 생기며, 그 다음에 정보를 받아야 한다.

아이가 창의적인 분출을 하지 않는다는 가장 중요한 징후 중 하나는 지루함을 느끼는 것이다. 이 '지루함'이라는 단어에는 구멍이라는 의미가 들어 있다. 이런 경우 아이에게는 호기심과 주도성, 열망이 부족한 것이다. 그 결과 나타나는 구멍이 지루함을 느끼는 것이다. 역설적이게도, 대부분의 사람이 지루함을 해소하려면 더 많은 자극을 주어야 한다고 생각한다. 하지만 그럴 경우 근본 문제가 악화되면서 악순환이 반복된다. 전례 없는 정보와 오락의 시대에 지루함을 느끼는 아이들이 늘어나고 있다는 징후가 보인다. 지루함은 아이들의 내면에 창의력과 세상을 받아들이는 데 필요한 만족감이 없다는 징조다.

그래서 아이들이 세상을 받아들이기에 가장 좋은 시기는 아이디어와 생각, 의미, 사색으로 자신을 가득 채운 '후'다. 이는 유출 후에 유입이 일어난다는 자연의 발달 순서와 일치한다.

정보제공자로서의 역할을 유지하기가 어려워지다

●

❜ 정보화 시대에는 어떤 면에서 아동기와 부모기parenthood가 가장 어려운 시기다. 지금까지는 아이에게 정보를 전달하는 일은 언제나 어른들의 책임이었다. 중요한 정보의 내용뿐만 아니라 맥락과 시기, 틀을 짜는 일이 그랬다.

아이가 질문을 만들기 전에 답을 주면, 아이가 정보의 유익함에 둔감해진다. 부모-자녀 관계가 영원하다는 의식을 갖기도 전에 아이에게 존재의 불안정성, 즉 자기나 부모가 죽을 수도 있다는 사실을 알리는 일은 잔인하기 짝이 없다. 성에 관한 정보도 너무 일찍 제공하면 아이의 발달에 해가 된다.

정보는 언제나 자녀 양육을 위한 기본 도구 중 하나였다. 우리는 아이들이 감당할 준비가 되었다고 확신할 때, 알 필요가 있는 것만 이야기해 준다. 주장하건대, 양육과 교육에서는 아는 게 모르는 것보다 낫다고 결정할 때까지 비밀을 지킬 필요가 있다. 아이들에게 무엇을, 언제, 어떻게 알리는지 결정하는 일은 항상 부모와 교사들의 특권이었다. 지금까지는 그랬다.

정보화 시대는 이 모든 것을 변화시켰다. 우리는 맥락과 내용, 시기에 관한 중요한 결정을 더는 내릴 수 없다. 양육과 교육, 아동기는 어떤 의미를 지닐까?

제공자로서의 역할 중에는 필요할 때 언제 어디서나 정보를 제공하는 일이 있다. 아이들은 때로는 우리보다 많은 것을 알게 되고, 대부분의 정보를 더 빨리 찾을 수 있으며, 우리를 더는 정보의 출처로 보지 않는다. 이는 아이들의 인생에서 나침반이 되어 주는 우리의 역할을 크게 위협할 수 있다. 그리고 아이들이 우리를 인생의 나침반으로 삼지 않는다면, 그것은 그들이 태도를 정하고, 가치를 형성하며, 옳고그름을 분별하기 위해 우리를 안내자로 삼지 않는다는 것이다. 우리가 더는 나침반 역할을 하지 않는다면, 우리가 책임자로서 제공하는 대부분을 아이들이 얻을 수 없다. 건강한 발달이 위태로워지는 것이다. 닐 포스트먼Neil Postman은,

어른들이 아이들에게 비밀을 지키지 않는다면 아동기 자체가 위험에 처한다고 주장한다.

포스트먼은 이렇게 말했다. "부모가 자녀의 아동기를 지키려면, 양육을 문화에 반항하는 행위로 여겨야 한다."[주6] 반복하지만, 부모는 사회의 대리인이 아닌 완충 장치가 되어야 한다. 아이들이 정보에 접근할 때, 우리가 완충 장치 역할을 많이 할수록 좋다. 그러나 그럴 수 없다 해도 모든 것을 잃지는 않는다.

우리는 정보제공자로서 구글과 경쟁할 수 없으며, 다행히도 그럴 필요가 없다. 아이들이 가장 많이 알아야 하는 것은 세상이 아닌 자기 자신이다. 아이들은 우리 눈에 비치고, 우리 목소리에서 확인되며, 우리 몸짓에 표현된 자신의 가치와 중요성을 본다. 이는 구글이 할 수 없는 일이다. 아이들에게 가장 필요한 것이자 인터넷이 줄 수 없는 것은, 우리가 건네는 초대장에 관한 정보다. 우리가 아이들의 손을 놓지 말아야 하는 이유도 그 때문이다.

또래지향적인 아이들은 문자 메시지와 소셜 미디어를 통해 곧바로 접근할 수 있는 정보를 얻기 위해 또래들을 찾을 것이다. 나는, 우리가 이 공격에서 공급자로서의 역할을 견뎌낼 수 있다고 믿는다. 우리가 이 응답 경쟁에 참여할 수 없다면, 더 깊이 파고들어 우리가 아이들의 응답이 되어야 한다. 아이들이 보편적이고 즉각적인 정보에 접근함에도 불구하고 여전히 우리한테서 얻을 수 있는 정보가 있다.

우리는 정보제공자로서의 역할을 상실한 대신 다른 방법들을 통해 이를 보상받을 수 있다. 우리는 아이들에게 유익한 다른 일들을 찾아야 한다. 예를 들면, 우리 중 많은 사람이 자전거 타기나 연날리기, 목공, 뜨개질, 수영, 공던지기 등의 기능 교육을 외부에 맡기고 있다. 우리는 지역문화센터나 일일 캠프, 여름 캠프에 아이들을 보내 이런 기능들을 배우게 한다. 우리는 아이들이 우리에게 의지해 이런 것들을 배우도록 해야 한다. 숙련이 필요한 기술보다 훨씬 더 중요한 것은, 상호작용을 통해 관계를 발전시키는 일이다. 우리가 더는 자연스러운 정보제공자이자 비밀유지자가 되지 못한다면, 훨씬 더 많은 것을 잃기 전에 서둘러 무언가를 해야 한다.

'잃어버린' 아이를 되찾아야 한다

, 많은 사람이 디지털 기기와 인터넷으로부터 아이들의 관심을 되찾아오리라고 기대하지 않는다. 이는 종종 또래지향적인 아이의 부모들에게는 심각하고 까다로운 과제다.

정말이지 정면 돌파 외에는 방법이 없다. 우리는 인내심과 부단한 노력, 자신감을 가지고 문제의 핵심에 정면으로 부딪쳐야 한다. 앞서 언급한 대로, 우선 아이들을 되찾아야 할는지 모른다. 아이들이 우리 식탁에서 밥을 먹지 않으면, 우리는 그들을 양육할 수 없다. 이제 우리 아이들의 세계가 또래들이라면 그들은 문자메시지에 몰두할 것이고, 그들이 사는 곳은 페이스북이 될 것이다. 이런 디지털 연결 문제를 해결하기에는 너무 늦었을지 모르지만, 이 문제의 근본 원인인 또래지향성을 해결하는 일은 결코 너무 늦을 수 없다. 이는 관계의 문제이고, 이 문제가 개선된다면 다른 사람과의 연결 욕구는 줄어들 것이다. 또래지향성이 없었다면 페이스북이 생겨나지도 않았을 거라는 사실을 명심하라. 그러므로 또래지향성을 먼저 해결해야 한다.

거듭 말하지만, 아이가 소셜 네트워킹에 강박적으로 몰두하거나 숨어서 한다면 이를 무작정 통제하려고 해서는 안 된다. 이는 오락이나 비디오 게임, 디지털 연결이 아이의 삶에서 잘못된 기능을 하고 있다는 징후다. 그런 아이는 더 고통스러운 상호작용이 아닌, 우리의 도움이 필요하다. 아이의 행동을 통제하려고 이미 중독된 아이를 다그치면 안 된다.

디지털 위협을 해결할 방법은 우리와 아이의 관계를 회복하는 길밖에 없다. 통제하거나 금지하거나 기기를 빼앗는다면, 우리가 '관계력'이라고 부르는 것을 상실하므로 그런 시도는 모두 실패하고 말 것이다. 그보다는 입술을 깨물고 슬픔을 삭인 채 부모-자녀 관계를 더 악화시키는 강압적인 접근법은 소용없음을 인정하는 편이 낫다. 이런 상황에서는 우리가 권하는 사랑의 접근법을 대신할 것은 없다.

마샬 맥루한Marshall McLuhan은 내용이 아니라 사회 변화의 관점에서 기술 혁신을 이해해야 한다고 제안했다. 새로운 기술이 탄생하면, 우리는 근본적으로 변화한다. 그리고 모든 확장에는 언제나 단절이 따른다.

디지털 기기로 인해 아이들 간의 연결 범위는 넓어졌지만, 꼭 필요한 우리와의 연결은 끊기고 있다. 기술은 우리의 영역을 넓힌 반면, 우리의 뿌리를 흔들어 놓았다.

청소년들 사이의 연결은 거의 보편화되었고, 고등학생과 대학생의 4분의 3 이상이 휴대전화의 소셜 네트워크를 통해 서로 연결하고 있다. 이것은 그들을 묶는 접착제이지만, 애정 어린 관계를 통해 그들의 애착 허기를 해소하고 성숙을 촉진할 수 있는 사람들과 그들 사이에 낀 쐐기이기도 하다.

많은 사람이 아들딸(심지어는 배우자)이 식사 시간이나 특별한 가족 시간을 서둘러 마치고 휴대전화에 매달리거나 문자 메시지나 이메일, 소셜 네트워킹으로 되돌아가는 모습을 보았을 것이다. 연결이 일어나기 위해서는 더는 함께 있는 것만으로는 충분치 않다. 이전에는 유치원이나 학교가 끝나면 아이들을 다시 데려올 수 있었고, 그런 후에는 또래들과 함께 어울리거나 연락을 취하거나 하지 않았다. 그때는 아이들을 우리 품으로 다시 데려와 부모-자녀 관계를 회복할 기회가 있었다. 이제는 기술 덕분에 아이들의 삶 어느 곳에나 또래들이 있다.

그 어느 때보다 아이들을 붙잡는 일이 어려운 과제가 되었다. 우리가 아이들의 손을 놓지 않는다면, 그들은 디지털 혁명의 어두운 그늘의 영향을 받지 않을 수 있다. 우리는 아이들이 새로운 도구의 노예가 아닌 주인이 되도록 성숙할 기회를 주어야 한다.

인터넷과 휴대전화, 게임에 물든 디지털 세대를 위한 추록

개별화 individuation　다른 사람들과 구분되는 독립된 존재로 살아갈 수 있는 개인이 되는 과정. 이 용어는 개인주의와 자주 혼동하곤 한다.

개성 individuality　다른 사람과는 나눌 수도 없고, 공유할 수도 없는 인격의 한 부분. 개성은 개인의 독특함이 만개하여 절정에 이르는, 정신적으로 독립된 존재가 되어 가는 과정의 산물이다. 한 개인이 된다는 것은 자신만의 의미, 자신만의 생각과 경계를 갖는 것이다. 이것은 자신의 기호와 원칙, 의도, 관점, 목표를 소중히 하는 것이다. 이것은 아무도 서지 않는 곳에 홀로 서 있는 것이다.

개인주의 individualism　종종 개별화와 혼동함으로써 부정적으로 인식되는 용어. 개인주의는 개인의 욕구가 집단이나 공동체의 욕구보다 우선한다는 사상을 말한다. 이런 혼란으로 인해 사람들은 개별화를 공동체와 반대되는 것으로 생각하지만, 이와 달리 개별화는 진정한 공동체를 위한 전제 조건이다.

나침반 compass point　여기에서는 아이가 자신의 방향을 잡고 지도를 구하는, 애착이 만들어 내는 인간의 기준점을 의미한다. 모든 아이에게는 인간 나침반이 필요하다.

대리행위감 sence of agency　'대리인agent'의 라틴어 어원은 '전차를 몰다'의 경우와 같이 '몰다to drive'라는 의미다. 대리행위감을 갖는다는 것은, 인생의 운전석(선택할 것과 선택할 기회가 있는 곳)에 앉아 있는 것처럼 느끼는 것이다. 아이들은 대리행위감을 타고나지는 않는다. 이것은 창의성 혹은 개별화라는 성숙 과정의 산물이다.

대항의지 counterwill 　압박과 강압에 저항하는 인간의 본능을 가리키는 용어. 이런 본능은 아이들이 애착을 느끼지 않는 사람들로부터 부당한 영향을 받지 않도록 보호해 준다. 또래지향성이나 다른 요인들에 의해 확대되지 않는 한, 대항의지는 다른 사람들의 의지를 꺾고 아이 자신의 의지를 형성하는 방법을 찾도록 도와주기도 한다.

동일시 identification 　애착을 느끼는 사람이나 사물과 자신을 동일하게 여기는 애착의 한 형태. 예를 들어, 어떤 역할에 애착을 느낀다는 것은 그 역할과 자신을 동일시하는 것이다.

뒤로 애착 형성하기 backing into attachments 　다른 사람들을 멀리하거나 소외시킴으로써 어떤 사람과의 친밀감이나 동질성을 확보하는 것. 예를 들면, 두 아이가 다른 한 아이를 비방하거나 무시함으로써 서로 가까워지는 것을 말한다.

문화의 퇴조 flatlining of culture 　관습과 전통이 한 세대에서 다음 세대로 전해지는, 수직적인 전통적 문화의 상실. 이것은 뇌파가 평평하게flat 일직선을 그리는 모양에 빗대어 문화의 죽음을 의미하는 언어 유희이기도 하다.

모으기춤/애착춤 collecting dance/attachment dance 　우리에게 애착을 느끼게 하기 위한 인간의 구애 본능을 지칭하는 용어. '모으기collecting'라는 용어를 선택한 것은 구애나 유혹이라는 말에서 느껴지는 성적 의미를 배제하기 위함이다. '춤dance'은 상호작용하는 과정이라는 의미다.

미취학아동증후군 preschooler syndrome 　여기에서 이 용어는 아이들의 통합적 기능이 부족하여 생기는 특성과 문제들을 설명하기 위한 것이다. 미취학 아동에게는 정상적이지만, 미취학 아동이 아님에도 그 발달 단계를 벗어나지 못한 어린이나 청소년들을 특징짓는 특성과 문제점들을 미취학아동증후군이라 부르고 있다. 우리 문화에서 또래지향성은 이런 발달 지체의 가장 흔한 원인이다.

반죽하다 temper 　여기에서 이 용어는 '혼합하다mix'는 어원의 의미로 사용되고 있다. 기질temperament은 특성의 혼합이고, 온도temperature는 뜨겁고 차가운

것의 혼합이다. 로마인들은 도자기를 만들기 위해 재료들을 적절히 혼합한 상태를 설명할 때 이 용어를 사용했다. 교양 있는 행동과 자기 통제의 열쇠는 감정의 조절에 있다. 따라서 화를 낸다는 것은, 자기 통제를 가능하게 하는 상반된 충동과 감정들을 조절하지 못한다는 것이다.

부모기 parenthood　로마인들이 한 사람에게 부여된 특별한 임무나 책임·지위를 가리킬 때 이 용어를 사용했던 것과 마찬가지로, 여기에서 부모기란 부모의 역할을 가리킨다. 로마인들의 경우, 이 특별한 일은 정부에 의해 개인에게 부여되었다. 부모들의 경우, 이 특별한 봉사는 아이의 애착에 의해서만 부여될 수 있다. 생물학적 부모나 양부모, 계부모가 된다고 해서 자동적으로 이런 의미의 부모 역할을 맡게 되는 것은 아니다. 즉 아이의 애착을 통해서만 부모의 자격을 얻고 봉사할 준비를 갖추게 된다.

부모의 힘 power to parent　많은 사람이 힘power과 무력force을 혼동한다. 여기에서 말하는 힘이란 강압이나 처벌이 아닌 자연적인 권위로, 이것은 아이가 부모와 적극적으로 관계를 맺고 부모한테서 어떤 사람이 될지, 어떻게 행동해야 할지, 어떤 가치를 추구해야 할지에 대한 모범을 찾을 때 주어지는 것이다. 사실, 부모로서의 힘이 더 커질수록 무력에 덜 의존하게 된다.

본능 instinct　모든 인간에게 공통된 행동을 일으키는 강한 욕구나 충동을 의미한다. 애착은 상위의 충동이기 때문에, 본능은 대개 애착의 욕구를 만족시킨다. 이런 충동의 근원은 인간의 뇌의 변연계 내 깊숙한 곳에 있다. 그러나 다른 동물들의 본능과 마찬가지로, 인간의 본능도 적절하게 작동하기 위해서는 환경의 적절한 자극이 있어야 한다. 본능이 반드시 자동적인 것은 아니다.

부질없음의 눈물 tears of futility　부질없음을 느낄 때, 특히 좌절감이 심할 때 인간은 반사적으로 눈물을 흘린다. 이에 따르는 감정은 슬픔과 실망감이다. 부질없음은 무언가 뜻대로 되지 않거나 할 수 없을 때 겪게 되는 감정이다. 부질없음이 정서적으로 스며들면, 눈물샘으로 신호가 전달되어 눈물이 흐르게 된다. 이 눈물은 좌절감에서 흘리는 눈물과는 다르다. 무언가 부질없음을 느끼고, 동반되는 슬픔과 함께 놓아 주는 것은 아이의 성장을 위해 중요하다.

사회화 socialization   사회에 적응하는 과정. 이것은 전통적으로 애착과 개별화라는 두 개의 중요한 발달 과정과는 구분되는, 단일한 과정으로 여겨져 왔다. 하지만 면밀히 살펴보면, 사회화는 대부분 애착과 애착을 도와주는 과정(동일시, 모방, 중요성 추구, 근접성 유지)을 통해 이루어진다. 애착은 이 세 발달 과정 중 첫 번째이고, 차별화는 두 번째다. 이 두 가지가 잘 작동하면, 진정한 사회화는 자동적으로 이루어질 수 있다.

성숙 maturation   아이가 인간으로서의 자신의 잠재력을 깨달아가는 과정. 정신적 성장은 자연적이기는 하지만 필연적인 것은 아니다. 환경의 도움이 없다면, 아이는 진정한 성장 없이 나이만 먹을 수 있다. 아이는 창의와 통합, 순응의 세 가지 주요 과정을 통해 성숙에 이른다.

순응 과정 adaptive process   아이가 바뀔 수 없는 무언가를 받아들임으로써 변화하는, 즉 정서적으로 발달하거나 새로운 현실을 배우는, 자연적인 성장의 동력을 말한다. 이것은 아이가 실수를 통해 배우고 실패로부터 유익함을 얻는 과정인 동시에, 역경을 통해 아이가 더 나은 사람으로 발전하는 과정이기도 하다.

스크립팅 scripting   스크립팅의 비유는, 행위는 배우한테서 연유하는 것이 아니기 때문에 연출되어야 한다는 연기론에서 빌려온 것이다. 성숙도 마찬가지다. 아이들은 사회적 상황에 따라 아직 도달하지 못한 성숙함을 발휘해야 한다. 우리는 아이들을 명령으로 자라게 할 수는 없지만, 무엇을 해야 하고 그것을 어떻게 해야 하는지에 대한 신호를 제공함으로써 그들이 주어진 상황에서 성숙한 행동을 하도록 유도할 수는 있다. 아이가 그와 같은 지시를 받아들이려면 어른이 아이의 삶에 모범이 되어야 하며, 이는 부모에 대한 아이의 애착의 소산이다. 좋은 스크립팅은 하지 말아야 할 것 대신 해야 할 것에 초점을 맞추고, 아이가 쉽게 따를 수 있는 신호를 제공하는 것이다.

심리적 친밀감 psychological intimacy   속마음을 알고 이해한다는 의미로, 자신을 바라보고 이야기를 들어줄 때 생기는 친밀감 혹은 유대감.

애착 attachment   과학 용어로서의 애착은 근접성을 추구하고 유지하려는 특징을 갖는 충동이나 관계를 말한다. 근접성proximity은 '가까움-nearness'을 뜻하는 라틴어로, 가장 넓은 의미에서의 인간 애착은 신체적 · 정서적 · 심리적 접근을 향한 모든 움직임을 포함한다.

애착 결핍 attachment void 애착을 형성해야 하는 사람들과의 접촉과 친밀감을 느끼지 못하는 상태를 말한다.

애착 경보 attachment alarm 인간의 뇌는 그가 애착을 형성하고 있는 사람과 떨어질 때 그 주인에게 경고를 보내도록 프로그램되어 있다. 그 애착 경보는 본능과 감정, 행동, 화학 반응, 기분과 같은 다양한 측면에서 작동한다. 경보를 감지하면 두려움과 불안 · 양심 · 긴장 · 걱정의 감정을 느끼게 되고, 그로 인해 아이는 조심하게 된다. 만약 이런 경보를 의식적으로 느끼지 못한다면, 경보 자체가 긴장이나 불안감으로 나타날 수 있다.

애착 경쟁/애착 대립 competing attachmen/attachment incompatibility 아이가 두 관계와의 접촉과 친밀감을 동시에 유지할 수 없는 경우 두 애착은 대립하게 된다. 대립은, 예를 들어 아이에게 어떻게 행동하고 어떤 사람이 될 것인지 부모와 또래들이 보여 주는 모범이 완전히 다를 때 발생한다. 영향을 미치는 애착이 대립할수록, 애착은 더욱 양극화될 수 있다.

애착뇌 attachment brain 뇌와 신경계의 애착을 담당하는 부분들을 가리키는 용어. 이것은 하나의 특정 위치가 아니라, 뇌의 여러 영역이 함께 담당하는 뇌의 특정 기능을 의미한다. 다른 생물체들도 대부분 뇌 기관에서 이런 애착 기능을 하지만, 애착 과정을 의식할 수 있는 능력은 인간만이 갖고 있다.

애착 마을 attachment village 아이를 양육하기 위한 맥락을 제공하는 애착의 관계망. 전통 사회에서는 애착 마을이 사람들이 살고 자란 실제 마을과 일치했다. 우리 사회에서는 우리가 애착 마을을 만들어야 한다.

애착 반사 attachment reflex 감각을 통해 근접성을 유지하려는 원초적인 애착 반사들이 있다. 부모가 아기의 손바닥에 손가락을 갖다 대면 그 손가락을 움켜쥐는 것이 한 예다.

애착 불륜 attachment affair　성적 의미만 빼면, 이 용어는 또래지향성에 딱 들어맞는 비유다. 결혼생활에서의 불륜의 본질은 다른 상대와의 애착이 배우자와의 애착과 경쟁하거나, 배우자와의 접촉과 친밀감을 빼앗는 것이다. 또래 애착은 아이를 부모로부터 떼어놓음으로써 아이의 발달을 저해한다.

애착 양심 attachment conscience　자신이 애착을 형성하고 있는 사람들의 반감이나 거리감·실망감을 불러일으킬 만한 것을 생각하거나, 행하거나, 고려할 때 그 사람(특히 아이)에게 일어나는 불안한 감정을 말한다. 애착 양심은 아이가 자신의 애착 대상(이상적으로는 부모)과 친밀감을 유지하는 데 도움이 된다. 하지만 아이가 또래지향적으로 변하면, 애착 양심은 또래 관계를 위해 작동한다.

애착의 양극성 bipolar nature of attachment　자력처럼 애착도 양극성을 띤다. 한 사람이나 집단과 가까워질 때는 다른 사람들과의 접촉과 친밀감을 거부하게 된다. 아이는 자신이 적극적으로 애착을 추구하는 사람들의 경쟁자로 여기는 사람들에게 특히 저항할 것이다. 또래지향적인 아이의 경우, 그 대상은 부모와 자신을 돌보는 다른 어른들이 된다.

애착 좌절 attachment frustration　좌절감은 애착이 작용하지 않을 때, 즉 접촉을 못하거나 관계가 단절되었을 때 느끼게 된다.

애착 지배 attachment dominance　사람은 애착에 의해 자동적으로 의존적인 위치(혹은 지배적인 위치)에 자리하게 된다. 이는 의존을 용이하게 하는 것으로, 아이들(혹은 미성숙한 어른들)과 같은 미성숙한 존재에 적용된다. 아이들은 자신을 책임지는 어른들에게 보살핌을 구하는 의존적인 위치에 있어야 한다.

정서 emotion　여기에는 '불러일으키다'와 '움직이다'라는 두 개의 근본적인 의미가 있다. 적어도 행동을 결정할 만큼 의지가 충분히 강해지기 전까지는 정서가 아이를 움직인다. 뇌에서 정서를 담당하는 변연계를 가진 동물들은 모두 정서가 있지만, 자신의 정서를 의식할 수 있는 존재는 인간뿐이다. 우리는 이런 의식적인 부분을 감정feeling이라고 한다. 정서에는 화학적 · 생리적 · 자극적인 다양한 측면이 있다. 정서를 느껴야만 사람이 움직이는 것은 아니며, 종종 무의식적인 정서에 휩쓸리기도 한다.

조절되지 않은 untempered　　조절되지 않는다는 것은 혼합되지 않거나, 누그러지지 않거나, 한쪽으로 치우친다는 것이다. 이는 내적 대화 능력의 결여나 대립, 의식상의 부조화를 의미한다. 조절되지 않은 경험과 표현은 정서적 · 사회적으로 미성숙함을 드러내는 주요 징후다. 조절되지 않은 사람은 어떤 것에도 뒤섞인 감정을 느끼지 못한다('반죽하다' 참고).

조절 요소 tempering element　　부적절하게 행동하려는 충동을 억제하는 생각이나 감정, 의지. 예를 들면 사랑은 상처 주고자 하는 욕구를 억제하고, 결과에 대한 두려움은 파괴적인 행동에 대한 충동을 누그러뜨리며, 다른 사람의 관점에서 생각하는 능력은 독단적인 성향을 경감시킨다. 이런 조절 요소는 균형 잡힌 성격과 인식을 가져다 준다.

즉시성의 원리 immediacy principle　　행동을 교정하기 위해서는 아이가 잘못하는 순간 즉시 개입해야 한다는 학습 이론의 원칙. 이 원리는 쥐와 비둘기의 학습을 통해 추론한 것이다.

지향/지향성/지향하다 orienting/orientation/orient　　지향한다는 것은 자신의 위치를 파악하는 것이다. 인간에게 이는 자신의 위치를 감지하는 것일 뿐만 아니라 자신이 누구인지, 그리고 얼마나 중요한 사람인지를 지각하는 것이다. 이는 또한 자신의 주변 환경을 이해하는 것이다. 지향의 핵심은 어떤 사람이 되고 무엇을 할 것인지, 무엇이 중요하고 무엇이 예상되는지에 대한 모범을 따르는 것이다. 아이가 스스로 지향성을 결정하지 못할 때, 그는 애착을 형성한 사람들을 지향하게 된다. 또래지향적인 아이는 자기 위치를 파악하는 일은 물론, 어떤 사람이 될 것인지, 스스로를 어떻게 바라볼 것인지, 어떤 가치를 추구할 것인지에 대한 모범을 어른들이 아닌 또래들에게서 찾는다.

지향 결핍/지향성 결핍 orienting void/orientation void　　아이들은 애착을 형성한 사람들을 지향하기 때문에, 관계가 단절되면 상실감과 함께 방향감을 잃는다. 아이들은 이런 결핍 상태를 견디지 못하고 다른 누군가나 무언가에 대한 애착을 다시 형성하는데, 그 대상은 대부분 또래들이다.

직관 intuition　　의식에 반하는, 무의식적으로 인식되는 지식을 말한다. 직관은 통찰력과 같은 것이다. 인식이 정확해질수록 직관에 대한 믿음도 커진다.

차별화 differentiation　　분리 혹은 개별화하는 성장 과정을 말한다. 양육하는 어른들에 대한 애착이 발달의 첫 번째 단계라면, 차별화는 두 번째 단계다. 한 존재 혹은 독립체는 성공적으로 통합되기 전에, 우선 충분히 차별화되어야 한다. 이런 이유로 건강한 차별화가 사회화보다 선행되어야 하며, 그렇지 않으면 그 사람은 자아감을 유지한 채 연대감을 느낄 수 없다.

창의적 과정/창의적 에너지 emergent process/emergent energy　　창의적 과정은 일생을 통한 차별화 과정으로, 아이가 독립된 존재로서의 생존 능력을 키우는 것이 그 목적이다. 이것은 성장하는 아이한테서 자연스럽게 나오는 진취적인 에너지를 특징으로 한다. 아이의 걸음마 단계에서 나타나는 이 과정은 자연발생적이지만 필연적인 것은 아니며, 이는 아이의 애착 욕구의 충족 여부에 달려 있다. 창의적 과정을 통해 아이는 의무와 책임감, 호기심, 관심, 한계, 타인에 대한 존중, 개성, 인격과 같은 바람직한 특성을 획득해 나간다.

청소년기 adolescence　　여기에서는 아동기와 성인기 사이의 가교로서 '청소년기'라는 용어를 사용하고 있다. 이것은 대개 사춘기가 시작될 때부터 사회에서 성인 역할을 하게 될 때까지의 시기를 가리킨다.

취약성/취약한 vulnerability/vulnerable　　취약하다는 것은 상처 입기 쉽다는 것이다. 인간인 우리는 상처를 느낄 뿐만 아니라 취약성도 느낀다. 인간의 뇌는 과도한 취약성으로부터 자신을 보호하도록 만들어졌다('취약성에 대한 방어' 참고).

취약성으로부터의 도피/취약성에 대한 방어 flight from vulnerability/defended against vulnerability　　인간의 뇌는 과도한 취약성으로부터 그 사람을 보호하도록 프로그램되어 있다. 이런 보호 기전이 만성적이 되면, 취약성에 대한 방어 상태를 갖추게 된다. 이런 보호 기전은 그 사람에게 상처와 고통을 줄 것 같은 정보를 걸러내는 정서적 · 지각적 필터 역할을 한다.

탈애착/방어적 탈애착 detachment/defensive detachment 탈애착은 근접성에 대한 저항을 가리키는 용어로, 이런 저항은 취약성에 대한 일종의 방어책이다. 사람들은 대개 분리에서 오는 상처를 피하기 위해 접촉과 친밀감을 거부하는 경우가 많다. 이런 본능적인 반응은 흔한 방어 기제이지만, 이것이 고착되면 양육과 건강한 발달을 위한 맥락을 파괴한다.

통합 과정/통합적 기능 integration process/integrative functioning 분리된 실체들을 혼합하는 자연적인 성장 동력. 여기에서는 인격의 각기 다른 요소들이 합쳐져 새로운 전체를 만들어 내는 발달 과정을 말한다. 예를 들면, 적대적인 감정은 연민이나 불안과 같이 그것을 억누르는 감정과 통합될 수 있다. 이런 혼합이 관점과 균형, 정서적 성숙, 사회적 성숙을 낳는다. 사회 영역에서의 통합의 본질은 개인의 독립성을 잃지 않고 함께하는 것이다. 이를 위해서는 충분한 차별화가 선행되어야 한다.

통합적 사고 integrative mind 통합 과정이 활발할 때 정신은 집중하고 있는 것과 상반된 사고나 감정을 불러 모음으로써 균형과 관점이 생기게 된다.

학습 능력 teachability 학습 능력이 있다는 것은 배움에 대한 동기 부여가 되어 있고 가르침을 잘 받아들인다는 것이다. 학습 능력의 요소는 사실상 학습 방정식의 심리적 · 정서적 · 관계적 측면을 가리킨다. 이것은 지능과 달라서 아이가 매우 영리함에도 학습 능력이 전혀 없을 수도 있고, 그 반대일 수도 있다.

| 주 석 |

01 • 어느 때보다 부모가 중요한 이유

1. Judith Harris, *The Nuture Assumption*(New York:Simon & Schuster, 1999).

2. Michael Rutter and David J. Smith, eds., *Psychosocial Disorders in Young People:Time Trends and Their Causes*(New York:John Wiley and Sons, Inc., 1995).

3. This was the conclusion of Professor David Shaffer, a leading researcher and textbook writer in developmental psychology, after reviewing the literature on peer influence. Commenting on the current research, he states "... it is fair to say that peers are the primary reference group for questions of the form 'Who am I?'"(David R. Shaffer, *Developmental Psychology:Childhood and Adolescence*, 2nd ed. [Pacific Grove, Calif.:Brooks/Cole Publishers, 1989], p. 65.)

4. The suicide statistics are from the National Center for Injury Prevention and Control in the United States and from the McCreary Centre Society in Cannda. The statistics on suicide attempts are even more alarming. Urie Bronfenbrenner cites statistics that indicate that adolescent suicide attempts almost tripled in the twenty-year period between 1955 and 1975. (Urie Bronfenbrenner, "The Challenges of Social Change to Pubic Policy and Development Research." Paper presented at the biennial meeting of the Society for Research and Child Development, Denver, Colorado, April 1975).

5. Professor James Coleman published his findings in a book entitled *The Adolescent Society*(New York:Free Press, 1961).

03 • 부모가 또래들에게 밀려난 이유

1. John Bowlby, *Attachment*, 2nd ed. (New York:Basic Books, 1982), p. 46.

2. Robert Bly, *The Sibling Society*(New York: Vintage Books, 1977), p. 132.

3. These were the findings when two scholars examined the results of ninety-two studies involving thirteen thousand children. In addition to more school and behavior problems, they also suffered more negative self-concepts and had more trouble getting along with parents. Their findings were published in *Psychological Bulletin* 110(1991): 26–46. The article is entitled "Parental Divorce and the Well-being of children: A Meta-analysis." Indirectly related is a 1996 survey by Statistics Canada that found children of single parents much more likely to have repeated a grade, be diagnosed with conduct disorder, or to have problems with anxiety, depression, and aggression.

4. Research by the British psychiatrist Sir Michael Rutter brings home this point. He found that behavioral problems were even more likely in children living in intact but discordant marriage than in children of divorce who were living in homes relatively free of conflict. (Michael Rutter, "Parent-Child Separation: Psychological Effects on the Children," *Journal of Child Psychology and Psychiatry* 12 [1971]: 233–256.)

5. Erick Erikson, *Childhood and Society*(New York: W. W. Norton, 1985).

05 · 애착의 일곱 가지 역할

1. John Bowlby, *Attachment*, 2nd ed.(New York: Basic Books, 1982), p. 377.

06 · 아이가 저항하는 이유

1. M. R. Lepper, D. Greene, and R. E. Nisbett, "Undermining children's Intrinsic Interest with Extrinsic Rewards: A Test of the Over-justification Hypothesis," *Journal of Personality and Social Psychology* 28(1973): 129–137.

2. Edward Deci, *Why We Do What We Do: Understanding Self-Motivation*(New York: Penguin Books, 1995), pp. 18 and 25.

07 · 10대의 종족화와 문화의 퇴조

1. Howard Gardner, *Developmental Psychology*, 2nd ed.(New York: Little, Brown & Company, 1982).

2. *The Globe and Mail*, April 12, 2004.

3. *Vancouver Sun*, August 30, 2003.

08 · 감정으로부터의 위험한 도피

1. A sample of such studies would include:

• J. D. Coie and A. N. Gilessen, "Peer Rejection:Origins and Effects on Children's Development," *Current Directions in Psychological Science* 2(1993):89–92.

• P. L. East, L. E. Hess, and R. M. Lerner, "Peer Social Support and Adjustment of Early Adolescent Peer Groups," *Journal of Early Adolescence* 7(1987):153–163.

• K. A. Dodge, G. S. Pettit, C. L. McClaskey, and M. M. Brown, "Social Competence in Children," *Monographs of the Society for Research in Child Development* 51(1986).

2. The most extensive study was the National Longitudinal Study of Adolescent Health in the United States, which involved some ninety thousand American teens. The study by psychologist Michael Resnick and a dozen of his colleagues was entitled "Protecting Adolescents from Harm:Findings from the National Longitudinal Study on Adolescent Health" and published in the *Journal of the American Medical Association* in September 1997. This is also the conclusion of the late Julius Segal, one of the pioneers of resilience research, as well as the authors of *Raising Resilient Children*, Robert Brooks and Sam Goldstein. (R. Brooks and S. Goldstein, *Raising Resilient Children*[New York:Comtemporary Books, 2001].)

3. Segal is quoted by Robert Brooks, Ph.D., of Harvard Medical School in his article "Self-worth, Resilience and Hope:The Search for Islands of Competence." This article can be found in the electronic reading room of the Center for Development & Learning. The url address is www.cdl.org/resources/reading_room/self_worth.html.

4. John Bowlby, *Loss*(New York:Basic Books, 1980), p. 20.

09 · 미성숙의 늪에 빠진 아이들

1. Robert Bly, *The Sibling Society*(New York:Vintage Books, 1977), p. vii.

2. For a full discussion on the physiological aspects of human brain development

and their relationship to psychological growth, see Geraldine Dawson and Kurt W. Fisher, *Human Behavior and the Developing Brain*(New York: Guildford Press, 1994), especially chapter 10.

3. Carl Rogers, *On Becoming a Person*(New York: Houghton Mifflin, 1995), p. 283.

10 · 공격성의 유산

1. This statistic was cited by Linda Clark of the New York City Board of Education, in an address to the 104th annual meeting of the American Psychological Association.

2. These statistics were cited by Michelle Borba, author of *Building Moral Intelligence*, in an address to a national conference on safe schools, held in Burnably, British Columbia, February 19, 2001.

3. The report by Barbara Cottrell is called *Parent Abuse: The Abuse of Parents by Their Teenage Children*. It was published by Health Canada in 2001.

4. This survery was conducted by David Lyon and Kevin Douglas of Simon Fraser University in British Columbia and released in October of 1999.

5. The suicide statistics are from the National Center for Injury Prevention and Control in the United States and from the McCreary Centre Society in Canada.

6. W. Craig and D. Pepler, Naturalistic Observations of *Bullying and Victimization on the Playground*(1997), LaMarsh Centre for Research on Violence and Conflict Resolution, York University, quoted in Barbara Coloroso, *The Bully, the Bullied, and the Bystander*(Toronto: HarperCollins, 2002), p. 66.

7. According to U.S. government statistics, alcohol is involved in 68 percent of manslaughters, 62 percent of assaults, 54 percent of murders or attempted murders, 48 percent of robberies, 44 percent of burglaries, and 42 percent of rapes. An online reference for these government statistics is *www.health.org/govpubs/m1002*.

11 · 또래 폭력의 가해자와 피해자

1. Natalie Angier, "When Push Comes to Shove," *New York Times*, May 20, 2001.

2. S. H. Verhovek, "Can Bullying Be Outlawed," *New York Times*, March 11, 2001.

3. W. Craig and D. Pepler, *Naturalistic Observations of Bullying and Victimization*

on the *Playground*(1997), LaMarsh Centre for Research on Violence and Conflict Resolution, York University, quoted in Barbara Coloroso, *The Bully, the Bullied, and the Bystander*(Toronto: HarperCollins, 2002), p. 66.

4. Stephen Suomi is a primatologist at the National Institute of Child Health and Human Development in Maryland. It is here that he studied the effects of rearing environments on the behavior of young rhesus macaques. His findings have been published in S. J. Suomie, "Early Determinants of Behaviour. Evidence from Primate Studies," *British Medical Bulletin* 53(1997): 170–184. His work is also reviewed by Karen Wright in "Babies, Bonds and Brains" in *Discover Magazine*, October 1997.

5. Natalie Armstrong, "Study Finds Boys Get Rewards for Poor Behaviour," *Vancouver Sun*, January 17, 2000.

6. Angier, "When Push Comes to Shove."

12 · 때 이른 성, 채우지 못한 애착

1. Study published in the *Canadian Journal of Human Sexuality*, reported in *Maclean's Magazine*, April 9, 2001.

2. Barbara Kantrowitz and Pat Wingert, "The Truth About Tweens," *Newsweek*, October 18, 1999.

3. Our source for this is Dr. Helen Fisher's book *Anatomy of Love*(New York: Ballantine Books, 1992). Dr. Fisher is an anthropologist at the American Museum of Natural History and is the recipient of a number of prestigious awards in recognition of her work.

4. These were the conclusions reached by Dr. Alba DiCenso of McMaster University and her colleagues(G. Guyatt, A. Willan, and L. Griffith) when assimilating and reviewing the findings of twenty-six previous studies from 1970 to 2000. This substantial study was published in the British Medical Journal in June of 2002(vol. 324) under the title "Intervention to Reduce Unintended Pregnancies Among Adolescents: Systematic Review of Randomized Controlled Trials."

13 · 가르칠 수 없는 학생들

1. One example is the author's home province of British Columbia, for example,

where educatiors and school trustees were perplexed by a 2003 study that showed such a decline.

14 · 아이를 품 안으로 모으기

1. Allan Schore, *Affect Regulation and the Origin of the Self : The Neurobiology of Emotional Development*(Hillsdale, N.J. : Lawrence Erlbaum Associates, 1994), pp. 199–200.

2. Stanley Greenspan, *The Growth of the Mind*(Reading, Mass. : Addison-Wesley, 1996).

17 · 또래지향성의 덫

1. This has been a consistent finding across numerous studies. An example of such a study is R. E. Marcon, "Moving Up the Grades : Relationship Between Preschool Model and Later School Success," *Early Childhood Research & Practice* 4, no. 1.(Spring 2002).

2. This according to a special *Time* article(August 27, 2001) on home education. There is good reason for this apparently, as students educated at home achieve the highest grades on standarized tests and outperform other students on college entrance exams, including the Scholastic Aptitude Test(SAT).

3. Jon Reider was quoted in G. A. Clowes, "Home-Educated Students Rack Up Honours," *School Reform News*, July 2000.

4. Bureau of Labor Statistics, U.S. Department of Labor, Washington, D.C., 2000.

5. Sarah E. Watamura, Bonny Donzella, Jan Alwin, and Megan R. Gunnar, "Morning-to-Afternoon Increases in Cortisol Concentrations for Infants and Toddlers at Child Care : Age Differences and Behavioral Correlates," *Child Development* 74(2003) : 1006–1021.

6. Carol Lynn Martin and Richard A. Fabes, "The Stability and Consequences of Young Children's Same-Sex Peer Interactions," *Developmental Psychology* 37(2001) : 431–446.

7. Early Child Care Research Network, National Institute of Child Health and Human development, "Does Amount of Time Spent in Child Care Predict Socioemotional Adjustment During the Transition of Kindergarten?" *Child development* 74(2003) :

976–1005.

8. Stanley I. Greenspan, "Child Care Research : A Clinical Perspective," *Child development* 74(2003) : 1064–1068.

9. Eleanor Maccoby, emerita professor of developmental psychology at Stanford University, was interviewed by Susan Gilbert of the *New York Times* for her article "Turning a Mass of Data on Child Care into Advice for Parents," published July 22, 2003.

10. This study is discussed in Cornell University professor Urie Bronfenbrenner's book *Two Worlds of Childhood*(New York : Russel Sage Foundation, 1970).

11. The former textbook writer is Judith Harris and she makes this claim repeatedly in her book *The Nuture Assumption*(New York : Simon & Schuster, 1999).

12. The first literature on self-esteem was unequivocal regarding the role of the parent. Carl Rogers and Dorothy Briggs—among many others—held that a parent's view of the child was the most important influence on how a child came to think of him-or-herself. Unfortunately, parents have been replaced as the mirrors in which children now seek a reflection of themselves.

Contemporary literature and research reflect only what *is*, not what *should be* or what *could be*. In our attempts to find out about children, researchers ask questions about where they get their sense of significance and about who matters most to them. The more peer-oriented children become, the more they indicate their peers as the ones that count. When this research is published, the results obtained from peer-oriented young subjects are presented as normal, without any attempt to place them into some kind of historial or developmental context. To further complicate the issue, self-esteem tests are constructed using questions that focus on peer relationships, closing the circle of illogic. Thus, psychologists are led astray by the skewed instincts of the children they are studying. The conclusions and recommendations derived from such research are tainted by the peer orientation dynamic that created the very problems the hapless researchers were trying to address!

18 • 새로운 애착 마을의 건설

1. The Historical Chronology of Intergeneration Programming in Ontario is

published on the Internet by United Generations.

19 · 일그러진 디지털 혁명

1. The facts and figures in this chapter and the next come primarily from the USC Annenburg Center for the Digital Future and the Kaiser Family Foundation. Other sources include the social media entry of Wikipedia and Nielsen surveys and media use statistics.

2. Gwenn Schurgin O'Keeffe, MD, Kathleen Clarke-Pearson, MD, Council on Communications and Media, "The Impact of Social Media on Children, Adolescents, and Families," *Pediatrics* 124, no. 4(2011):800–804.

3. Lin F, Zhou Y, Du Y, Qin L, Zhao Z, et al., "Abnormal White Matter Integrity in Adolescents with Internet Addiction Disorder:A Tract-Based Spatial Statistics Study," *PLoS ONE* 7, no. 1(2012):www.plosone.org/article/info:doi/10.1371/journal.pone.0030253

Haifeng Hou, Shaowe Jia, Shu Hu, et al., "Reduced Striatal Dopamine Transporters in People with Internet Addiction Disorder," *Journal of Biomedicine and Biotechnology*, 2102:www.hindawi.com/journals/bmri/2012/854524/

4. Leslie J. Seltzer, Ashley R. Prososki, Toni E. Ziegler, and Seth D. Pollak, "Instant messages vs. speech:hormones and why we still need to hear each other," *Evolution & Human Behavior* 33, no. 1(January 2012):42–45.

5. Diana I. Tamir and Jason P. Mitchell, "Disclosing information about the self intrinsically rewarding," *PNAS* 109, no. 21(May 2012):8038–8043.

6. Recent surveys have confirmed the USC Annenburg Center for the Digital Future's earlier report of a sharp drop off in face-to-face family time in Internet-connected households, starting in 2007. From an average of 26 hours per week during the first half of the decade, family face time had fallen to just under 18 hours per week by 2010. Dr. Jeffrey Cole, the director of Annenburg Center, stated that family time had been stable for decades previously.

7. Linda A. Jackson, Alexander won Eye, Hiram E. Fritzgerald, Edward A. Witt, and Young Zhao, "Internet use, videogame playing and cell phone use as predictors of children's body mass index(BMI), body weight, academic performance, and social

and overall self-esteem," *Computers in Human Behavior* 27, no. 1(2011):599–604.

8. The sample consisted of 1324 self-selected Australian Internet users(1158 Facebook users and 166 Facebook nonusers), between the ages of eighteen and forty-four. According to the authors, Facebook users had significantly higher levels of family loneliness than Facebook nonusers.

Tracii Ryan and Sophia Xenos, "Who uses Facebook? An Investigation into the relationship between the Big Five, shyness, narcissism, loneliness, and Facebook usage," *Computers in Human Behavior* 27, no. 5(2011):1658–1664.

9. These figures come from an article by Stephen Marche, "Is Facebook Making Us Lonely?" which appeared in the May 2012 issue of *The Atlantic*.

10. Wilhelm Hofmann, Kathleen D. Vohs, and Roy F. Baumeister, "What People Desire, Feel Conflicted About, and Try to Resist in Everyday Life," *Psychological Science* 23, no. 6(2012):582–588.

20 · 시기의 문제

1. The ninth annual survey(2009) conducted by the USC's Annenberg Centre for the Digital Future.

2. These figures are from a Donald Shifrin study conducted in 2010 for the American Academy of Pediatrics. Dr. Shifrin is a pediatrician in Washington State.

3. Gwenn Schurgin O'Keeffe discusses the report in an article by Doug Brunk, "Social Media Confuses, Concerns Parents," *Pediatric News* 45, no. 2(February 2011).

4. Michael A. Stefanone, Derek Lackaff, and Devan Rosen, "Contingencies of Self-Worth and Social-Networking-Site Behavior," *Cyberpsychology, Behavior, and Social Networking* 14, no. 1–2(January/February 2011):41–49.

5. Victoria J. Rideout, Ulla G. Foehr, and Donald F. Roberts, *Generation M² : Media in the Lives of 8-to 18-Year-Olds : A Kaiser Family Foundation Study*(January 2010).

6. Neil Postman, *Building a Bridge to the 18th Century : How the Past Can Improve Our Future*(New York : Alfred A. Knopf, 1999).

옮긴이 **김현아**

서강대학교 영어영문학과 졸업. 다년간 출판사의 기획편집자로
일하다, 지금은 전문번역가로 활동하고 있다.
옮긴 책으로《관계의 달인》《즐겨야 이긴다》가 있다.

아이의 손을
놓지 마라

1판 1쇄 _ 2018년 1월 22일
1판 3쇄 _ 2019년 7월 15일
지은이 _ 고든 뉴펠드, 가보 마테
옮긴이 _ 김현아
펴낸이 _ 심현미
펴낸곳 _ 도서출판 북라인
출판 등록 _ 1999년 12월 2일 제4-381호
주소 _ 서울시 종로구 백석동길 215
전화 _ (02)338-8492 팩스 _ (02)6280-1164
ISBN 978-89-89847-62-5
· 잘못 만들어진 책은 바꾸어 드립니다.
· 값은 뒤표지에 있습니다.